医学影像专业特色系列教材

影像电子工艺学及实训教程

主　编　周英君
副主编　杨艳芳　张艳洁
编　者（按姓氏拼音排序）
　　　　陈建方（蚌埠医学院）
　　　　高　阳（牡丹江医学院）
　　　　李明珠（牡丹江医学院）
　　　　李帅三（牡丹江医学院）
　　　　鲁　文（泰山医学院）
　　　　杨艳芳（牡丹江医学院）
　　　　张艳洁（牡丹江医学院）
　　　　赵祥坤（牡丹江医学院）
　　　　周鸿锁（牡丹江医学院）
　　　　周英君（牡丹江医学院）

科学出版社
北京

·版权所有　侵权必究·

举报电话：010-64030229；010-64034315；13501151303（打假办）

内　容　简　介

《影像电子工艺学及实训教程》是根据牡丹江医学院、蚌埠医学院和泰山医学院四年制医学影像技术专业的教学大纲编写的。供医学影像技术专业和生物医学工程等专业的学生使用。本书把电子工艺学原理和电子制作实训整合一起，目的是学习理论知识和技能的训练同步进行，提高教学效果。全书分十章，采取了由浅入深的编写方法，又选取了十个实验题目供学生训练。

图书在版编目（CIP）数据

影像电子工艺学及实训教程 / 周英君主编. —北京：科学出版社，2014.8
医学影像专业特色系列教材
ISBN 978-7-03-041738-1

Ⅰ. 影… Ⅱ. 周… Ⅲ. 影像诊断—医用电子学—高等学校—教材 Ⅳ. R445

中国版本图书馆CIP数据核字(2014)第193387号

责任编辑：周万灏　李　植 / 责任校对：刘小梅
责任印制：徐晓晨 / 封面设计：范璧合

版权所有，违者必究。未经本社许可，数字图书馆不得使用

科学出版社 出版
北京东黄城根北街16号
邮政编码：100717
http://www.sciencep.com

北京厚诚则铭印刷科技有限公司　印刷
科学出版社发行　各地新华书店经销
*
2014年8月第 一 版　开本：787×1092　1/16
2021年7月第六次印刷　印张：14
字数：337 000
定价：55.00元
(如有印装质量问题，我社负责调换)

医学影像专业特色系列教材编委会

主　任　关利新
副主任　王　莞　卜晓波
委　员（按姓氏笔画排序）
　　　　王汝良　仇　惠　邢　健　朱险峰　李方娟　李芳巍
　　　　李彩娟　周志尊　周英君　赵德信　徐春环
秘　书　富　丹　李明珠

序

医学影像专业特色系列教材以《中国医学教育改革和发展纲要》为指导思想，强调三基、五性，紧扣医学影像学专业培养目标，紧密联系专业发展特点和改革的要求，由10多所医学院校医学影像学专业的教学专家与青年教学翘楚共同参与编写。

本系列教材是在教育部建设特色应用型大学和培养实用型人才背景下编写的，突出了实用性的原则，注重基层医疗单位影像方面的基本知识和基本技能的训练。本系列教材可供医学影像学、医学影像技术、生物医学工程及放射医学等专业的学生使用。

本系列教材第一批由人民卫生出版社出版，包括《医学影像设备学实验》、《影像电工学实验》、《医学图像处理实验》、《医学影像诊断学实验指导》、《医学超声影像学实验与学习指导》、《医学影像检查技术实验指导》、《影像核医学实验与学习指导》七部教材。此次由科学出版社出版，包括《影像电子工艺学及实训教程》、《信号与系统实验》、《大学物理实验》、《临床医学设备学》、《医用常规检验仪器》、《医用传感器》、《AutoCAD中文版基础教程》、《介入放射学实验指导》八部教材。

本系列教材吸收了各参编院校在医学影像专业教学改革方面的经验，使其更具有广泛性。本系列教材各自成册，又互成系统，希望能满足培养医学影像专业高级实用型人才的要求。

医学影像专业特色系列教材编委会
2014年4月

前　言

　　《影像电子工艺学及实训教程》是根据牡丹江医学院、蚌埠医学院和泰山医学院四年制医学影像技术专业的教学大纲编写的，供医学影像技术专业和生物医学工程专业的学生使用。也可作为从事电子仪器使用、维修人员或有关职业的技术人员培训教材。

　　《影像电子工艺学及实训教程》是从学习电子器件开始，学习元件的性能及使用方法，掌握一定操作技能和制作实际产品为特色的。它既是基本技能和工艺知识的入门向导，又是创新实践的开始和创新精神的启蒙，还是构筑一个理论和实践结合的实践平台。

　　本书在编写中打破了传统的学科体系，把电子工艺原理和电子制作合二为一。由于技术的发展，本书收集了较为先进的技术和元器件，但也立足于基础知识和技能，突出实用性的原则，本书从始至终贯彻实用性原则，在每章后加上了实验，使学生理论学习后立即进入实验，使理论学习紧密联系实践。

　　全书分十章。第一章由牡丹江医学院高阳编写；第二章由牡丹江医学院张艳洁编写；第三章、第六章由牡丹江医学院李帅三编写；第四章由牡丹江医学院周鸿锁编写；第五章由蚌埠医学院陈建方编写；第七章由牡丹江医学院杨艳芳编写；第八章由牡丹江医学院周英君编写；第九章由牡丹江医学院赵祥坤、李明珠编写；第十章由泰山医学院鲁文编写。

　　在编写中我们参阅了多本专业著作、教材和文献资料，因此要感谢的著者甚众，恕不能一一列出。由于编者水平有限，书中难免还会存在亟待解决的问题，恳请读者批评指正。

编　者

2014年6月

目　　录

序
前言
第一章　电子元件及识别 ... 1
　第一节　电阻器 ... 4
　第二节　电容器 ... 9
　第三节　电感器 ... 12
　第四节　变压器 ... 14
　实验一　电阻、电容和电感器的检测 ... 15
第二章　常用的半导体器件 ... 19
　第一节　半导体器件型号命名方法 ... 19
　第二节　半导体二极管 ... 22
　第三节　晶体三极管 ... 29
　第四节　场效应管 ... 35
　第五节　单结管和晶闸管 ... 37
　实验二　常用半导体器件的检测 ... 40
第三章　传感器 ... 50
　第一节　传感器的组成与分类 ... 50
　第二节　光电式传感器 ... 51
　第三节　热电式传感器 ... 57
　第四节　其他类型传感器 ... 59
　实验三　电子特殊器件的检测 ... 68
第四章　常用集成电路 ... 78
　第一节　集成电路的分类及命名 ... 78
　第二节　常用的模拟集成电路 ... 91
　第三节　常用的数字集成电路 ... 96
第五章　焊接技术 ... 103
　第一节　焊接的基本知识 ... 103
　第二节　电烙铁 ... 104
　第三节　焊料 ... 107
　第四节　焊剂 ... 109
　第五节　手工锡焊技术 ... 112
　第六节　焊接质量及缺陷 ... 116
　第七节　实用焊接技术 ... 121
　第八节　工业生产中的锡焊技术 ... 126

第六章　表面贴装技术·····129
第一节　表面贴装元器件·····129
第二节　表面贴装技术简介·····132

第七章　印制电路板·····136
第一节　印制电路板的基础知识·····136
第二节　印制电路板的排版设计·····139
第三节　计算机辅助设计印制电路·····143
第四节　印刷电路板的制作工艺·····149
第五节　手工自制印制电路板·····151

第八章　制作实例·····154
实验四　电子小钳工·····154
实验五　印刷电路板的制作·····157
实验六　简易抢答器·····158
实验七　简单锅炉缺水报警器·····160
实验八　声光报警探测器·····161
实验九　电子听诊器·····162
实验十　收音机的安装·····163

第九章　电子设备检修技术·····169
第一节　电子设备故障诊断概述·····169
第二节　电子设备维修的一般程序·····171
第三节　故障检修二十法·····174

第十章　常用电子仪器的使用·····200
第一节　万用表·····200
第二节　交流毫伏表·····202
第三节　低频信号发生器·····202
第四节　电子示波器·····203
第五节　数字式频率计·····208
第六节　扫频仪·····211

第一章 电子元件及识别

电子元件包括电阻器、电容器、电感器、变压器以及晶体二极管、三极管和传感器等，是构成电子电路的基础。其各项指标包括质量、可靠性、性能等的优劣程度，也决定了电子电路的性能。因此熟悉各类电子元件的性能、特点和用途，对设计和安装调试电子线路十分重要。

对电子元件的要求是可靠性高、精确度高、体积微小、性能稳定、符合使用环境等。电子元件总的发展趋势：集成化、微型化、高性能、改进结构等。本章将对常用的电子元件，按其类别、主要特点、性能指标、选用等进行简单介绍，以便在今后的学习和工作中能够正确地使用电子元件。

一、常用电子元件型号命名方法

1. 电阻器、电容器的命名 根据国家标准，电阻器、电位器、电容器的型号由以下几部分组成(表1-1，表1-2)。

第一部分：用字母表示产品主称(用 R 表示一般电阻器、W表示电位器、M表示敏感电阻、C表示电容器)。

第二部分：用字母表示产品材料(电阻器和电位器含义相同)。

第三部分：一般用数字表示分类，个别类型也可以用字母表示。

第四部分：用数字表示序号，以区别电阻器的外形尺寸和性能指标。

表1-1 电阻器型号表示的含义

第二部分(用字母表示材料)		第三部分(用数字或者字母表示分类)	
符号	意义	符号	意义
H	合成膜	1，2	普通
S	有机实芯	3	超音频
N	无机实芯	4	高阻
T	碳膜	5	高温
Y	氧化膜	7	精密
J	金属膜(箔)	8	高压
I	玻璃釉膜	9	特殊
X	线绕	G	高功率
		T	可调
		W	微调
		M	敏感

表1-2 电容器型号表示的含义

第二部分(用字母表示材料)		第三部分(用数字或者字母表示分类)				
符号	意义	符号	瓷介	云母	有机	电解
C	高频瓷	1	圆片	非密封	非密封	箔式
T	低频瓷	2	圆形	非密封	非密封	箔式

续表

第二部分(用字母表示材料)		第三部分(用数字或者字母表示分类)			
符号	意义	符号	瓷介	云母	有机	电解
I	玻璃釉	3	叠形	密封	密封	烧结粉液体
O	玻璃膜	4	独石	密封	密封	烧结粉固体
Y	云母	5	穿心		穿心	
V	云母纸	6	支柱等			无极性
Z	纸介	7				
J	金属化纸	8	高压	高压	高压	
D	铝电解	9			特殊	特殊
A	钽电解	G	高功率			
N	铌电解	W	微调			
Q	漆膜					
G	合金电解					
E	其他电解材料					
B	聚苯乙烯等非极性有机薄膜					
L	聚酯等极性有机薄膜					
H	复合介质					

2. 电感器的命名 电感器的命名由四部分组成，各部分含义如表1-3所示。

表1-3 电感器型号所表示的含义

第一部分(主称)		第二部分(特征)		第三部分(型式)		第四部分(区别代号)	
符号	意义	符号	意义	符号	意义	符号	意义
L	线圈	G	高频	X	小型	A	
ZL	高(低)频阻流圈					B	

3. 变压器的命名 变压器的命名也由三部分组成。
第一部分：主称，用字母表示，见表1-4。

表1-4 变压器型号中第一部分所表示的含义

符号	意义	符号	意义
DB	电源变压器	HB	灯丝变压器
CB	音频输出变压器	SB/ZB	音频(阻尼)输送变压器
RB	音频输入变压器	SB/EB	音频(定压或者自耦式)输送变压器
GB	高压变压器		

第二部分：额定功率，用数字表示。第三部分：序号，用数字表示。

二、常用电子元件的标注法

常用的标注法有直标法、文字符号法、色标法和数码法4种。

1. 直标法 直标法是将主要信息用字母和数字标注在元器件表面上，通常用于体积比较大的元件，多用于电阻器、电容器和电感器中，如图1-1所示。

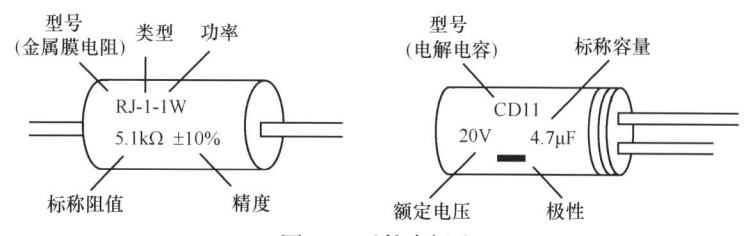

图1-1 元件直标法

2. 文字符号法 除高精度元件外，一般用三位数字标注元件的数值，具体规定如下：

(1) 用元件表面的颜色区别元件的类型，黑色表示电阻，棕色表示电容，淡蓝色表示电感。

(2) 标注基本单位，电阻的基本标注单位是欧姆(Ω)；电容的基本标注单位是法(pF)；电感的基本标注单位是微亨(μH)。

(3) 用三位数字标注元件的数值。

对于十个基本标注单位以上的元件，前两位数字表示数值的有效数字；第三位数字表示数值的倍率。如：标注电阻时，200表示其阻值为$20×10^0=20Ω$；标注电容时，552表示其容量为$55×10^2=5500pF$；标注电感时，741表示其电感量为$74×10^1=740μH$。

对于十个基本标注单位以下的元件，第一、三位数字表示数值的有效数字，第二位用字母"R"表示小数点。如：标注电阻时，2R4表示其阻值为2.4Ω。

3. 色标法 用不同颜色的色带或色点在元件表面上标出元件的标称值、精度等参数，称为色标法。今天，色标法已经得到了广泛的应用(表1-5)。

色标电阻器可分三环、四环、五环三种标法，见图1-2所示。

三环色标电阻器：表示标称电阻值(精度均为±20%)。

四环色标电阻器：表示标称电阻值及精度。

五环色标电阻器：表示标称电阻值(三位有效数字)及精度。

为避免混淆，第五色环的宽度是其他色环的1.5~2倍。

图1-2 电阻色环的含义

表1-5 色标识别对照表

色别	有效数字	倍率	精度(%)
黑	0	10^0	—
棕	1	10^1	±1
红	2	10^2	±2
橙	3	10^3	—
黄	4	10^4	—
绿	5	10^5	±0.5
蓝	6	10^6	±0.25

续表

色别	有效数字	倍率	精度(%)
紫	7	10^7	±0.1
灰	8	10^8	±0.05
白	9	10^9	−20~+50
金		0.1	±5
银		0.01	±10

第一节 电 阻 器

一、电 阻 器

电阻器是电子产品中应用最为广泛且消耗电能的元件之一，在电路中起到分压、分流、降压、负载、限流、取样、调节时间常数、抑制寄生振荡、阻抗匹配以及与其他元件配合完成相应的功能等作用。

1. 电阻器的分类 电阻器的分类有很多，按用途分类有限流电阻、降压电阻、分压电阻、保护电阻、启动电阻、取样电阻、去耦电阻、信号衰减电阻等；按外形及制作材料分类有金膜电阻、碳膜电阻、水泥电阻、无感电阻、热敏电阻、压敏电阻、拉线电阻、贴片电阻等；按功率分类有：1/16W、1/8W、1/4W、1/2W、1W等。

电阻器在电路中的表示图形符号如图1-3所示。常见部分普通电阻的外形如表1-6所示。

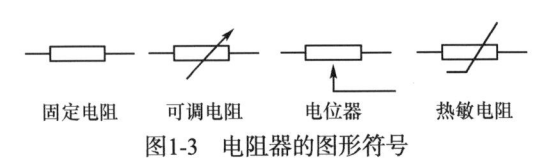

固定电阻　可调电阻　电位器　热敏电阻

图1-3　电阻器的图形符号

表1-6　普通电阻器的实物图

实物图	名称	实物图	名称
	贴片电阻		精密电阻
	水泥电阻		绕线电阻
	铝壳电阻		高压电阻

实物图	名称	实物图	名称
	金属膜电阻		碳膜电阻
	金属氧化膜电阻		贴片可调电阻
	立式可调电阻		卧式可调电阻

2. 电阻器的主要质量参数 电阻器的主要质量参数有标称阻值、允许误差(精度等级)、额定功率、最高工作温度、非线性度、静噪声电动势等。由于电阻器的表面积有限，所以一般只标明前三项，后几项参数只有在特殊需要时才会考虑。

(1) 标称阻值和允许误差：阻值是电阻的主要参数之一，它可以通过多种形式标注在电阻器上。电阻的单位是欧姆，用字母Ω表示，常用的单位还有千欧(kΩ)、兆欧(MΩ)、吉欧(GΩ)、太欧(TΩ)(其中k=10^3，M=10^6，G=10^9，T=10^{12})。

不同类型的电阻，阻值范围不同；不同精度的电阻其阻值系列亦不同。电阻的实际值对于标称值的最大允许偏差称为电阻器的允许误差，它表示产品的精度，常用的允许误差有±5%、±10%、±20%。

(2) 额定功率：电阻器在正常大气压及额定温度下，长期连续工作并能满足规定的性能要求时所允许耗散的最大功率，叫做电阻器的额定功率。电阻器的额定功率并不是电阻器在电路中工作时一定要消耗的功率，而是电阻器在电路中工作允许消耗功率的限额。因此，一般选用电阻器的额定功率时要有余量，即选用比实际工作中消耗的功率大1~2倍的额定功率。对每种电阻器同时还规定最高工作电压，即当阻值较高时即使并未达到额定功率，也不能超过最高工作电压使用。

(3) 电阻温度系数：当电流通过电阻时，电阻就会发热，使电阻的温度升高，它的阻值也会随着发生变化。温度每变化1℃，阻值变化的欧姆数与原来的欧姆数之比，就叫做这只电阻的温度系数。温度系数越小，说明电阻越稳定。碳质电阻稳定性较差，碳膜电阻比较稳定，线绕电阻更稳定些。在衡量电阻温度稳定性时，使用温度系数为：

$$a_r = \frac{R_2 - R_1}{R_1(t_2 - t_1)} \quad (1/℃)$$

式中，R_1为温度为t_1时的阻值，R_2为温度为t_2时的阻值。

金属膜、合成膜等电阻，具有较小的正温度系数。碳膜电阻具有负温度系数。适当控制材料及加工工艺，可以制成温度稳定性高的电阻。

3. 电阻器的合理选用与质量判别

(1) 电阻器的选用：电阻种类多，性能差异大，在选择电阻时，不仅要求其各项参数符合电路的使用条件，还要考虑外形尺寸和价格等多方面的因素。如选用电阻的额定功率值，应高于在电路工作中实际值的0.5~1倍。允许偏差多用±5%。且应考虑温度系数对电路工作的影响，同时要根据电路特点来选择正、负温度系数的电阻。

(2) 电阻的质量判别方法

1) 看电阻器引线有无折断及外壳烧焦现象。

2) 用万用表欧姆挡测量阻值，合格的电阻值应稳定在允许的误差范围内，如超出误差范围或阻值不稳定，则不能选用。

3) 根据电阻器质量越好，其噪声电压越小的原理，使用"电阻噪声测量仪"测量电阻噪声，判别电阻质量的好坏。

二、电 位 器

电位器是可变电阻器的一种。通常是由电阻体与转动或滑动系统组成，即靠一个动触点在电阻体上移动，获得部分电压输出。在电路中常用字母"R_P"或"R_W"表示，其作用是调节电压和电流的大小。

1. 电位器的分类 按电阻体的材料分类，如线绕、合成碳膜、金属玻璃釉、有机实芯和导电塑料等类型，电性能主要决定于所用的材料。此外还有用金属箔、金属膜和金属氧化膜制成电阻体的电位器，具有特殊用途。电位器按使用特点区分，有通用、高精度、高分辨力、高阻、高温、高频、大功率等电位器；按阻值调节方式分则有可调型、半可调型和微调型，后二者又称半固定电位器。

为克服电刷在电阻体上移动接触对电位器性能和寿命带来的不利影响，又有无触点非接触式电位器，如光敏和磁敏电位器等。

2. 电位器的主要质量参数 衡量电位器质量的技术参数很多，除了与电阻器相同的标称阻值、额定功率外，还有滑动噪声、分辨力等。

(1) 滑动噪声：当电刷在电阻体上滑动时，电位器中心端与固定端的电压出现无规则的起伏现象，称为电位器的滑动噪声。它是由电阻率分布的不均匀性和电刷滑动时接触电阻的无规律变化引起的。

(2) 分辨力：电位器对输出量可实现的最精细的调节能力，称为分辨力。线绕电位器不如非线绕电位器分辨力高。

(3) 阻值变化规律：阻值变化率指其阻值随滑动接触点旋转角度或滑动行程之间的变化关系。

3. 几种常用的电位器

(1) 线绕电位器(型号WX)：线绕电位器是利用电阻丝绕在涂有绝缘材料的金属或非金属板片上，制成圆环形和其他形状，经处理而成，如图1-4所示。WX的特点是耐热性好，温度系数小，噪声低，稳定性好，精度高。缺点是耐磨性不好，阻值范围小。而且高阻值的线绕电位器易断线、体积较大、售价较高。这种电位器广泛应用于电子仪器、仪表中。

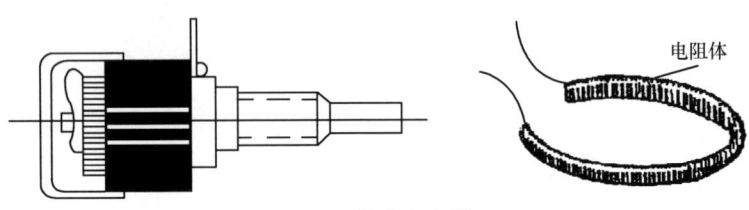

图1-4 绕线电位器

(2) 合成碳膜电位器(型号WTH)：这类电位器阻值分辨力高、变化均匀连续、范围宽(100Ω~5MΩ)，功率一般有0.125W、0.5W、1W、2W等，但精度较差，一般为±20%，且耐温及耐潮性差，使用寿命较低。但由于它成本低，因而广泛用于家用电器产品中，如收音机、电视机等。阻值变化规律分线性和非线性两种，轴端形式分带锁紧与不带锁紧两种。

(3) 有机实芯电位器(型号WS)：这类电位器阻值范围可在47Ω~4.7MΩ，功率多在0.25~2W，精度有±5%、±10%、±20%几种。这类电阻结构简单、体积小、寿命长、可靠性好。缺点是噪声大，启动力矩大，因此，这种电位器多用于对可靠性要求较高的电子仪器中，在电路中作微调用。

(4) 金属玻璃釉电位器：它既具有有机实芯电位器的优点，又具有较小的电阻温度系数(与线绕电位器相近)，但动态接触电阻大、等效噪声电阻大，因此多用于半固定的阻值调节。这类电位器发展很快，耐温、耐湿、耐负荷冲击的能力已得到改善，可在较苛刻的环境条件下可靠地工作。

(5) 多圈电位器：这类电位器属于精密电位器，阻值调整精度高，最多可达40圈。在阻值需要大范围内进行微量调整时，可选用多圈电位器。

(6) 导电塑料电位器：这种电位器耐磨性好，接触可靠、分辨力高，其寿命可达线绕电位器的100倍，但耐潮性差，可用于飞机雷达天线的伺服系统等。

4. 电位器的合理选用及质量判别

(1) 电位器的选用：电位器规格品种很多，合理选用不仅可以满足电路要求，而且可以降低成本。表1-7列出了各类电位器的性能比较，供选用时参考。

表1-7 各类电位器性能比较

性能	线绕	合成实芯	合成碳膜	金属玻璃釉	导电塑料	金属膜
阻值范围	4.7Ω~56kΩ	100Ω~4.7MΩ	470Ω~4.7MΩ	100Ω~100MΩ	50Ω~100MΩ	100Ω~100kΩ
线性精度(%)	>±0.1		>±0.2	<±10	>±0.05	
额定功率(W)	0.5~100	0.25~2	0.25~2	0.25~2	0.5~2	
分辨力	中~良	良	优	优	极优	优
动噪声		中	低~中	中	低	中
零位电阻	低	中	中	中	中	中
耐潮性	良	差	差	优	差	
耐磨寿命	良	优	良	优	优	良
负荷寿命	优良	良	良	优良	良	优

根据应用电路的具体要求，推荐选用类型如下：大功率电路选用功率型线绕电位器；精密仪器等电路选用高精度线绕电位器或金属玻璃釉电位器；中、高频电路选用碳膜电位器；半导体收音机的音量调节兼电源开关可选用小型带旋转式开关的碳膜电位器；立体声音频放大器的音量控制可选用双连同轴电位器；音响系统的音调控制可选用直滑式电位器；电源电路的基准电压调节应选用微调电位器；通信设备和计算机中使用的电位器可选用贴片式多圈电位器或单圈电位器。

普通电子仪器中可采用碳膜或合成实芯电位器。

(2) 电位器的质量判别方法

1) 用万用表欧姆挡+测量电位器的两个固定端的电阻，并与标称值核对阻值。如果万用表指针不动或比标称值大得多，表明电位器已坏；如表针跳动，表明电位器内部接触不好。

2) 测滑动端与固定端的阻值变化情况。移动滑动端，如阻值从最小到最大之间连续变化，而且最小值越小，最大值越接近标称值，说明电位器质量较好；如阻值间断或不连续，说明电位器滑动端接触不好，则不能选用。

3) 用"电仪器动噪声测量仪"判别质量好坏。

三、特殊电阻器

除上述电阻器和电位器外，在各种电子仪器中，还有些特殊用途的电阻器。

1. 水泥电阻器 水泥电阻是将电阻线绕在无碱性耐热瓷件上，外面加上耐热、耐湿及耐腐蚀之材料保护固定并把绕线电阻体放入方形瓷器框内，用特殊不燃性耐热水泥充填密封而成。水泥电阻的外侧主要是陶瓷材质。

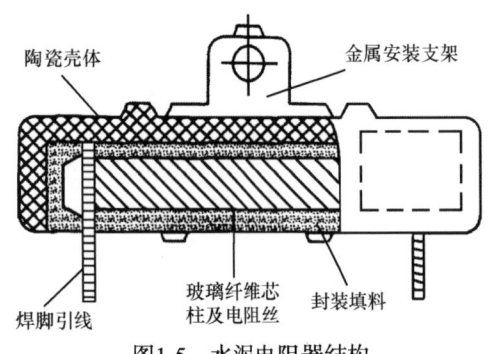

图1-5 水泥电阻器结构

水泥电阻器，其实不是水泥而是耐火泥，这是俗称。即将电阻线圈绕在无碱性耐热瓷件上，外面加上耐热、耐湿及耐腐蚀材料保护固定，并把线绕电阻体放入方形瓷器框内，水泥电阻器外形如图1-5。水泥电阻器是线绕电阻器的一种，它属于功率较大的电阻，能够允许较大电流的通过。它的作用和一般电阻一样，只是可以用在电流大的场合，比如和电动机串联，限制电动机的启动电流，阻值一般不大。水泥电阻有如下特点：

(1) 水泥电阻采用陶瓷、矿质材料包封，散热好，功率大。

(2) 采用工业高频电子陶瓷外壳，具有优良的绝缘性能，绝缘电阻达100MΩ。

(3) 电阻丝被严密包封于陶瓷体内部，具有优良的阻燃、防爆特性。电阻丝选用锰铜、镍铬等合金材料，有较好稳定性和过负载能力。电阻丝同焊脚引线之间采用压接方式，在负载短路时，可迅速在压接处熔断，对电路进行保护。

(4) 水泥电阻具有多种外形和安装方式。可直接安装在印制电路板上，也可利用金属支架独立安装。

水泥电阻器有立式与卧式两类。按功率分有：2 W、3 W、5 W、7 W、8 W、10 W、15 W、20 W、30 W、40W。

水泥电阻器引脚的形状也有多种，可根据需要来选用。如果电阻功率较大或散热条件较差，可选用引脚长的电阻，也可利用金属支架把电阻体固定在合适位置上，再用导线把电阻连接到电路中。

2. 熔断电阻器 熔断电阻器又名保险丝电阻器，是一种具有熔断丝(保险丝)及电阻器作用的双功能元件。在正常情况下，具有普通电阻器的电气功能，一旦电路出现故障时，该电阻器因过负荷会在规定的时间内熔断开路，从而起到保护其他元器件的作用。熔断电阻器的种类很多，按其工作方式分不可修复型和可修复型两种。目前国内外通常都采用不可修复型熔断电阻器。按其熔断材料分有线绕型、碳膜型、金属膜型、氧化膜型、化学沉积膜型，其额定功率一般有0.25 W、0.5 W、1 W、2 W、3 W等规格，阻值为零点几欧，少数为几十欧至千欧。在电子电路中，一般情况通用熔断电阻器多为灰色，用色环或数字表示阻值，额定功率由尺寸大小决定或直接标在电阻器上。

熔断电阻器主要用于彩电、录像机、电子仪器等高挡电器的电源电路中，熔断时间一般为10s。

常见的国内外熔断电阻器符号与外形图1-6所示。

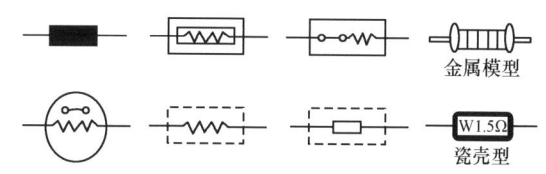

图1-6 常见熔断电阻符号与外形

3. 保险丝及其代用　保险元件的作用是在电路过载(电流过大或温度过高等)时自动熔断，保护相关的元器件以防损坏。常用的保险元件除了上述熔断电阻器外，还有普通熔丝、快速熔丝、延迟型熔丝和温度保险丝等，它们的外形图如图1-7所示。

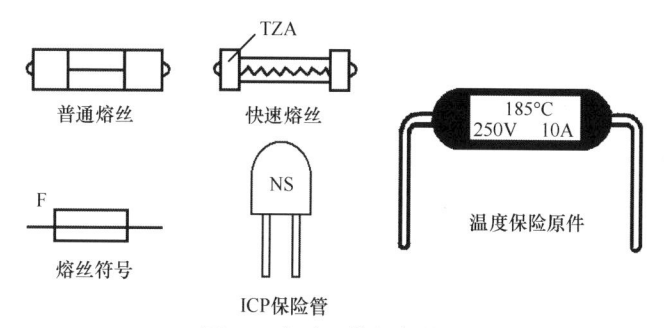

图1-7 保险丝符号与外形

(1) 普通玻璃管熔丝：这种熔丝十分常用，额定电流主要有0.5 A、0.75 A、1.0A、1.5 A、2.0A、2.5A、3.0A、4.0A、5.0A、6.0A、8.0A和10A等，长度尺寸规格主要有18mm、20mm、22mm等。这种熔丝通常需与相应的熔丝座配套使用，以方便更换。

(2) 快速熔丝：快速熔丝的主要特点就是熔断时间短，适用于要求快速切断电路的场合。多为玻管型，外形与普通熔丝没有什么差别。现在的电子电路中已很少使用这种快速熔丝，取而代之的主要是一种称为"集成电路过流保护管"的器件，其文字符号通常用ICP来表示。ICP管损坏后可用同规格快速熔丝作应急代替，但要注意额定电流要一致。

(3) 延迟型保险丝：延迟型保险丝的特点是能承受短时间大电流(涌浪电流)的冲击，而在电流过载超过一定时间后能可靠地熔断。这种熔丝主要用在开机瞬时电流较大的电子整机中，如彩电中就广泛使用了延迟型保险丝，其规格主要有2A、3A、4A等。延迟型熔丝管在电流规格之前加字母T，如T2A、T3A等，这点可区别于普通熔丝。

(4) 温度保险丝：这种元件通常安装在易发热的电子整机的变压器、功率管上，以及电吹风、电饭锅、电钻电路中。当机件因故障发热，温升超过允许值时，温度保险丝自动熔断切断电源，从而保护了相关零部件。温度保险丝外壳上常标注有额定温度、电流及电压值。

4. 敏感电阻器　这类电阻器是指其电阻值对于某种物理量(如温度、湿度、光照、电压、机械力，以及气体浓度等)具有敏感特性，当这些物理量发生变化时，敏感电阻的阻值就会随物理量变化而发生改变，呈现不同的电阻值。根据对不同物理量敏感，敏感电阻器可分为热敏、湿敏、光敏、压敏、力敏、磁敏和气敏等类型。敏感电阻器所用的材料几乎都是半导体材料，这类电阻器也称为半导体电阻器。

第二节　电　容　器

电容器是一种能储存电荷和电能的元件，是由两个电极及其间的介电材料构成的。介电材料是一种电介质，当被置于两块带有等量异性电荷的平行极板间的电场中时，由于极化而在介质表面产生极化电荷，遂使束缚在极板上的电荷相应增加，维持极板间的电位差不变。这就是电容器具有电容特征的原因。电容量与极板面积和介电材料的介电常数 ε 成正比，与介电材料厚度(即极板间的距离)成反比。

一、电容器的分类

电容器种类繁多，这里只简单介绍常见的几种分类。

1. 按照结构分类 固定电容器、可变电容器和微调电容器。

2. 按电解质分类 有机介质电容器、无机介质电容器、电解电容器和空气介质电容器等。

3. 按用途分类 高频旁路、低频旁路、滤波、调谐、高频耦合、低频耦合、小型电容器。

4. 按制造材料的不同分类 瓷介电容、涤纶电容、电解电容、钽电容等。

二、电容器的主要技术参数

电容器的主要质量参数有标称容量、允许误差、额定直流工作电压(耐压)等。

1. 标称容量及允许偏差 电容器储存电荷的能力(容量)，常用单位是皮法(pF)、微法(μF)、法(F)。其数值一般标注在电容体上。不同类型的电容器有不同系列的容量标称数值。常用的标称系列同电阻标称值。应注意，某些电容的体积过小，常常在标称容量时不标单位符号，只标数值，这就需要根据电容器的材料、外形尺寸、耐压等因素加以判断，以读出真实容量值。

电容器的允许偏差含义与电阻相同，固定电容器允许偏差常用的是±5%、±10%、±20%，通常容量越小，允许偏差越小。

2. 额定电压 额定电压是指在规定温度范围内，可以连续加在电容器上而不损坏电容器的最大直流电压或交流电压的有效值。额定电压是一个重要的参数，在使用中如果工作电压大于电容器的额定电压，电容器就会损坏。如果电路故障造成加在电容器上的工作电压大于它的额定电压时，电容器将会被击穿。额定电压系列随电容器种类不同而有所区别，数值通常都在电容器上标出。

3. 绝缘电阻 由于电容器两极之间的介质不是绝对的绝缘体，所以它的电阻也不是无限大。电容器两极之间的电阻叫做绝缘电阻，又称为漏电电阻。电容器的绝缘电阻表明电容器漏电的大小。一般容量固定电容器的绝缘电阻很高，可达千兆欧以上，电解电容器的绝缘电阻约数百千欧以上。电容器漏电越小越好，绝缘电阻越大越好。电容器介质的质量不良或使用日久，介质受潮等，会使漏电电阻减小，影响电路的工作。

4. 损耗角正切 电容器介质的绝缘性能取决于材料及厚度，绝缘电阻越大，漏电流越小。漏电流将使电容器消耗一定电能，这种消耗称为电容器的介质损耗，如图1-8所示。图中δ角是由于电容损耗而引起的相移，称为电容器的损耗角。

云母电容器、瓷介电容器、塑料薄膜电容器等tgδ的数量级为0.0002~0.002。纸介质电容器和金属化纸介质电容器tgδ的数量级为0.005~0.05，电解电容器tgδ最大，为0.1~0.2。

5. 电容器的频率特性 电容器的频率特性是指电容量与频率的关系。电容器在交流电路中，特别是在高频电路中工作时，其电容量将随频率而变。此时，电容器的等效电路一般可表示为 C、R、L 串联电路如图1-9所示。图中 C 为无电阻无电感的理想电容，R 为金属损耗与介质损耗等效电阻之和，L 为极片、引线的电感。

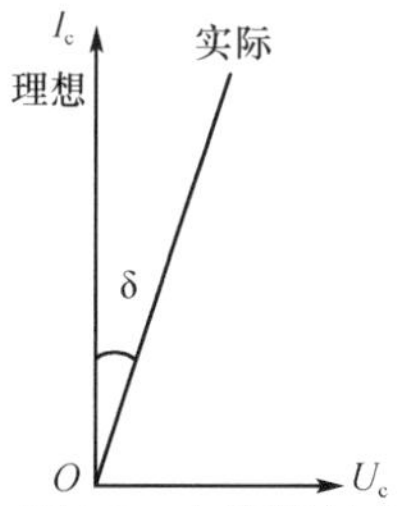

图1-8　电容器的介质损耗 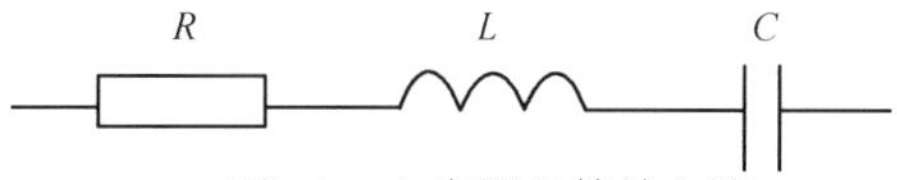　　　　图1-9　电容器的等效电路

由上述可见，电容器都会有一个固有谐振频率，该频率随电容量的减小而增高。当电容量一定时，欲提高固有谐振频率，应缩短电容器的引线。电容器的使用频率，应远远低于固有谐振频率。因此，电容器都会有一极限工作频率，一般极限工作频率为固有谐振频率的1/3~1/2。

6. 电容温度系数　一般情况下，电容器的电容量是随温度变化而变化的，电容器的这一特性用温度系数来表示。温度系数有正负之分，正温度系数电容器表明电容量随温度升高而增大，负温度系数反之。使用中，希望电容器的温度系数越小越好。

三、几种常见的电容器的特点及应用

1. 纸介电容　以纸作为绝缘介质，以金属箔作为电极板卷绕而成。它的特点是体积较小，容量可以做得较大，适用于低频或直流电路中。

2. 金属化纸介电容器　在电容器纸上蒸发一层金属膜作为电极，卷制后封装而成。它的特点是体积小、容量较大，一般适用在频率和稳定性要求不高的电路中。

3. 有机薄膜电容器　与纸介电容器基本相同，区别在于介质材料不是电容纸，而是有机薄膜。这种电容器不论是体积重量上还是电参数上，都要比纸介或金属化纸介电容器优越，用途也很广泛。

4. 瓷介电容　瓷介电容也是一种生产历史悠久的电容，一般按其性能可分为低压小功率和高压大功率两种，通常把直流额定电压低于1kV的算前者，高于1kV的算后者。低压小功率电容常见的有瓷片、瓷管、瓷介独石等类型。这种电容体积小、重量轻、价格低廉，在普通电子产品中使用广泛。瓷片电容的容量范围较窄，一般从几pF到0.1μF。

5. 云母电容　这种电容器具有优良的电性能和机械性能，使得云母电容具有损耗小、可靠性高、性能稳定、容量精度高等优良电参数，被广泛用于高频电路和要求高稳定度的电路中。

6. 玻璃电容　以玻璃为介质的电容器为玻璃电容器，目前玻璃独石和玻璃釉独石两种较为常见。与云母和瓷介电容相比，它的生产工艺简单，因而成本低。这种电容具有良好的防潮性和抗震性，能在200℃高温下长期稳定工作，是一种高温稳定性的电容器。因而在印刷电路中使用十分广泛。

7. 电解电容器　电解电容器以金属氧化膜作为介质，以金属和电解质作为电容的两极。金属为正极，电解质为负极。使用电解电容时应注意极性，不能用于交流电路。由于电解电容的介质是一层极薄的氧化膜(厚度只有10^{-3}~10^{-2}μm)，在相同容量和耐压下，其体积比其他电容要小上几个或十几个数量级，特别是低压电容更为突出，这是任何电容都不能与之相比的特点。在要求大容量的场合，如滤波等，均选用电解电容。但电解电容损耗大，温度频率特性差，绝缘性能差，漏电流大，长期存放可能干涸、老化等，因而除体积小以外，任何性能均远不如其他类型的电容。

四、电容器的选用及质量判别

1. 电容器的选用

(1) 电容器额定电压：选用的电容器的额定工作电压要符合电路要求。不同类型的电容有其不同的电压系列，所选电容必须在其系列之内，此外所选电容的电压一般应使其额定值高于线路施加在电容两端电压的1~2倍。选用电解电容时例外，不论选用何种电容，都不得使电容耐压低于线路中的实际电压，否则电容将会被击穿。

(2) 标称容量及精度等级：各类电容均有其标称值系列及精度等级。电容在电路中作用不同，某些场合要求一定精度，而在较多场合容量范围可以相差很大。因而在确定容量精度时，应首先考虑电路对容量精度的要求，而不要盲目追求电容的精度等级。

(3) 对tgδ的选择：电容器的tgδ值依据介质材料的不同相差很大。tgδ值对电路的性能(特别是在高频电路中)影响很大，直接影响整机的技术指标，所以应选择tgδ值较小的电容器。

(4) 体积：相同耐压及容量的电容可以因介质材料不同，使其体积相差几倍或几十倍。在产品设计中都希望体积小、重量轻，特别是在印刷电路中，更希望选用小型电容器。单位体积的电容量称为电容的比率电容。比率电容越大，电容的体积越小，价格也贵一些。

2. 电容器的质量判别

(1) 对于容量大于5100pF的电容器，可用万用表R×10kΩ、R×1kΩ挡测量电容器的两引线。正常情况下，表针先向R为零的方向摆去，然后向R→∞方向退回(充电)。如果退不到∞位置，而停在某一数值上，指针稳定后的阻值就是电容器的绝缘电阻。一般的电容器绝缘电阻在几十MΩ以上，电解电容在MΩ以上。若所测电容器绝缘电阻小于上述值，则表示电容器漏电。绝缘电阻越小，漏电越严重，若绝缘电阻为零，则表明电容器已击穿短路；若表针不动，则表明电容器内部开路。

(2) 对于容量小于5100pF的电容，由于充电时间很快，充电电流很小，可以借助一个NPN型的三极管的放大作用来测量。测量方法见图1-10所示。电容器接到A、B两端，由于晶体管的放大作用就可以看到表针摆动。判断好坏同上所述。

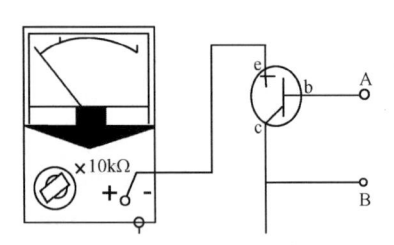

图1-10 小容量电容器的测量方法

(3) 可变电容的漏电、碰片，可用万用表"Ω"挡来检查。将万用表的两只表笔分别与可变电容器的定片和动片引出端相连，同时将电容器来回旋转几下，表针均应在∞位置不动。如果表针指向零或某一较小的数值，说明可变电容器已发生碰片或漏电严重。

(4) 用万用表只能判断电容器的质量好坏，不能测量其容值是多少，若需精确的测量，则需用"电容测量仪"进行测量。

第三节 电 感 器

电感器是能够把电能转化为磁能而存储起来的元件。常用绝缘导线绕制成各种线圈以产生自感量，故常称电感线圈或简称线圈。电感器在电子线路中应用广泛，是作为实现振荡、调谐、耦合、滤波、延迟、偏转的主要元件之一。

1. 电感器的分类
按电感形式可分为固定电感和可调电感；按导磁体性质可分为空芯线圈、铁氧体线圈、铁芯线圈、铜芯线圈；按工作性质可分为天线线圈、振荡线圈、扼流线圈、陷波线圈等；按绕线结构可分为单层线圈、多层线圈、蜂房式线圈；按结构特点可分为磁芯线圈、可变电感线圈、色码电感线圈、无磁芯线圈等。

另外常常会根据工作频率和过电流大小，分为高频电感、功率电感等。

2. 电感器的主要质量参数

(1) 电感量及允许偏差：在没有非线性导磁物质存在的条件下，一个载流线圈的磁通与线圈中电流成正比。其比例系数称自感系数，用L表示，简称电感。线圈电感量的大小，主要决定于线圈的直径、匝数及有无铁芯等。

电感量的允许偏差表示制造过程中电感量的偏差大小，通常有Ⅰ、Ⅱ、Ⅲ三个等级。Ⅰ级允许偏差为±5%；Ⅱ级允许偏差为±10%；Ⅲ级允许偏差为±20%

(2) 品质因数(Q值)：线圈的品质因数为$Q = \omega L/R$。式中ω为角频率，L为线圈的电感量，R为线圈的总损耗电阻，它是由直流电阻、高频电阻(由集肤效应和邻近效应引起)介质损耗等所组成品质因数Q用来表示线圈损耗的大小。Q值会影响回路的选择性、滤波特性以及频率的稳定性。Q值越高，损耗功率越小，电路效率越高，选择性越好。

(3) 固有电容：电感器固有电容又称为分布电容，线圈的匝与匝之间、线圈与屏蔽罩之间、线圈与底板之间都分布着电容。相当于并联在电感线圈两端的一个总的等效电容，如图1-11所示的电容C为电感器的固有电容，R为线圈的直流电阻，L为电感。

由于固有电容的存在，会使线圈的等效总损耗电阻增大，品质因数降低。

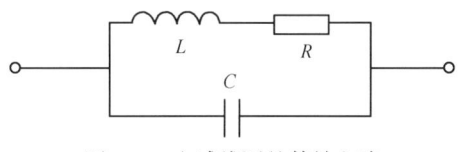

图1-11 电感线圈的等效电路

(4) 额定电流：线圈中允许通过的最大电流。主要是对高频扼流圈和大功率的谐振线圈而言。对于在电源滤波电路中常用的低频阻流圈，额定电流也是一个重要参数。

3. 几种常见电感器的特点及应用

(1) 小型固定电感器：小型固定电感器有卧式(LG_1型)和立式(LG_2型)两种。外形结构如图1-12所示。这种电感器是将漆包线或丝包线直接绕在棒形、工字形、工字形等磁芯上，外表裹覆环氧树脂或封装在塑料壳中。它具有体积小、重量轻、结构牢固、防潮性能好、安装方便等优点。一般常用在滤波、扼流、延迟、陷波等电子线路中。

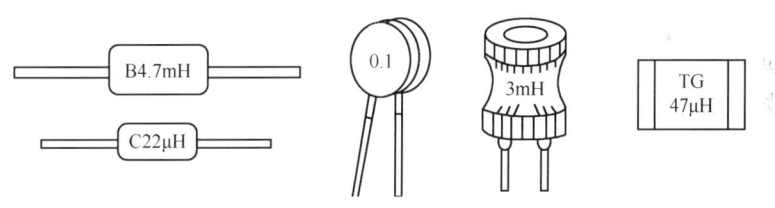

图1-12 小型固定电感器

(2) 平面电感器：平面电感器主要采用真空蒸发、光刻电镀等工艺，在陶瓷或微晶玻璃基片上沉积金属导线而成。平面电感器在稳定性、精度及可靠性方面较好。适用在频率范围为几十MHz到几百MHz的电路中。

(3) 中周线圈：由磁心、磁罩、塑料骨架和金属屏蔽壳组成，线圈绕制在塑料骨架上，骨架的插脚焊接到印制电路板上。它广泛用在调频接收机、电视接收机等电子设备的调谐回路中。

(4) 可调电感器：常用的可调电感器有半导体收音机用振荡线圈、电视机用行振荡线圈、行线性线圈、中频陷波线圈、音响用频率补偿线圈、阻波线圈等。

4. **贴片电感**
贴片式电感器主要有4种类型，即绕线型、叠层型、编织型和薄膜片式电感器。常用的是绕线式和叠层式两种类型。前者是传统绕线电感器小型化的产物；后者则采用多层印刷技术和叠层生产工艺制作，体积比绕线型片式电感器还要小，是电感元件领域重点开发的产品。

5. **电感器的合理选用与质量判别**

(1) 电感线圈的绕制：单层绕法有间绕和密绕两种，用于高频谐振电路的线圈，都采用间绕法。这种绕法减小了线圈的固有电容，具有较高的品质因数Q和稳定性。在中、短波范围内用的谐振线圈，都采用单层密绕。

电感量为几百微亨以上的线圈，可采用多层绕法，多层绕法又分多层密绕和蜂房式绕法，两种前者是线匝一层层地紧密排列，其分布电容较大，后者线匝间不是平行排列，而是具有一定的角度。其分布电容较小，但绕制时需要用蜂房式绕线机。一般的高频扼流圈，由于要求有较大的电感量和较小的体积，而对电感量的精度、Q值及稳定性要求不高，都采用多层密绕法。对于在高压、大功率下运行的谐振电路，绕制电感线圈时，必须考虑线匝能承受的电流值和线间的耐压。同时还应注意线圈的发热。

(2) 提高线圈的品质因数的措施：工作于低频段的电感线圈，一般采用漆包线等带绝缘的导线绕制。工作频率高于几万赫兹，而低于2MHz的电路中，采用多股绝缘的导线绕制线圈，这样可以增大导体的表面积，从而可以克服集肤效应的影响。在频率高于2MHz的电路中，电感线圈应采用单根粗导线绕制，直径一般为0.3~1.5mm。采用间绕的电感线圈，常用镀银铜线绕制，以增加导线表面的导电性。

线圈中采用磁心，可减少线圈的圈数。这样可以减少了线圈的电阻，有利于Q值的提高。线圈的直径适当选大些，利于减小损耗。减小绕制线圈的分布电容。

第四节　变　压　器

变压器是利用电磁感应的原理来改变交流电压的装置，主要构件是初级线圈、次级线圈和铁芯(磁芯)。在电器设备和无线电路中，常用作升降电压、匹配阻抗、安全隔离等。

1. 变压器的分类　变压器的种类有很多，按相数的不同可分为单相变压器、三相变压器；按冷却方式的不同可分为干式变压器、油浸式变压器；按用途的不同可分为电力变压器、仪用变压器、试验变压器、特种变压器；按绕组形式的不同可分为双绕组变压器、三绕组变压器、自耦变电器；按铁芯形式的不同可分为芯式变压器、非晶合金变压器、壳式变压器；按工作频率的不同可将其分为高频变压器、中频变压器、低频变压器。

2. 变压器的主要技术参数

(1) 变压比n：$n = \dfrac{N_1(初级线圈匝数)}{N_2(次级线圈匝数)} = \dfrac{U_1(初级电压)}{U_2(次级电压)}$

若$n<1$表明是升压变压器；$n>1$则是降压变压器，普通的电源变压器就是降压变压器；$n=1$是1∶1变压器，隔离变压器就是这种变压器。

(2) 频率响应：频率响应是衡量变压器传输不同频率信号能力的重要参数。但在低频和高频段，由于各种原因会造成变压器传输信号的能力下降，使频率响应变差。在实际应用中，对不同用途的音频变压器，可采取适当增加初级电感量，展宽低频特性；减少漏感，展宽高频特性的方法，达到音频变压器的频率响应指标要求。

(3) 额定功率：在规定的频率和电压下，变压器可长时间工作而不超过限定温升的输出功率。

(4) 绝缘电阻：在理想情况下，变压器各线圈与铁芯及线圈间应该完全绝缘的。但实际上变压器采用的材料并非理想绝缘材料，因此当在绝缘层上施加电压时，就会有漏电流通过绝缘层。所以，绝缘电阻是施加的电压与漏电流的比值。变阻器的绝缘电阻越大，性能越稳定。

(5) 效率：变压器在工作时对电能有损耗，用效率来表示变压器对电能的损耗程度。

3. 几种常见变压器的特点　变压器一般由导电材料、磁性材料和绝缘材料三部分组成。按工作频率可分为高频变压器、中频电压器和低频电压器。

(1) 低频变压器：低频变压器可分音频变压器与电源变压器两种，在电路中又可分输入变压器、输出变压器、级间耦合变压器、推动变压器及线间变压器等。这类变压器是铁芯变压器，其结构形式多采用芯式或壳式结构，大功率变压器以芯式结构为多，小功率变压器常采用以壳式结构为多。一般芯式铁芯有两个线包，壳式铁芯仅有一个线包，如图1-13(c)所示。

(a) 高频电压器　　　　　(b) 中频电压器　　　　　(c) 低频电压器

图1-13　几种变压器的外形

(2) 中频变压器：中频变压器(又称中周)，适用范围从几千Hz到几十MHz。一般变压器仅仅利用电磁感应原理，而中频变压器除此之外还应用了并联谐振原理。因此，中频变压器不仅具有普通变压器变换电压、电流及阻抗的特性，它还具有谐振于某一固定频率的特性。在超外差收音机中，它起到了选频和耦合作用，在很大的程度上决定了灵敏度、选择性和通频带等指标。其谐振频率在调幅式接收机中为465kHz，调频半导体收音机中频变压器的中心频率为10.7MHz±100Hz。

(3) 高频变压器：高频变压器又称耦合线圈和调谐线圈，如天线线圈和振荡线圈都是高频变压。

4．变压器的合理选用　变压器的种类、型号很多，在选用变压器的时候要注意以下三点：
(1) 要根据不同的使用目的选用不用类型的变压器。
(2) 要根据电子设备具体电路要求选好变压器的性能参数。
(3) 要注意对其重要参数的检测和对变压器质量好坏的判别。

实验一　电阻、电容和电感器的检测

【实验目的】　掌握常用电阻、电容和电感器的识别、标称值和性能的测量。
【实验仪器及元件】　MF47型万用表、信号源、直流电源、兆欧表、电桥、电阻、电容和电感器等。
【实验原理及步骤】

一、电阻的检测

电阻器的检测主要是使用万用表的欧姆挡，通过测量它的阻值来判别有无出现开路、短路、阻值变化等故障。检测电阻器都是在断电情况下进行，其具体检测方法有下列两种：在路检测，即电阻器仍然焊在线路板上进行检测；脱开检测，即将电阻器从线路板上拆下后检测，或是对未装上线路板的电阻器进行检测。

1．在路检测电阻器　所谓在路检测，就是在线路板上直接测量电阻器的好坏(不必拆下电阻器)，具体方法如下：采用万用表欧姆挡的适当量程，两支表棒搭在电阻器两引脚焊点上，测得一次阻值。红、黑表棒互换一次，再测一次阻值，取阻值大的作为参考阻值R。下面对测得的阻值R进行分析：

(1) R值大于所测量电阻器的标称阻值。若得此结果，可以直接判断该电阻器存在开路或阻值增大的现象(电阻器阻值增大现象比较少见)，所以是电阻器损坏。

(2) R值十分接近所测电阻器的标称阻值。若得此结果，可认为该电阻器正常。

(3) R十分接近零欧姆。若得此结果，还不能断定所测电阻器短路(通常电阻器短路现象不多)，要通过进一步检测来证实，如图1-14所示电路中的电阻R_1，电路检测的结果R便会十分接近零欧姆，这是因为线路中的线圈L短接了电阻R，测量时所测到的阻值是线圈的直流电阻，而线圈的直流电阻是很小的。这种情况下,可采取后面介绍的脱开检测方法来进一步检查。

(4) R 远小于所测电阻器的标阻值,但也远大于零欧姆,约为几千欧。这种情况下也不能准确说明所测电阻器存在阻值变小现象,从图1-15中可以看出,在电阻 R_1 上并联有三极管 V_1,V_1 的集电极、发射极之间有一个极间电阻,这样测得的 R 是 R_1 和 V_1 极间电阻的并联阻值,故不能说明 R_1 是否有问题,此时要采用脱开检测方法进一步检查。

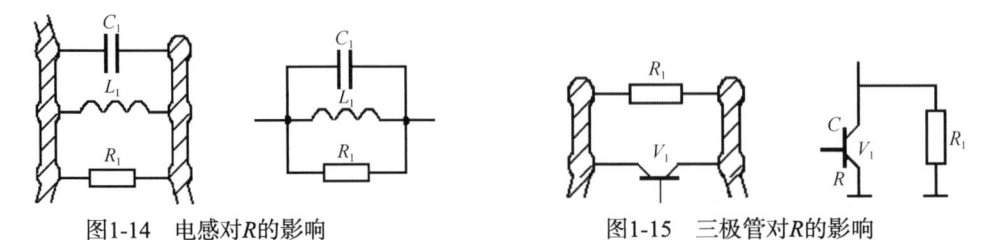

图1-14 电感对 R 的影响

图1-15 三极管对 R 的影响

图1-16 切开铜箔

2. 脱开检测电阻器 当对在路测量结果有疑问时(主要受外电路网络的影响),可进行脱开检测。对线路板上电阻器脱开检测有两种方法:一是将该电阻器一根引脚脱开线路,然后再测量;二是切断电阻器一根引脚的铜箔线路,脱开所要测量的电阻 R,如图1-16所示。但对图1-14所示电路中的 R_1 不宜使用断铜箔的方法,因为 R_1 的两根引脚铜箔线路均不在顶端,在这样的情况下断铜箔要有两个铜箔断口,创伤大。用焊下 R_1 一根引脚方法脱开 R_1 比较好。此处切断的左端引脚铜箔线路较方便,而右端要断开两处铜箔线路不方便。

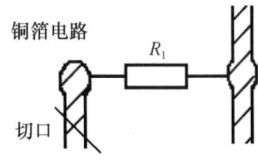

3. 检测中的注意事项 在检测电阻器过程中,注意几个方面的问题:

(1) 在路检测时,一定要切断仪器的电源,否则不但测量不准,而且容易损坏万用表。

(2) 在修理过程中,先是直观检查所怀疑的电阻器,看有无烧焦痕迹、元件引脚的折断、铜箔线断路和有无虚焊。然后用在路检测方法,在有怀疑时再用脱开检测方法。因为直观检查最方便,在路测量其次,脱开检测最不方便,这是修理中必须遵循的先简单后复杂的检查原则。

(3) 选择适当的量程很重要,例如对10Ω的电阻器,若用 R×1kΩ挡测量则不妥,读数精度差,应用R×1Ω挡。对5.1kΩ电阻器,则应用R×1kΩ挡。

(4) 在脱开检测时,手指不要同时碰到表的两支表棒,或不要碰到电阻器两根引脚,否则人体电阻会影响测量结果。如图1-17所示。人体电阻 R 与被测电阻 R_1 并联,测到的读数为 $1L // 1L_1$ 的并联值。

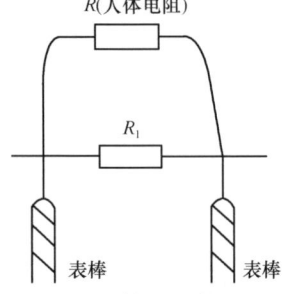

图1-17 人体对电阻的影响

(5) 切断铜箔线路的方法在修理中常用。为了准确测量阻值,得将被测电阻脱开电路。如果采用焊下一根引脚的方法也是可以的,但不方便:一是操作麻烦,脱开的一根引脚在线路板元件一面,而另一根引脚仍焊在线路板上,万用表的表棒操作不方便,同时还存在测量完毕要装上引脚的麻烦;二是焊下电阻器引脚过程中若操作不当会引起铜箔起皮,破坏线路板。采用断开铜箔的方法对线路板创伤小,操作方便,但要注意的是测量后不要忘记及时焊好断口。另外,在切断铜箔线路之前先把断口铜箔线路上的绝缘层刮去,以使焊断口时比较方便。对于其他元器件也是优先采用这种切断铜箔线路的方法进行脱开检查。

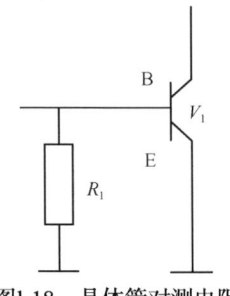

图1-18 晶体管对测电阻的影响

(6) 电路测量时要求红、黑表棒互换一次后再测,主要是为了排除外电路中晶体管PN结正向电阻对测量的影响，可用如图1-18所示电路来说明。

在测量R_1阻值时，如若黑表棒接三极管的基极B，红表棒接发射极E时(测R的阻值)，由于三极管的发射结(PN)处于正向偏置状态(由万用表欧姆挡表内电池给予正向偏置，黑表棒接表内电池的正极，红表棒接表内电池的负极)，其内阻设为R，故此时测得的阻值为R_1与R的并联值，因R较小，从而影响了测量结果。

将红、黑表棒互换后，表内电池给三极管发射结加的是反向偏置电压，其基极和发射极之间的内阻R很大，相当于开路，这样测得的阻值便基本上能反映出R的实际情况。

4. 固定电阻的测量 分别测量10Ω、5.1kΩ、10kΩ、51kΩ电阻，选择不同挡即×1Ω、×10Ω、×100Ω、×1kΩ、×10kΩ，研究不同阻值应该选用的挡位。完成下表，把各挡位所实测数据填入表1-8后并在最佳量程中打上对号"√"。

表1-8 电阻测量表

	挡位(×1Ω)	挡位(×100Ω)	挡位(×1kΩ)	挡位(×10kΩ)
10Ω				
5.1kΩ				
10kΩ				
51kΩ				

二、电容器的检测

1. 用万用表估测电容器容量 用万用表直接测量电容器的容量，方法是用万用表的两根表笔分别接触电容器的两根引线，也就是对电容器进行充放电试验。观察表头指针摆动大小来估计容量，一般可以估测0.02μF以上的电容容量。表1-9提供了使用MF-47型万用表测量电容器容量所得的值。这是根据经验列出的数据供参考。

对容量1μF以下的固定电容器，要仔细观看电表指针，容量越小，摆动范围越小，若电容器质量好，电阻很大，在进行测量时表头指针仅摆动一点便立即回到无穷大处。

表1-9 万用表估测电容量时指针的偏转值

容量	挡位(R×10kΩ)	挡位(R×1kΩ)	挡位(R×100Ω)	挡位(R×10Ω)
0.02	∞~700			
0.033	∞~400			
0.1	∞~150			
0.22	∞~20			
0.33		∞~400		
4.7		∞~11		
10		∞~4	∞~90	
22		∞~1	∞~50	
47			∞~20	
100			∞~5	
470				∞~30
1000				∞~7
2200				∞~2
3300				∞~20

2. 用万用表测量电容器的漏电电阻 一只质量良好的电容器，绝缘电阻很大。一般大于10~1000 MΩ，可用兆欧表进行测量。在没有兆欧表的情况下，对于容量较大的纸介质电容器等

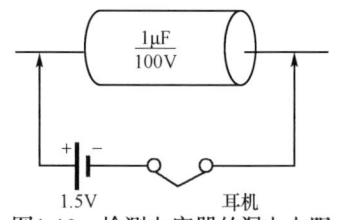

图1-19 检测电容器的漏电电阻

可用一副耳机和一个1.5V的电池进行检测。检测时可按图1-19连接。当耳机和电容器与电池相碰时,耳机中发出"咯"的一声,多碰几下就没有声音了。这是因为电容器已经充满了电荷,且无漏电电阻放电,故不能再充,说明电容器良好。如果每碰一次声音都很响,则说明电容器有漏电。如果第二次碰的时候就没有声音,那说明被测电容器已断路(但小容量的电容器由于容量小,充电电流小也听不清声音)。

对有极性的电解电容器,不能用兆欧表检查其漏电程度,这时可用万用表来进行测量。测量时将万用表置于R×1kΩ挡,用两根表笔分别接被测电容器的两个引出线。这时应注意,手不要碰被测电容器的引出线两端,以免人体漏电电阻并联在上面,引起测量误差。当两根表笔接触被测电容器两个引出线时,这时万用电表的指针先是向顺时针摆动($R=0\Omega$),这时因为接入瞬时充电电流最大。然后,指针逐渐向逆时针方向退回至$R=\infty$的方向。这是因为充电电流逐渐减小。如果表头指针退不到"∞"处停止了,则表头指针所指的阻值就是漏电电阻的阻值。一般电容器的漏电电阻(绝缘电阻)较大,电解电容器约在几兆欧左右。这样,漏电的大小就可以从表头指示的电阻去判断。如果所测的电阻远小于上述阻值,则被测电容器漏电严重,不能使用。

如果被测电容器的容量在0.01μF以上,用万用表R×10kΩ高阻量程,而表头指针并不摆动,则说明该被测电容器内部已断路。如果是电解电容器,则说明该被测电容器的电解液已干涸不能使用。但是,通常也可以用万用表的R×10kΩ挡检测0.01μF以上的无极性固定电容器,虽然容量小,表头指针摆动很小,但仍然可以判断被测电容器的漏电电阻。

一个容量小且漏电电阻很大的电容器,当表头指针向右摆(容量越小搬动越小)后应立即回到∞处。被测电容器的容量在5000pF以下时,由于充放电的时间太短,不易看清表头指针的摆动,不要认为该电容器已经坏了。另外在测量前应对万用表进行调零,否则出现较大误差。

3. 用万用表测量电解电容器的极性 电解电容器的介质是层极薄的附着在金属极板上的氧化膜。氧化膜具有单向导电的性质,因此在接入电路时,应注意电解电容器上正极(+)和负极(-)的标志。

如果电解电容器上"+"和"-"极性的标记模糊不清时,可借助万用表来判别其极性。具体判别的方法按照测量电容器漏电的方法,测出其漏电电阻值,然后交换万用表的两表笔再进行一次测量。根据两次测量中的漏电电阻,即可判断其极性。以漏电电阻小的一次确定,黑表笔所接的一端是电解电容器的正极。红表笔所接的一端则是电解电容器的负极。若两次测量还辨认不清,应多测几次即可区别,但在每次测试前务必将电容两极引线"短触"一下,放电后再测。

4. 用万用电表测量双连可变电容器 双连可变电容器的两组动片与轴柄相连是公用一个焊片引出。两组定片则用两个焊片引出。定片与动片之间都是绝缘的,因此用万用表欧姆挡测量定片与动片之间都会不能直通,且旋转双连的动片至任何位置,都不应当漏电或直通。如果它们之间直通了,就说明定片与动片之间碰片短路了。

另外,可变电容器旋轴和动片应有固定的连接,当转动旋转轴时用一手轻摸动片组的外缘,不应当感觉有任何活动现象。

5. 用晶体管毫伏表也可间接测量电容值 用通入1000Hz高频、100mV电压,在电容电路中串联一个5.1kΩ的电阻,以便求出通过电阻的电流。再计算出电容值。测试电压用晶体管毫伏表。

三、电感的检测

通入频率为1000Hz、幅值为100mV电压,注意在电感电路中串联一个5.1kΩ的电阻,以便求出通过电阻的电流,再计算出电感值。测试电压用晶体管毫伏表。

第二章　常用的半导体器件

半导体是一种导电能力介于导体和绝缘体之间，或者说电阻率介于导体与绝缘体之间的物质。在光照和热辐射条件下，半导体的导电性具有明显的变化；并且在制作晶体结构的半导体时，人为地掺入特定的杂质元素，其导电性能具有可控性。利用半导体的这些特殊的性质可以制成二极管、三极管和场效应管等多种半导体器件。

第一节　半导体器件型号命名方法

一、我国晶体管型号命名法

根据中华人民共和国国家标准，晶体管型号命名方法(GB249-74)，晶体二极管的型号由五部分组成：
(1) 第一部分表示主称，用数字2表示二极管。
(2) 第二部分表示材料与极性，用字母表示。
(3) 第三部分表示类别，用字母表示。
(4) 第四部分表示序号，用数字表示。
(5) 第五部分表示规格，用字母表示。
例如：

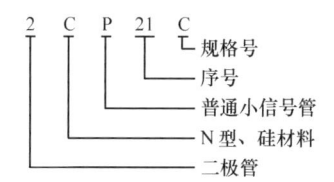

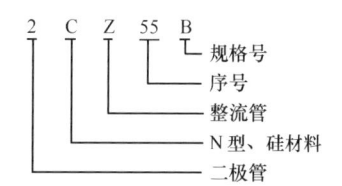

```
2 C P 21 C            2 C Z 55 B
      │ │  │ └─规格号        │ │  │ └─规格号
      │ │  └───序号          │ │  └───序号
      │ └─────普通小信号管   │ └─────整流管
      └───────N型、硅材料    └───────N型、硅材料
              二极管                  二极管
```

晶体三极管的型号命名方法与二极管基本相同，也是由五部分组成的：
(1) 第一部分表示电极数目，用数字"3"表示三极管。
(2) 第二部分表示材料与极性，用字母表示。
(3) 第三部分表示类别，用字母表示。
(4) 第四部分表示序号，用数字表示。
(5) 第五部分表示规格，用字母表示。
例如：

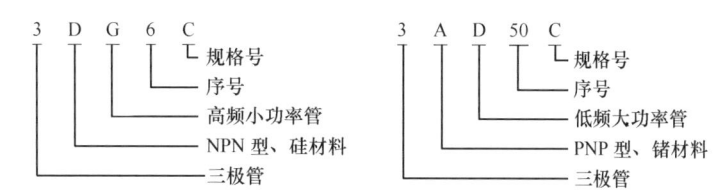

```
3 D G 6 C             3 A D 50 C
      │ │ └─规格号          │ │  └─规格号
      │ └───序号            │ └───序号
      │ ─────高频小功率管   │ ─────低频大功率管
      └─────NPN型、硅材料   └─────PNP型、锗材料
            三极管                 三极管
```

二极管和三极管型号前三部分所表示的意义如表2-1所示。

表2-1　晶体管的型号前三部分的意义

第一部分		第二部分		第三部分	
电极数		材料和极性		类别	
符号	意义	符号	意义	符号	意义
2	二极管	A	N型　锗材料	P	普通管
		B	P型　锗材料	V	微波管
		C	N型　硅材料	W	稳压管
		D	P型　硅材料	C	参量管
3	三极管	A	PNP型　锗材料	Z	整流管
		B	NPN型　锗材料	L	整理堆
		C	PNP型　硅材料	S	隧道管
		D	NPN型　硅材料	N	阻尼管
		E	化合物材料	U	光电器件
				K	开关管
				X	低频小功率管(f_a<3MHz, P_C<1W)
				G	高频小功率管(f_a≥3MHz, P_C<1W)
				D	低频大功率管(f_a<3MHz, P_C≥1W)
				A	高频大功率管(f_a≥3MHz, P_C≥1W)
				T	可控整流器
				Y	场效应管
				B	雪崩管
				J	阶跃恢复管
				CS	场效应器件
				丙酮	半导体特殊器件
				FH	复合管
				PIN	PIN管
				JG	激光器件

注：场效应管、复合管、PIN型管、半导体特殊器件、激光器件的命名只有第三、四、五部分

二、日本晶体管型号命名法

日本晶体管的型号由五个部分组成：
(1) 第一部分表示电极数目。
(2) 第二部分表示日本电子工业协会(EIAJ)的注册标志。
(3) 第三部分表示类型和材料。
(4) 第四部分表示EIAJ的登记号。
(5) 第五部分表示同一型号改进产品标志。
日本晶体管的型号命名法各部分符号及意义见表2-2所示。

表2-2 日本晶体管型号命名法

第一部分		第二部分		第三部分		第四部分		第五部分	
电极数目		S表示EIAJ注册产品		极性及材料		在EIAJ登记的顺序号		改进产品标志	
符号	意义	符号	意义	符号	意义	符号	意义	符号	意义
0	光电(即管敏)二极管、晶体管及其组合管	S	表示已在EIAJ注册登记	A	PNP型高频管	从11开始，表示在EIAJ注册登记的顺序号，不同公司性能相同器件可以使用同一顺序号，其数字越大越是近期产品	四位以上的数字	A B C D E F ...	用字母表示对原来型号的改进产品
1	二极管			B	PNP型低频管				
2	三极管、具有两个以上PN结的其他晶体管			C	NPN型高频管				
3	具有四个有效电极或具有三个PN结的晶体管			D	NPN型低频管				
...				F	P控极可控硅				
n-1	具有n个有效电极或具有n-1个PN结的晶体管			G	N控极可控硅				
				H	N基极单结晶体管				
				J	P沟道场效应管				
				K	N沟道场效应管				
				M	双向可控硅				

例如：

2SA495(日本夏普公司GF-9494收录机小功率管)

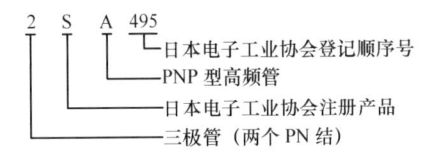

```
2  S  A  495
│  │  │  └─ 日本电子工业协会登记顺序号
│  │  └──── PNP 型高频管
│  └─────── 日本电子工业协会注册产品
└────────── 三极管（两个 PN 结）
```

2SC502A(日本收音机中常用的中频放大管)

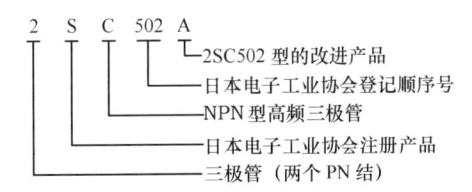

```
2  S  C  502  A
│  │  │  │   └─ 2SC502 型的改进产品
│  │  │  └───── 日本电子工业协会登记顺序号
│  │  └──────── NPN 型高频三极管
│  └─────────── 日本电子工业协会注册产品
└────────────── 三极管（两个 PN 结）
```

三、美国晶体管型号命名法

美国晶体管标准型号命名法，即美国电子工作协会(EIA)规定的晶体管分立器件型号的命名法，如表2-3所示。

表2-3 美国电子工业协会晶体管型号命名法

第一部分		第二部分		第三部分		第四部分		第五部分	
用途和类别		PN结的数目		EIA的注册标志		EIA的登记顺序号		分挡	
符号	意义	符号	意义	符号	意义	符号	意义	符号	意义
JAN或J	军用品	1	二极管	N	该器件已在EIA注册登记	多位数字	该器件已在EIA登记的顺序号	A B C D ...	同一型号的不同挡别
		2	三极管						
无	非军用品	3	三个PN结器件						
		n	n个PN结器件						

例如：

```
JAN  2  N  2904
              └─ EIA 登记序号
           └── EIA 注册标记
        └───── 三极管
 └─────────── 军用品

2  N  34  A
          └─ 2N34A 档
       └── EIA 登记序号
    └───── EIA 注册标记
 └─────── 三极管
```

第二节　半导体二极管

一、二极管的结构及分类

将PN结用外壳封装起来，并加上电极引线就构成了半导体二极管，简称二极管。由P区引出的电极为阳极，由N区引出的电极为阴极，常见的外形如图2-1所示。

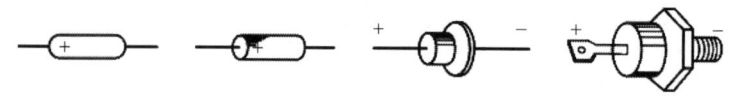

图2-1　二极管的几种常见外形

二极管按结构可分为点接触型、面接触型、平面型等类型。点接触型二极管由于金属丝与半导体的接触面很小，只能通过较小的电流，但能够在较高的频率下工作，多用于检波电路。面接触型二极管由于接触面较大，可以通过较大电流，但由于结电容较大，工作频率较低，不能用于检波，多用于整流电路，常见二极管结构和符号如图2-2所示。

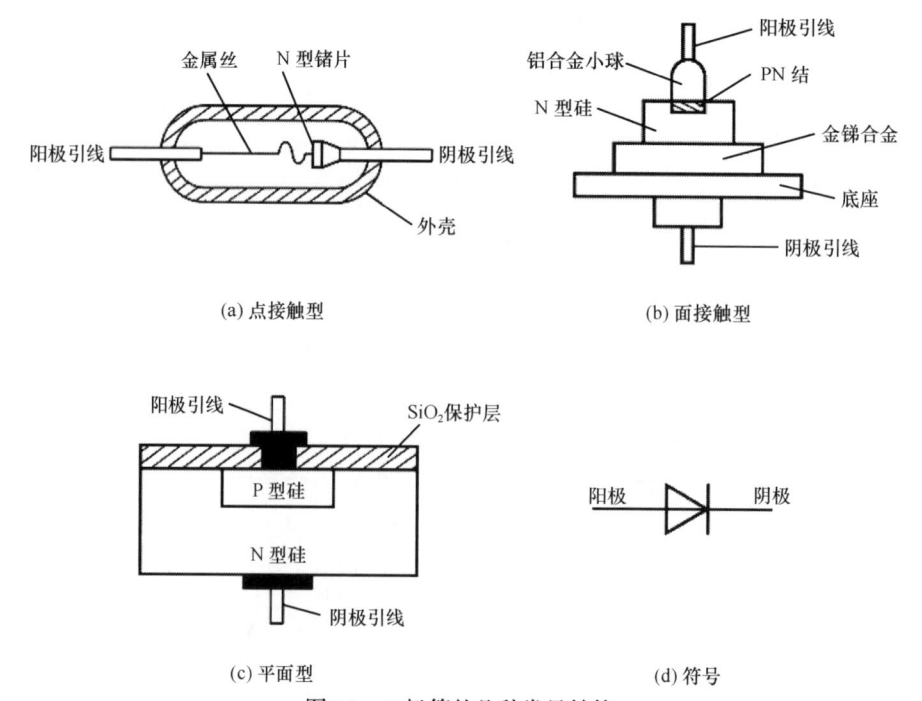

(a) 点接触型　　(b) 面接触型

(c) 平面型　　(d) 符号

图2-2　二极管的几种常见结构

二极管按用途可分为检波、整流、稳压、调制、混频、放大、开关、变容、PIN型、快速关断(阶跃恢复)、肖特基、阻尼、发光二极管等类型。

二极管按封装形式可分为玻璃、塑料、金属和陶瓷封装二极管等。

二、二极管的伏安特性与主要参数

1. 二极管的伏安特性 二极管伏安特性曲线如图2-3所示。其中$u>0$的部分为正向特性，当二极管外加正向电压，且$u>U_{on}$时，$i \approx I_S e^{\frac{u}{U_T}}$；$u<0$的部分为反向特性，当二极管外加反向电压时，且$|u|>>U_{on}$时，$i \approx -I_S$；当反向电压超过一定数值$U_{BR}$后，反向电流急剧增加，进入反向击穿区。

当环境温度升高时，二极管的正向特性曲线将左移，反向特性曲线下移(如图2-3虚线所示)。在室温附近，温度每升高1℃，正向压降减小2~2.5mV；温度每升高10℃，反向电流约增大一倍。

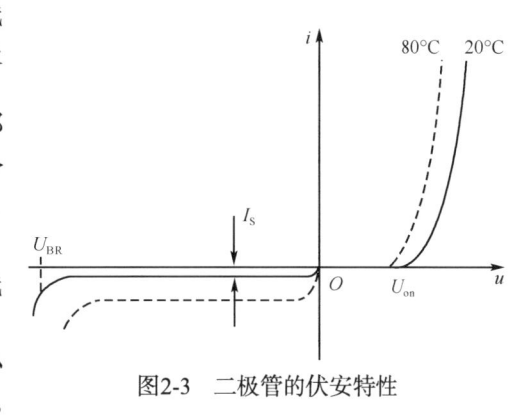

图2-3 二极管的伏安特性

2. 二极管的主要参数 二极管的参数比较多，而且不同用途的二极管，其参数也各有不同，下面介绍几个主要参数：

(1) 最大整流电流I_F：I_F是指二极管长期运行时允许通过的最大正向平均电流，其值与PN结面积及外部散热条件等有关。在规定散热条件下，二极管正向平均电流若超过此值，则将因结温升过高而烧坏。

(2) 最高反向工作电压U_{RM}：U_{RM}是指二极管工作时允许外加的最大反向电压，超过此值时，二极管有可能因反向击穿而损坏。通常U_{RM}为击穿电压的U_{BR}的一半。而一些小容量二极管，其U_{RM}则为U_{BR}的三分之二。

(3) 反向电流I_{RM}：在给定的反向偏压下，通过二极管的直流电流称为反向电流I_S。理想情况下二极管是单向导电的，但实际上反向电压下总有一点微弱的电流，这一电流在反向击穿之前大致不变，故又称反向饱和电流。实际的二极管，反向电流往往随反向电压的增大而缓慢增大。在最高反向工作电压U_{RM}时，二极管中的反向电流就是最大反向电流I_{RM}。I_{RM}越小，二极管的单向导电性能越好，I_{RM}对温度非常敏感。

(4) 最高工作频率f_M：使二极管保持良好的单向导电性的上限频率，称为最高工作频率。

(5) 正向导通压降U_D：是指二极管导通时，二极管两端产生的正向电压降。

三、几种常见的二极管

1. 整流二极管 整流二极管主要用于整流电路，即把交流电变换成脉动的直流电。整流二极管是面接触型的，多采用硅材料构成。由于结面积较大，能承受较大的正向电流和较高反向电压，性能比较稳定，但因结电容较大，使其工作频率较低，一般为3kHz以下。常见的整流二极管规格及其参数见表2-4。

表2-4 常用整流二极管的参数

参数	型号		
	2CP10-2CP20	2CP31-2CP33	2CZll-2CZl4
最大整流电流(mA)	5~100	250~500	1 000~10 000
最高反向工作电压(V)	25~600	25~500	50~1 000
反向漏电流(μA)	≤5	<300	<600~6 000
最大电流下正向压降(V)	≤1.5	<<1	≤0.8l(≤1)
最高工作频率(MHz)	0.05	0.003	0.003
工艺材料	面结触型硅管	面结触型硅管	面结触型硅管
主要用途	小功率整流	一般整流	大功率整流

2. 检波二极管 检波的作用是把调制在高频信号中的低频信号检取出来。检波二极管要求结电容小,反向电流也小,所以检波二极管常采用点接触型二极管,常用的检波二极管有2AP1、2AP7、2AP9、2AP17等型号。

除一般二极管参数外,检波二极管还有一个特殊参数——检波效率。它定义为:在检波二极管输出电路的电阻负载上产生的直流输出电压与加于输入端的正弦交流信号电压峰值之比的百分数,即

$$检波效率 = 直流输出电压/输入信号电压峰值 \times 100\%$$

检波二极管的检波效率会随工作频率的增高而下降。检波二极管的封装多采用玻璃或陶瓷外壳,以保证良好的高频特性。检波二极管也可用于小电流整流。常用检波二极管参数见表2-5。

表2-5 常见检波二极管的参数

参数	型号							
	2AP1	2AP2	2AP3	2AI4	2AP5	2AP6	2AP7	2JP9
最大整流电流(mA)	16	16	25	16	16	12	12	5
最高反向电压(V)	20	30	30	50	75	100	10	15
反向击穿电压(V)	≥40	≥45	≥45	≥75	≥110	≥150	≥150	≥20
正向电流(mA)	≥2.5	≥1.0	≥7.5	≥5.0	≥2.5	≥1.0	≥5.0	≥8
反向漏电流(μA)	≤250	≤250	≤250	≤250	≤250	≤250	≤250	≤200
截止频率(MHz)	150	150	150	150	150	150	50	100
极间电容(pF)	≤1	≤1	≤1	≤1	≤1	≤1	≤1	≥80
检波效率(%)								

3. 开关二极管 二极管具有单向导电性。在正向偏压下处于导通状态,其电阻很小,约几十至几百欧。在反向偏压下处于截止状态,其电阻很大,硅管在10MΩ以上,锗管也有几十千欧至几百千欧。利用这一特性,在电路中对二极管电流进行控制,可起到接通或关断的作用,即开关作用。

开关二极管从截止(高阻)到导通(低阻)的时间叫开通时间,从导通到截止的时间叫反向恢复时间,两个时间加在一起统称开关时间。一般反向恢复时间远大于开通时间,故手册上常只给出反向恢复时间。一般开关二极管的开关速度是很快的。硅开关二极管反向恢复时间只有几个纳秒(ns),锗开关二极管反向恢复时间要长一些,也只有几百个纳秒(ns)。

开关二极管有开关速度快、体积小、寿命长、可靠性高等优点,广泛用于自动控制电路中。开关二极管多以玻璃及陶外形封装,以减少管壳电容。常用开关二极管的参数见表2-6。

表2-6 常见开关二极管的参数

参数	型号			
	2AK1-2AK6	2AK7-2AK10	2AK11-2AK14	2CK9-2CK19
正向电压(V)	1	0.45	0.8	≤1
正向电流(mA)	100~200	10	250	30
最高反向工作电压(V)	10~50	30~50	30~50	10~50
	30~75	50~70	50~70	15~75
反向击穿电压(V)	200~150			≤5
反向恢复时间(ns)				≤1(0.03)
反向漏电流(μA)	≤1	≤1	≤1	≤3~5
结电容(pF)				

4. 稳压二极管 稳压二极管是一种硅材料制成的面接触型二极管,它是利用二极管反向击穿时,在一定的电流范围内,其端电压几乎不变,表现出稳压的特性。稳压管的伏安特性、符

号如图2-4所示。

(1) 稳压管的伏安特性：稳压管的伏安特性与普通二极管相似。其正向特性为指数曲线。当反向电压小于击穿电压时，反向电流很小，当反向电压临近击穿电压时反向电流急剧增大，发生电击穿。这时电流在很大范围内改变时管子两端电压基本保持不变，起到稳压的作用。

(2) 稳压管的主要参数

1) 稳定电压U_Z：是在规定的电流下稳压管的反向击穿电压。不同型号的稳压管，具有不同的稳压值。对同一型号的稳压管，由于半导体器件参数分散性。U_Z存在一定差别。例如，2CW72稳压管的稳定电压是7~8.8V。也就是说2CW2稳压管的稳定电压可能是7V，也可能是8V，还可能是8.8V。但一只具体的2CW72稳压管的稳定电压则是唯一的确定值，如8.2V。稳定电压的数值只会随温度变化而有微小的改变。

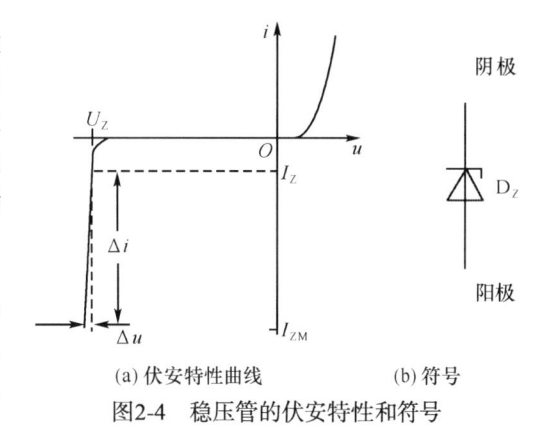

2) 稳定电流I_Z及最大稳定电流I_{ZM}：稳压二极管在稳压范围内的正常工作电流称为稳定电流I_Z，电流低于此值时，稳压效果变坏，甚至不稳压。稳压管允许长期通过的最大电流称为最大稳定电流I_{ZM}，稳压管实际工作电流要小于I_{ZM}，否则稳压管会因电流过大而过热损坏。

3) 额定功耗P_{ZM}：是指反向电流通过稳压管时，稳压管本身消耗功率的最大允许值。它等于稳定电压U_Z与最大稳定电流I_{ZM}的乘积。

4) 动态电阻r_Z：在稳定电压范围内，稳压管两端电压变量与稳定电流变量的比值，称为动态电阻。动态电阻是表征稳压管性能好坏的重要参数之一，r_Z越小，稳压管的稳压特性越好，一般为几至几百欧。

5) 电压温度系数C_{TV}：如果稳压管的温度变化，它的稳定电压也会发生微小的变化。温度变化1℃所引起管子两端电压的相对变化量定义为电压温度系数。一般稳定电压在6V以上的稳压管C_{TV}为正(正温度系数)，低于6V的C_{TV}则为负，5~6V的C_{TV}接近于零，即其稳压数值受温度影响最小。因此在某些要求比较高的场合，宜选用6V左右的稳压管若要求稳压值较高，可将稳定电压为6V左右的管子串联起来使用。

常用稳压二极管的型号及部分参数见表2-7。

表2-7 常用稳压二极管的型号及部分参数

型号	稳定电压(V)	最大工作电流(mA)	型号	稳定电压(V)	最大工作电流(mA)
2CW50	1~2.8	33	2CW59	10~11.8	20
2CW51	2.5~3.5	71	2CW60	11.5~12.5	19
2CW52	3.2~4.5	55	2CW61	12.5~14	16
2CW53	4~5.8	41	2CW62	13.5~17	14
2CW54	5.5~6.5	38	2CW72	7~8.8	29
2CW55	6.2~7.5	33	2CW73	8.5~9.5	25
2CW56	7~8.8	27	2CV74	9.2~10.6	23
2CW57	8.5~9.5	26	2CW75	10~12	21
2CW58	9.2~10.5	23	2CW76	11.5~12.5	20

5. 发光二极管 半导体发光二极管是用PN结把电能换成光能的一种器件，它可用于光电

传感器、测试装置、遥测遥控设备等。按其发光波长，可分为激光二极管、红外发光二极管与可见光发光二极管。可见光发光二极管常简称为发光二极管。

(1) 普通发光二极管(LED)：普通发光二极管用磷化镓、磷砷化镓等材料制成，正向驱动发光，工作电压低，工作电流小，发光均匀，体积小，寿命长。当给这种二极管加2~3 V正向电压，只要有正向电流通过时，它就会发出可见光，通常有红、橙、黄、绿几种颜色。其外形和结构如图2-5所示。

(2) 电压型发光二极管(BTV)：BTV的外形与普通LED相同，但在其管壳内除发光二极管之外，还用集成工艺制成一个限流电阻，然后与发光二极管串联，引出两个极，如图2-6所示。使用时只要加上额定电压，即可正常发光。该系列产品的电压标称值有：5V、9V、12V、15V、18V、24V共6种。

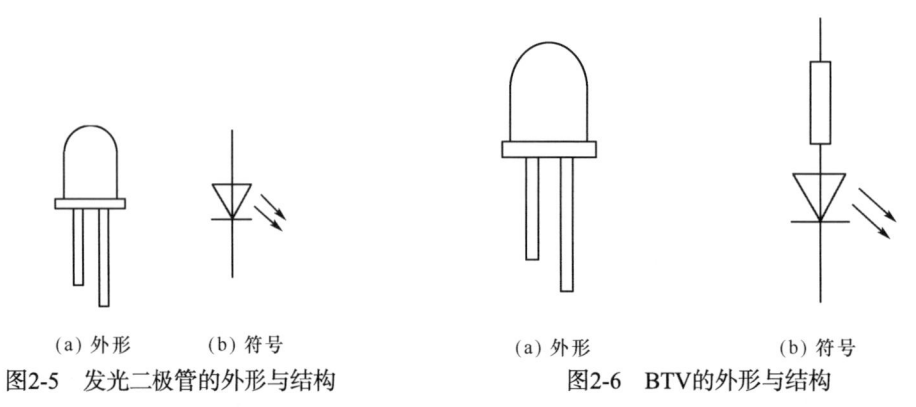

图2-5　发光二极管的外形与结构

图2-6　BTV的外形与结构

(3) 红外发光二极管(RED)：RED所发出的峰值波长为940 nm左右，属红外波段，是不可见光。与一般半导体硅光敏器件的峰值波长900 nm相近，甚为匹配。从波长角度看，选用红外发光管来触发硅光敏器件是最理想的。

红外发光二极管的符号与外形与LED相同。红外发光管是在正向电压下工作的，它的正向特性与普通二极管一样。对它施加几伏正向电压后，就会发出不可见的红外光了。当这束光被硅光敏元件接收到时，就可使硅光敏管有电流输出，也可使光控晶闸管导通，与LED类似，红外发光管是电流控制器件，使用时应串接一只限流电阻。

红外发光管一般是用半导体材料砷化镓制成的，而半导体材料的性能都会受环境温度的影响。温度升高会使红外发光管的输出光功率降低。50℃时的输出光功率仅是25℃时的75%。当温度升至90℃时，输出光功率只有25℃时的50%了。反之，在低温下可使其输出光功率提高，在零下10℃时，输出光功率比25℃时提高50%。但是，由于红外发光管总是与光敏器件一起使用，而在温度升高时，光敏元件输出的光电流也会升高，这就出现了环境温度上升，红外发光管的输出光功率下降，光敏元件的输出光电流上升，致使相对传输比随环境温度的变化不那么明显。

6. 光电二极管　光电二极管是远红外线接收管，是一种将光能转换成电能的器件。它是充分利用PN结的光敏特性，将接受到的光的变化转换成电流的变化。它的符号和几种常见外形如图2-7所示。

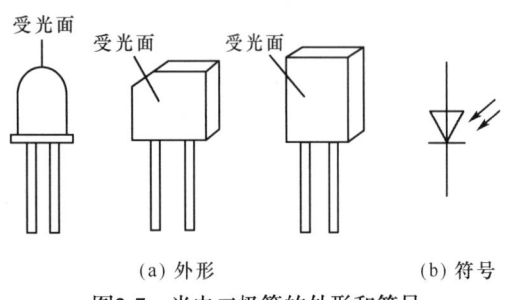

图2-7　光电二极管的外形和符号

图2-8所示为光电二极管的伏安特性。在无光照时,与普通二极管一样,具有单向导电性。外加正向电压时电流与端电压呈指数关系,外加反向电压时反向电流(暗电流)通常很小。在有光照时,特性曲线下移,反向电流增大。光电二极管在反压下受到光照而产生的电流称为光电流,光电流受入射照度的控制。照度一定时,光电二极管可等效成恒流源。照度越大,光电流越大,在光电流大于几十微安时,与照度成线性关系。这种特性可广泛用于遥控、报警及光电传感器之中。

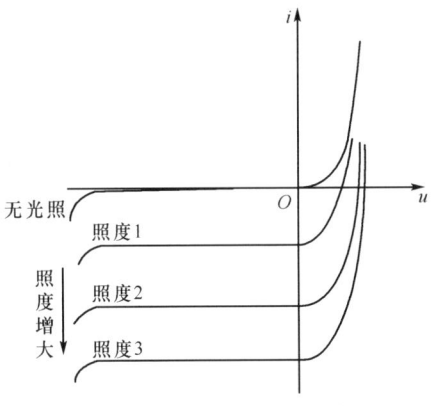

图2-8 光电二极管的伏安特性

7. 变容二极管 变容二极管是通过施加反向电压的大小来改变其PN结电容的,反向偏压越高,结电容越小,反向偏压越小,结电容越大。利用这一特性制成了变容二极管,常用于自动频率控制、扫描振荡、调频和调谐等电路中。

8. 阻尼二极管 阻尼二极管具有较高的反向工作电压和峰值电流,正向压降小,多用作高频高压整流二极管,用在电视机行扫描电路作阻尼和升压整流用。常用的阻尼二极管有2CN1、2CN2、BS-4等型号。

9. 快速关断(阶跃恢复)二极管 它也是一种具有PN结的二极管。其结构上的特点是:在PN结边界处具有陡峭的杂质分布区,会形成自助电场。由于PN结在正向偏压下,以少数载流子导电,并在PN结附近具有电荷存贮效应,使其反向电流需要经历一个存贮时间后才能降至最小值(反向饱和电流值)。阶跃恢复二极管的自助电场缩短了存贮时间,使反向电流快速截止,并产生丰富的谐波分量,利用这些谐波分量可设计出梳状频谱发生电路。快速关断二极管用于脉冲和高次谐波电路中。

10. 肖特基二极管 它是利用金属与半导体之间的接触势垒而制成的肖特基二极管。这种器件是由多数载流子导电的,所以,其反向饱和电流较以少数载流子导电的PN结大得多。由于肖特基二极管中少数载流子的存贮效应甚微,所以其频率响应仅由RC时间常数限制,因而,它是高频和快速开关的理想器件。其工作频率可达100GHz,并且,MIS(金属—绝缘体—半导体)肖特基二极管可以用来制作太阳能电池或发光二极管。

11. PIN型二极管 这是在P区和N区之间夹一层本征半导体或低浓度杂质的半导体而构成的晶体二极管,PIN中的I是本征意义的英文略语。当其工作频率超过100MHz时,由于少数载流子的存贮效应和本征层中的渡越时间效应,其二极管失去整流作用而变成阻抗元件,并且,其阻抗值随偏置电压而改变。在零偏置或直流反向偏置时,本征区的阻抗很高;在直流正向偏置时,由于载流子注入本征区,而使本征区呈现出低阻抗状态。因此,可以把PIN二极管作为可变阻抗元件使用。它常被应用于高频开关(即微波开关)、移相、调制、限幅等电路中。

12. 双向触发二极管 双向触发二极管是三层且对称的两端半导体器件,可以等效为基极开路时,发射极与集电极对称的NPN型晶体管。其结构及符号如图2-9所示。

图2-10所示为双向触发二极管的伏安特性。它的正、反向伏安特性几乎完全对称。当器件两端所加电压u低于正向转折电压U_{BO}时,呈高阻态。当$u>U_{BO}$时,管子击穿导通进入负阻区。同样当$|u|$大于反向转折电压$|U_{BR}|$时,管子同样能进入负阻区。转折电压的对称性用ΔU_B表示:

$$\Delta U_B = U_{BO} - |U_{BR}|$$

一般ΔU_B应小于2V。

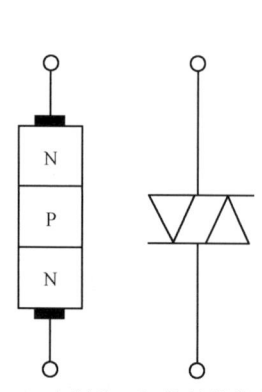

图2-9 双向触发二极管的结构与符号 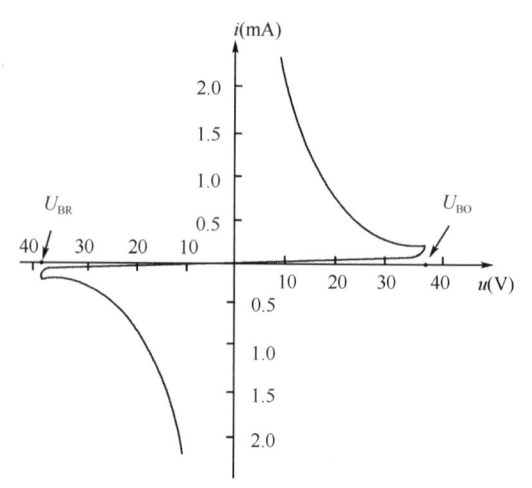　　图2-10 双向触发二极管的伏安特性

双向触发二极管可以用来触发双向晶闸管，还可以组成过电压保护及移相电路等。

常用的双向触发二极管有2CSA、2CSB、2CTS、DB3、DB4等型号。

13. 桥式整流硅堆　在整流电路中，经常会使用一些由多只二极管组合而成的桥堆，如半桥整流硅堆、全桥整流硅堆及高压整流硅堆等。

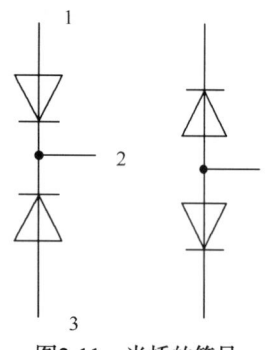

(1) 半桥整流硅堆：半桥是把两只整流管按照一定要求连接起来封装在一起的整流器件。其符号如图2-11所示。

(2) 全桥整流硅堆：全桥是把四只整流二极管按照全波整流电路的方式连接起来并封装在一起的整流器件。全桥共有四个引脚，其中有两个是交流电源输入端，用"~"表示，另外两个是直流输出端，用"+"、"-"表示。其外形与引脚如图2-12所示。

全桥的内部电路是由四个二极管按要求连接的，其电路结构与符号如图2-13所示。

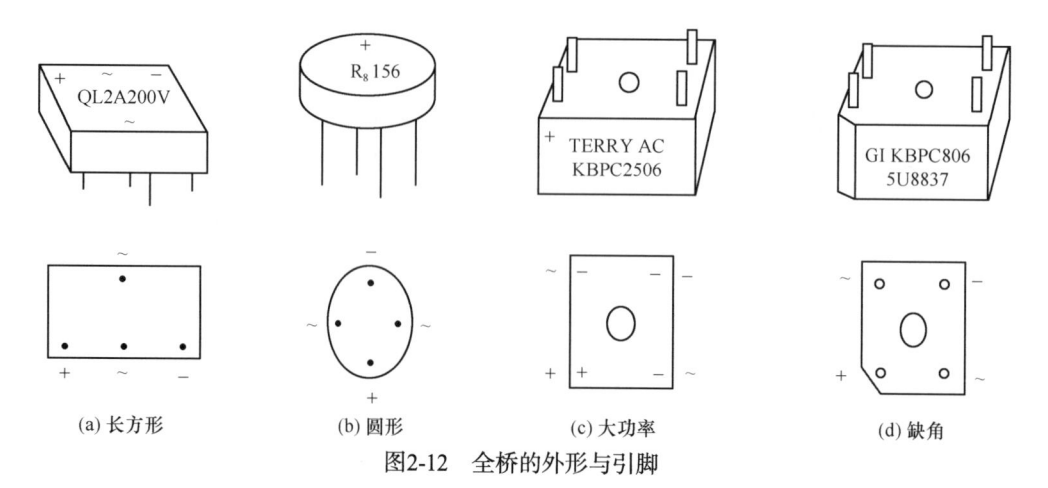

图2-11 半桥的符号

(a) 长方形　　(b) 圆形　　(c) 大功率　　(d) 缺角

图2-12 全桥的外形与引脚

(a) 内部电路　　　　　　　　　　　(b) 图形符号

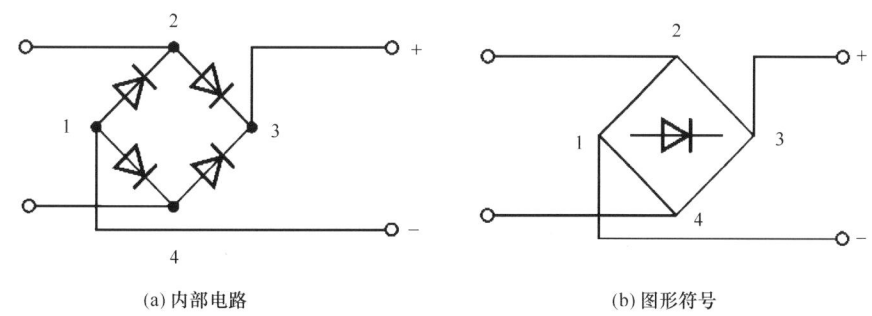

图2-13　全桥的结构与符号

(3) 高压整流硅堆：在高压整流电路中，如电视机高达几万伏乃至几万伏的整流器件，需使用一种高压整流硅堆，它是把多只硅整流器件的芯片串联起来，再用塑料封装成一个整体的高压整流器件，常用的有2DL、2CL、2CGL、2DGL、DH等系列产品。其中2DGL系列为高频高压硅堆，适用于黑白和彩色电视机中的高频(15625Hz)高压整流电路。

第三节　晶体三极管

一、三极管的结构及类型

根据不同的掺杂方式在同一个硅片上制造出三个掺杂区域，并形成两个PN结，就构成了晶体三极管，简称三极管或晶体管。按照结构不同可以分为NPN、PNP两个类型。NPN类型的结构如图2-14(a)所示，中间的P区为基区，它很薄且杂质浓度很低；左边的N区为发射区，掺杂浓度很高；右边的N区是集电区。它们所引出的三个电极分别为基极b、发射极e和集电极c。发射区与基区间的PN结为发射结，基区与集电区间的PN结为集电结。NPN型管和PNP型管的符号如图2-14(b)所示。

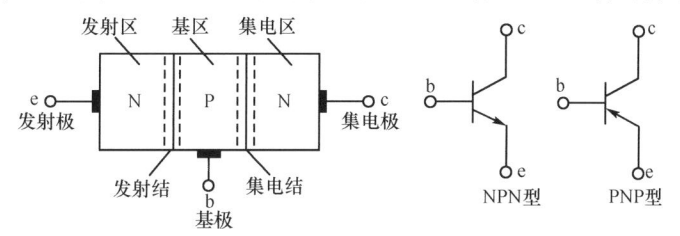

(a) NPN型管的结构示意图　　　(b) NPN型和PNP型管的符号

图2-14　三极管的结构和符号

除了按照结构可以把三极管分为NPN、PNP两个类型以外，三极管的分类方法还有很多：按半导体材料分有锗管、硅管；按结构分有点接触型、面接触型；按生产工艺分有合金型、扩散型、台面型和平面型；按工作频率分有低频管、高频管及开关管；按外形封装分有金属封装，塑料封装；按功率分有小功率管、中功率管、大功率管等。

常见三极管的外形如图2-15所示。

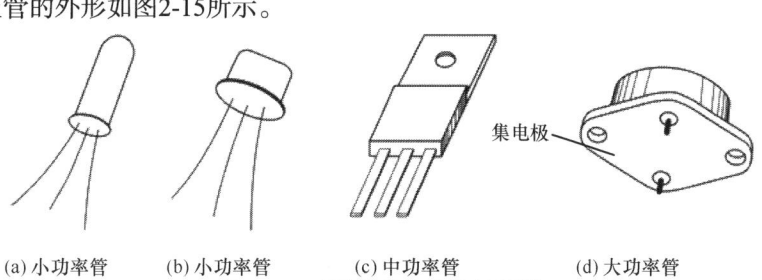

(a) 小功率管　　(b) 小功率管　　(c) 中功率管　　(d) 大功率管

图2-15　三极管的几种常见外形

二、三极管的输出特性曲线

图 2-16 所示为三极管的输出特性曲线，从中可以看出三极管有三个工作区域：

(1) 截止区：其特征是发射结电压小于开启电压且集电结反偏。此时基极电流 $I_B=0$，集电极电流 $i_c < I_{CEO}$，其中 I_{CEO} 为穿透电流。因此在近似分析中可以认为晶体管截止时 $i_c \approx 0$。

(2) 放大区：其特征是发射结正偏（u_{BE} 大于开启电压）且集电结反偏。此时 i_c 几乎仅仅决定于 i_B，而与管压降 u_{CE} 无关，表现出 i_B 对 i_c 的控制作用，即 $\Delta i_c = \beta \Delta i_B$。

(3) 饱和区：其特征是发射结与集电结均正偏。此时 i_C 不仅与 i_B 有关，而且明显随 u_{CE} 增大而增大。在实际电路中，若 u_{BE} 增大时，i_B 随之增大，但 i_C 增大不多或基本不变，则说明三极管进入饱和区。

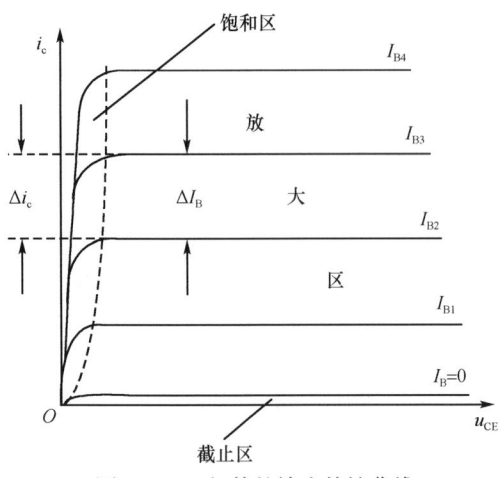

图 2-16 三极管的输出特性曲线

三、三极管的主要参数

三极管的参数较多，这里只介绍在近似分析中的主要参数。

1．直流参数

(1) 共射直流电流系数 $\overline{\beta}$

$$\overline{\beta} \approx \frac{I_C}{I_B}$$

选用管子时，β 应选几十至一百多倍。

(2) 共基直流电流系数 $\overline{\alpha}$

$$\overline{\alpha} \approx \frac{I_C}{I_E}$$

(3) 极间反向电流

I_{CBO} 是发射极开路时集电结的反向饱和电流。I_{CEO} 是基极开路时，集电极与发射极间的穿透电流。二者满足

$$I_{CEO} = (1+\overline{\beta})I_{CBO}$$

选用管子时，I_{CBO} 与 I_{CEO} 应尽量小。同一型号的管子反向电流越小，性能越稳定。

2．交流参数

(1) 共射交流电流放大系数 β

$$\beta = \frac{\Delta i_C}{\Delta i_B}\bigg|_{U_{CE}=\text{常量}}$$

(2) 共基交流电流放大系数 α

$$\alpha = \frac{\Delta i_C}{\Delta i_E}\bigg|_{U_{CB}=\text{常量}}$$

(3) 特征频率 f_T：使 β 的数值下降到 1 的信号频率。

3. 极限参数

(1) 最大集电极耗散功率P_{CM}：保证参数在规定范围内变化时，集电结上允许损耗功率的最大值。P_{CM}决定于三极管温升。

(2) 最大集电极电流I_{CM}：使β值明显减小的i_C即为I_{CM}。

(3) 极间反向击穿电压。

1) U_{CBO}：发射极开路时集电极-基极间反向击穿电压。
2) U_{CEO}：基极开路时集电极-发射极间反向击穿电压。
3) U_{EBO}：集电极开路时发射极-基极间反向击穿电压。

四、其他常用的晶体管

1. 达林顿管

(1) 达林顿管的结构和特点：达林顿管又叫复合管，即采用复合连接方式，将两只或更多只的三极管连在一起，而将第一只三极管的发射极直接耦合到第二只三极管的基极，依次连接而成的，最后引出e、b、c三个电极。它的外形如图2-17所示。

图2-18所示是常用的达林顿管的复合连接方式。从该结构图中可以看出，它有如下几个特点：

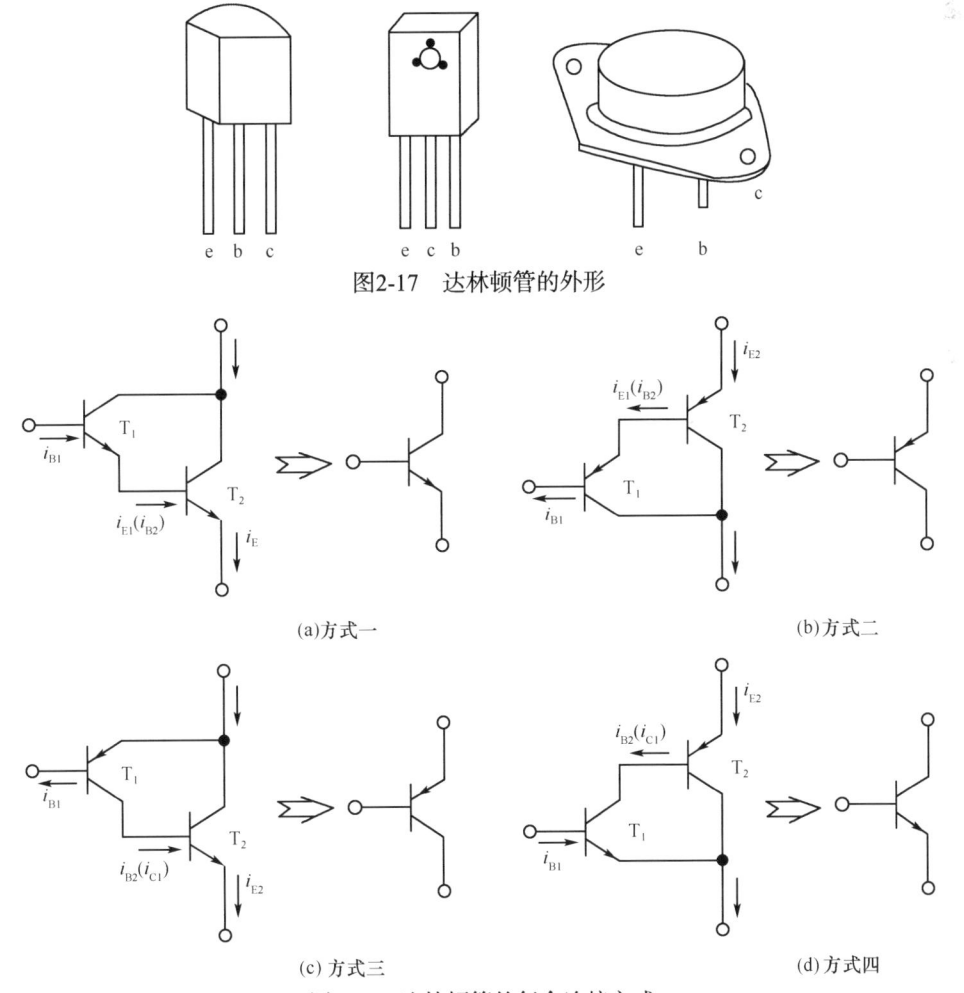

图2-17 达林顿管的外形

(a)方式一　　(b)方式二

(c)方式三　　(d)方式四

图2-18 达林顿管的复合连接方式

1) 达林顿管中第一个管子的发射极电流的方向必须与第二个管子的基极电流的方向相同。
2) 第一个管子的基极就是达林顿管的基极。达林顿管的导电性总是取决于第一只管子的导电性。
3) 达林顿管的电流放大系数很高，约等于各个单管电流放大倍数的乘积。如达林顿管是由两只三极管复合而成的，设两只单管电流放大系数分别为β_1、β_2，总放大系数为β，则$\beta \approx \beta_1 \cdot \beta_2$。

一般而言，高放大倍数的管子只有在功率为2W以下才能正常使用，当功率增大时，管子的压降造成温度上升，前级晶体管的漏电流会被逐级放大，导致整体热稳定性差，所以，大功率达林顿管内均设有泄放电阻，这样，除了大大提高热稳定性外，还能有效地提高末级功率管的耐压。如图2-19所示，R_1、R_2即为泄放电阻，为漏电流提供泄放支路。T_1的基极漏电流较小，故R_1的阻值可以适当大些。由于T_1的漏电流经过放大后加至T_2的基极，加之T_2本身也存在漏电流，使得T_2基极上的漏电流较大，因此应降低R_2的阻值，应满足$R_2 \ll R_1$。通常R_1为几千欧，R_2为几十欧。

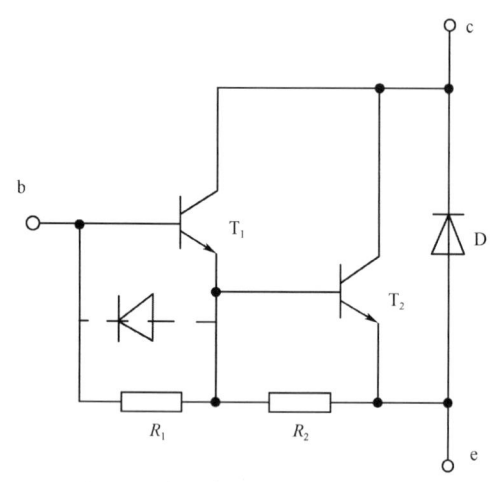

图2-19 大功率达林顿管的泄放电阻

(2) 达林顿管的检测

1) 普通达林顿管的检测：普通达林顿管内部是由两只或多只三极管的集电极连接在一起复合而成，其基极与发射极之间包含多个发射结，检测时可用万用表R×1kΩ或R×10Ω挡来测量，发射结正向阻值大约是集电结正向阻值的2～3倍，其余部分的检测与普通三极管类似。

2) 大功率达林顿管的检测：大功率达林顿管在普通达林顿管的基础上增加了由续流二极管和泄放电阻组成的保护电路。在测量时应用万用表的R×1kΩ或R×10kΩ挡来测量集电结的正、反向电阻，正向电阻应较小，反向电阻应接近无穷大，若二者均较小或均接近无穷大，则说明该管已击穿短路或开路损坏。用万用表的R×100Ω挡来测量发射结的正、反向电阻，正常值均为几百欧姆至几千欧姆，若测得的阻值为零或无穷大，则说明被测管已损坏。用万用表的R×1kΩ或R×10kΩ挡来测量集电极和发射极之间的正、反向电阻，正向电阻应为几千欧姆至十几千欧姆，反向电阻应接近无穷大，否则说明该管已击穿或损坏。

2. 光电三极管 光电三极管是依据光照的强度来控制集电极电流的大小，其功能可等效为一只光电二极管与一只三极管相连，并仅引出集电极与发射极，如图2-20(a)所示。其符号和外形分别如图(b)和(c)所示。

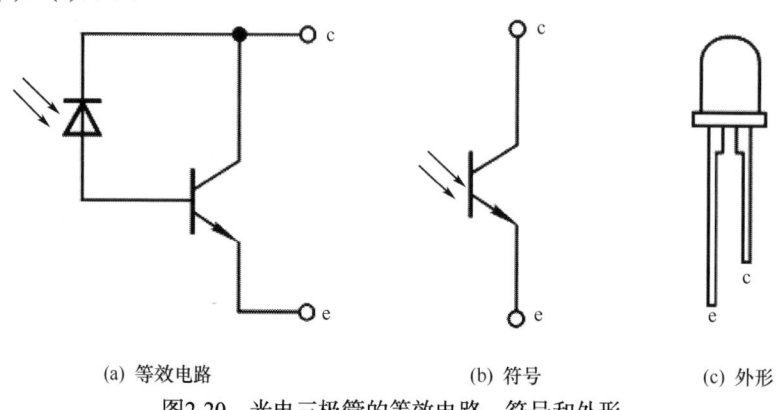

(a) 等效电路　　　　(b) 符号　　　　(c) 外形

图2-20 光电三极管的等效电路、符号和外形

光电三极管与普通三极管的输出特性曲线类似,只是将参变量基极电流I_B用入射光照度E取代,如图2-21所示。无光照时的集电极电流称为暗电流I_{CEO},它比光电二极管的暗电流约大两倍;而且受温度的影响很大,温度每上升25℃,I_{CEO}上升约10倍。有光照时的集电极电流称为光电流。当管压降u_{CE}足够大时,i_C几乎仅仅决定于入射光照度E。对于不同型号的光电三极管,当入射光照度E为1000 lx时,光电流从小于1mA到几毫安不等。

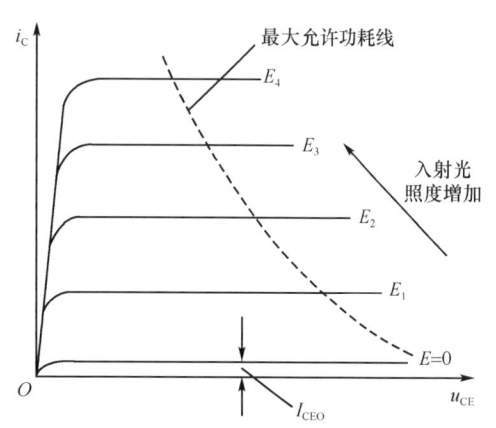

3. 开关三极管 开关三极管与普通三极管的外形相同,主要用于电路的关与通的转换。由于它具有完成断路或接通的作用,被广泛用于开关

图2-21 光电三极管的输出特性曲线

电路,且具有开关速度快、寿命长等特点,而且普遍用于电源电路、驱动电路、振荡电路、功率放大电路、脉冲放大电路及行输出电路等。

4. 贴片晶体管 贴片晶体管是由传统引线式晶体管发展来的,管芯相同,仅封装不同,并且大部分沿用引线式的原型号。

(1) 贴片晶体管的型号识别:我国晶体管型号是以"3A~3E"开头,美国是以"2N"开头,日本是以"2S"开头。目前市场上2S开头的型号占多数,欧洲对晶体管的命名方法是用A或B开头(A表示锗管,B表示硅管)。我国晶体管型号的第二部分用C、D或F、L(C—低频小功率管,F—高频小功率管,D—低频大功率管,L—高频大功率管),用S和U分别表示小功率开关管和大功率开关管;第三部分用三位数表示登记序号,如BC87表示硅低频小功率晶体管。还有一些晶体管型号是由生产厂家自己命名的(厂标),是不标准的。例如:摩托罗拉公司生产的晶体管是以M开头的,如在一个封装内带有两个偏置电阻的NPN型晶体管,其型号为MUN2211T1,相应的PNP三极管型号为MUN2111T1(型号中的T1也是该公司的后缀)。

(2) 普通贴片晶体管:普通贴片晶体管有三个电极的,也有四个电极的,其外形及引脚排列如图2-22所示。

(3) 复合贴片晶体管:复合贴片晶体管在一个封装中有两个晶体管,其外形如图2-23所示。不同的复合晶体管,其内部晶体管的结构不一样,如图2-24所示。由于连接方式不够统一,因此在维修和代换时要特别注意。

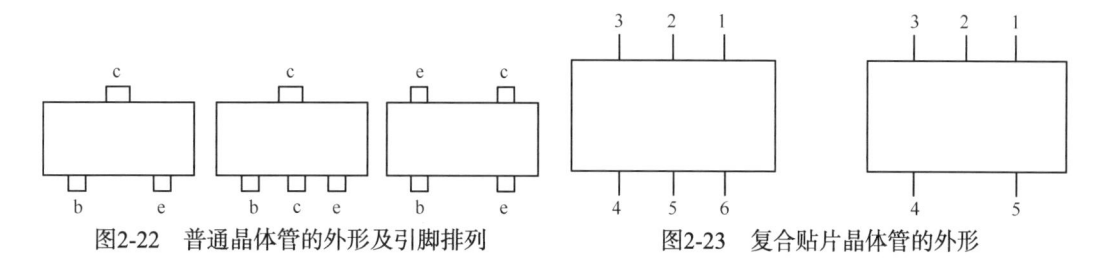

图2-22 普通晶体管的外形及引脚排列　　图2-23 复合贴片晶体管的外形

(4) 片状带阻晶体管:片状带阻晶体管又叫状态晶体管,是由一个晶体管及一两个内接电阻组成的,如图2-25所示。状态晶体管在电路中使用时相当于一个开关电路,当状态晶体管饱和导通时集电极电流很大,c、e极间输出电压很低,当状态晶体管截止时,集电极电流很小,c、e极间输出电压很高,相当于电源电压V_{CC}。电路中的R_1决定了管子的饱和深度,R_1越小,管子饱和越深,集电极电流越大,c、e极间输出电压很低,抗干扰能力越强,但R_1不能太大,否则会影响开关速度。R_2的作用是减小管子截止时集电极的反向电流,并可减小整机的电源消耗。

图2-24 复合贴片晶体管的结构

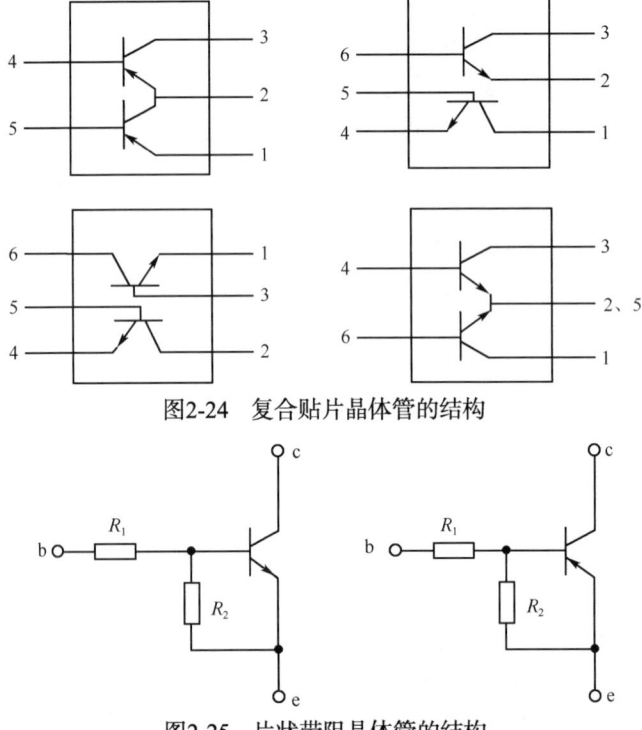

图2-25 片状带阻晶体管的结构

状态晶体管在外观结构上与普通晶体管并无多大区别，要区分它们只能通过万用表进行测量。状态晶体管以日本生产的为多。各厂家的型号各异，常见带阻晶体管外形及内部电路如图2-26所示。

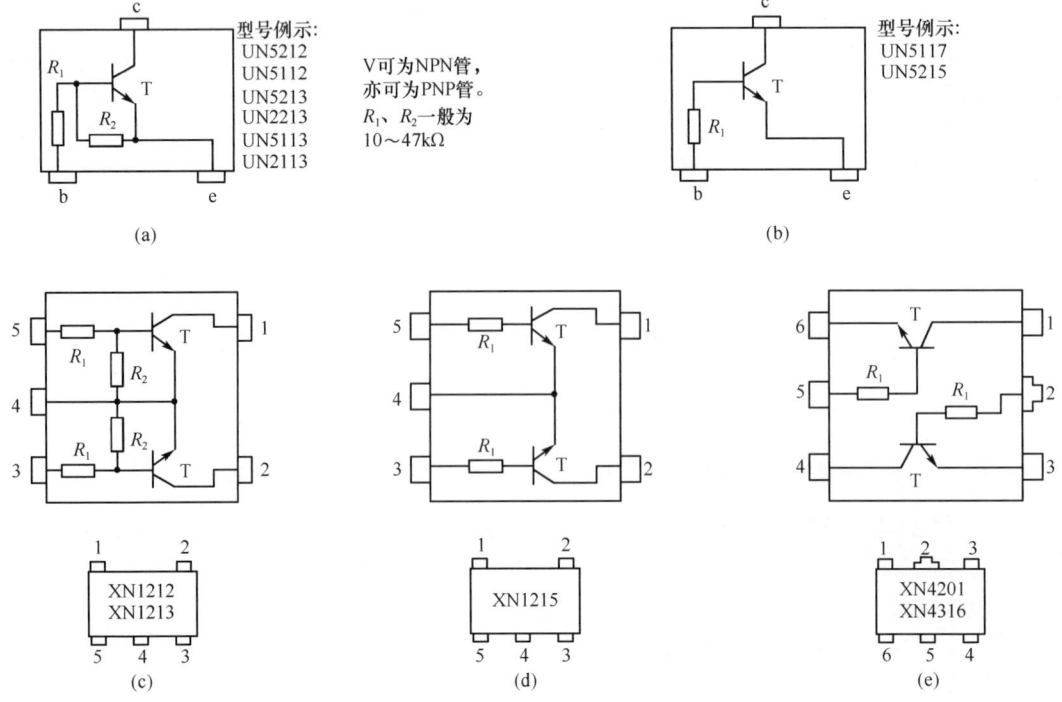

型号例示：
UN5212
UN5112
UN5213
UN2213
UN5113
UN2113

V可为NPN管，亦可为PNP管。
R_1、R_2一般为 10～47kΩ

(a)

型号例示：
UN5117
UN5215

(b)

(c) XN1212 XN1213

(d) XN1215

(e) XN4201 XN4316

图2-26 常见带阻晶体管的外形及结构

第四节 场效应管

场效应管是用输入回路的电场效应来控制输出回路电流的一种半导体器件,由于它仅靠半导体中多数载流子导电,又称为单极型晶体管。场效应管不但具备双极型晶体管体积小、重量轻、寿命长等优点,而且输入阻抗高、噪声低、热稳定性好、抗辐射能力强、耗电省、便于集成,但易被击穿,造成损坏。

一、场效应管的种类

按照结构不同场效应管可分为结型场效应管和绝缘栅型场效应管(MOS管)两大类。其中结型场效应管又分为N沟道结型场效应管和P沟道结型场效应管,绝缘栅型场效应管又分为N沟道增强型、N沟道耗尽型、P沟道增强型、P沟道耗尽型四种类型。这六种场效应管的符号和特性分别如图2-27所示。

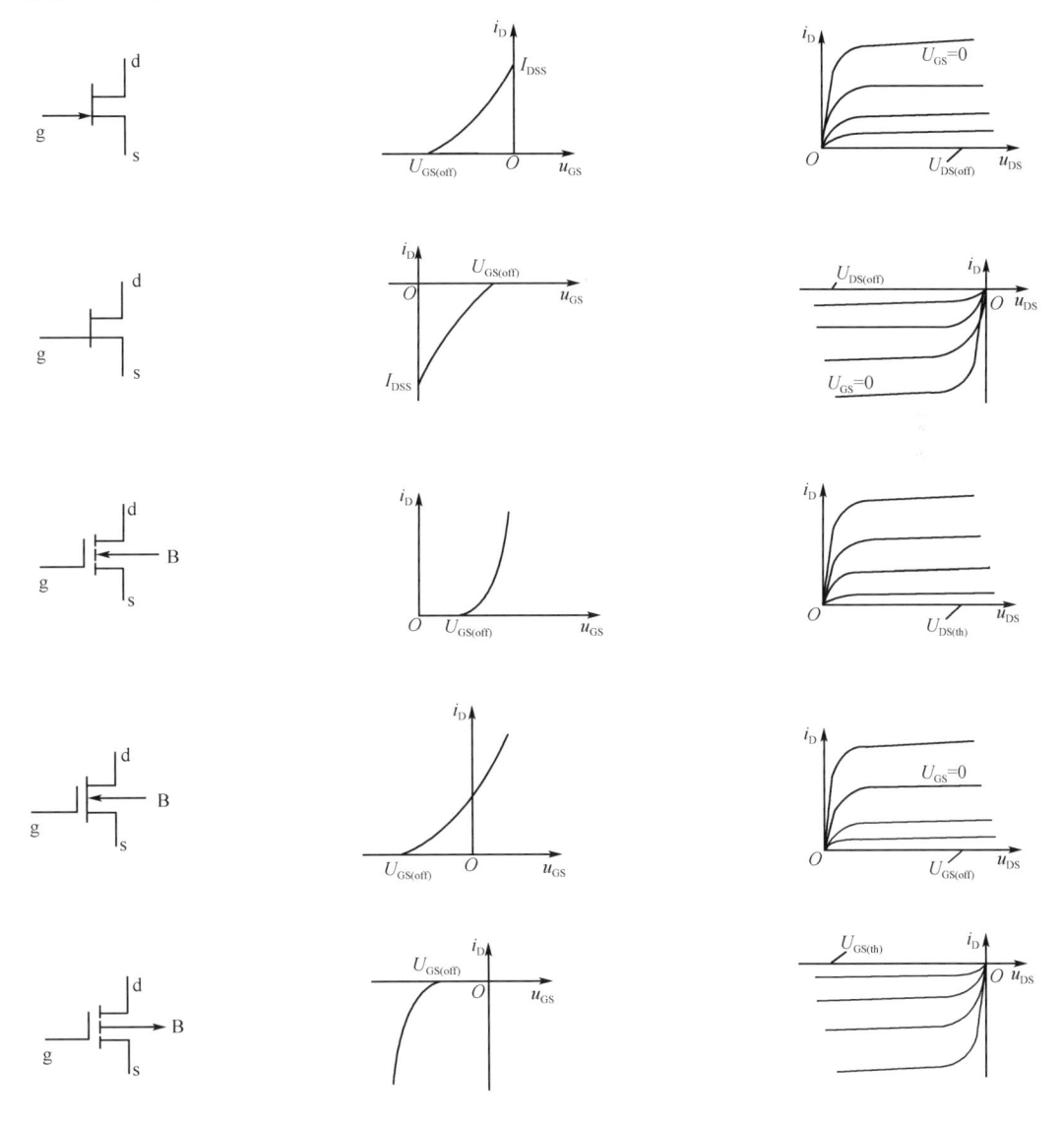

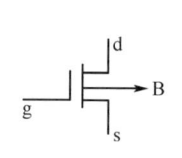

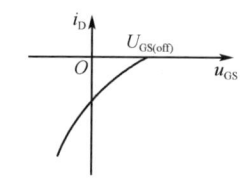

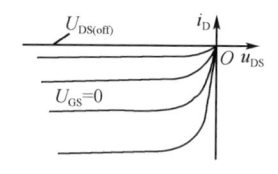

图2-27 场效应管的符号及特性

二、场效应管的主要参数

1. 直流参数

(1) 开启电压U_T：U_T是在U_{DS}为一常量时，使i_D大于零所需的最小$|u_{GS}|$值。手册中给出的是在i_D为规定的微小电流(如5μA)时的u_{GS}。U_T是增强型MOS管的参数。

(2) 夹断电压U_P：U_P是在U_{DS}为一常量时，i_D为规定的微小电流(如5μA)时的u_{GS}。它是结型场效应管和耗尽型MOS管的参数。

(3) 饱和漏极电流I_{DSS}：对于结型场效应管，在u_{GS}=0V情况下产生预夹断时的漏极电流定义为I_{DSS}。

(4) 直流输入电阻$R_{GS(DC)}$：$R_{GS(DC)}$等于栅-源电压与栅极电流之比，结型场效应管的$R_{GS(DC)}$大于10^7Ω，而MOS管的$R_{GS(DC)}$大于10^9Ω。手册中一般只给出栅极电流的大小。

2．交流参数

(1) 低频跨导g_m：g_m的数值表示u_{GS}对i_D的控制作用的强弱。在管子工作在恒流区且u_{DS}为常量的条件下，i_D的微小变化量Δi_D与引起它变化的Δu_{GS}之比，称为低频跨导，即

$$g_m = \frac{\Delta i_D}{\Delta u_{GS}}|_{U_{DS}=常数}$$

g_m的单位是S(西门子)或mS。它是转移特性曲线上某一点的切线的斜率，与切点的位置密切相关，由于转移特性曲线的非线性，因而i_D越大，g_m也越大。

(2) 极间电容：场效应管的三个电极之间均存在极间电容。通常栅-源电容和栅-漏电容为1~3pF，而漏-源电容为0.1~1pF。在高频电路中，应考虑极间电容的影响。

3. 极限参数

(1) 最大漏极电流I_{DM}：I_{DM}是管子正常工作时漏极电流的上限值。

(2) 击穿电压：管子进入恒流区后，使i_D骤然增大的u_{GS}称为漏-源击穿电压$U_{(BR)DS}$，u_{DS}超过此值会使管子烧坏。

(3) 最大耗散功率P_{DM}：保证参数在规定范围内变化时，管子允许损耗功率的最大值。P_{DM}决定于温升。

三、场效应管的检测

1. 结型场效应管的检测

(1) 电极的检测：结型场效应管的电极的判断方法与三极管方法相同。根据PN单向导电性原理，用万用表R×1kΩ挡，将黑表笔接触管子一个电极，红表笔分别接触另外两个电极，若测得电阻都很小，则黑表笔所接的是栅极，且为N沟道场效应管。当控制栅极g确定后，余下的两电极为源极s和漏极d，s和d原则上可以互换，故可不再判断。

(2) 质量的检测：根据判别栅极的方法，能粗略判别管子的好坏。当栅-源间、栅-漏间反向电阻很小时，说明管子已损坏。若要判别管子的放大性能可将万用表的红、黑表笔分别接触源

极和漏极，然后用手碰触栅极，表针应偏转较大，说明管子放大性能较好，若表针不动，说明管子性能差或已损坏。

2. MOS场效应管的检测 增强型MOS管可使用万用表进行检测，而耗尽型MOS管，因栅极平时不允许开路，故一般不用万用表进行检测。

MOS场效应管的检测方法：

(1) 准备工作：测量之前，先把人体对地短路后，才能摸触MOS管的管脚。最好在手腕上接一条导线与大地连通，使人体与大地保持等电位。再把管脚分开，然后拆掉导线。

(2) 电极的检测：将万用表拨于R×100Ω挡，首先确定栅极。若某脚与其他脚的电阻都是无穷大，证明此脚就是栅极g。交换表笔重测量，s-d之间的电阻值应为几百欧至几千欧，其中阻值较小的那一次，黑表笔接的为d极，红表笔接的是s极。

(3) 检查放大能力(跨导)：将g极悬空，黑表笔接d极，红表笔接s极，然后用手指触摸g极，表针应有较大的偏转。目前有的MOS管在g-s极间增加了保护二极管，平时就不需要把各管脚短路了。

增强型MOS管各个电极之间的电阻如表2-8所示。

表2-8 增强型MOS管各电极之间的电阻值

沟道类型	表笔接法 管子状态	黑s红d	黑d红s	黑s红g	黑g红s	黑d红g	黑g红d
N沟道	未触发栅极前	∞	∞	∞	∞	∞	∞
	触发栅极后	几欧至十几欧	几欧至十几欧	∞	∞	∞	∞
P沟道	未触发栅极前	∞	∞	∞	∞	∞	∞
	触发栅极后	几欧至十几欧	几欧至十几欧	∞	∞	∞	∞

四、MOS场效应管的使用注意事项

MOS管在使用时应注意分类，不能随意互换。MOS管由于输入阻抗高(包括MOS集成电路)极易被静电击穿，使用时应注意以下规则：

(1) MOS器件出厂时通常装在黑色的导电泡沫塑料袋中，切勿自行随便拿个塑料袋装。也可用细铜线把各个引脚连接在一起，或用锡纸包装。

(2) 取出的MOS器件不能在塑料板上滑动，应用金属盘来盛放待用器件。

(3) 焊接用的电烙铁必须良好接地。

(4) 在焊接前应把电路板的电源线与地线短接，MOS器件焊接完成后再分开。

(5) MOS器件各引脚的焊接顺序是漏极、源极、栅极。拆机时顺序相反。

(6) 电路板在装机之前，要用接地的线夹子去碰一下机器的各接线端子，再把电路板接上去。

(7) MOS管的栅极在允许条件下，最好接入保护二极管。在检修电路时应注意查证原有的保护二极管是否损坏。

第五节 单结管和晶闸管

根据PN结外加电压时的工作特点，还可由PN结构成其他的三端半导体器件，如单结管、晶闸管等。

一、单 结 管

1. 单结管的结构 在一个低掺杂的N型硅棒上制造一个高掺杂P区，在二者交界面处形成PN结，就构成了单结晶体管，简称单结管。其结构及符号如图2-28所示，P型半导体引出的电极为发射极e，N型半导体的两端引出的两个电极，分别为基极b_1和基极b_2。

2. 单结管的特性曲线 单结管的发射极电流i_E与e-b_1之间的电压u_{EB1}的关系曲线称为单结管的特性曲线。特性曲线及其测试电路如图2-29所示。当$u_{EB1}=0$时，$i_E=I_{EO}$(二极管的反向电流)；当u_{EB1}增大至U_P(峰点电压)时，PN结开始正向导通，此时$i_E=I_P$(峰

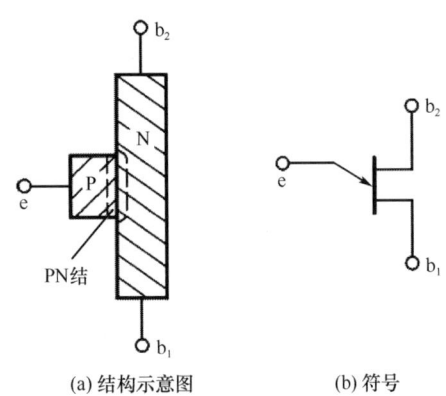

(a) 结构示意图　　(b) 符号

图2-28　单结管的结构及符号

点电流)；当u_{EB1}再增大一点，管子就进入负阻区，随着i_E增大，r_{b1}减小，u_{EB1}减小，直至$u_{EB1}=U_V$(谷点电压)，$i_E=I_V$(谷点电流)；当i_E再增大，管子进入饱和区。

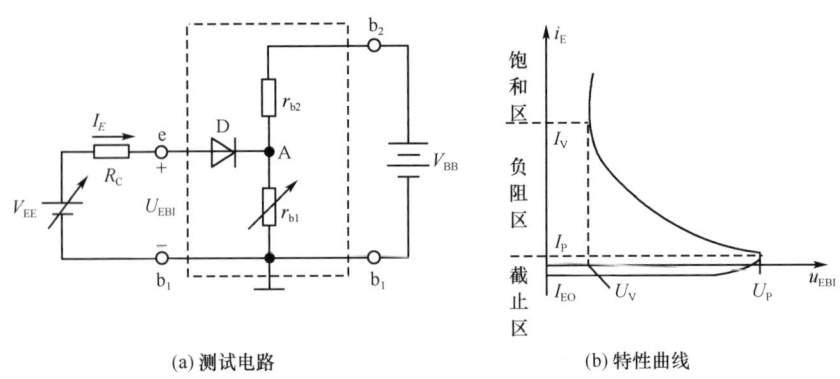

(a) 测试电路　　(b) 特性曲线

图2-29　单结管特性曲线的测试

单结管的负阻特性可广泛用于定时电路和振荡电路中。

二、单向晶闸管

单向晶闸管常称晶闸管或可控硅，是由三个PN结构成的一种大功率半导体器件，多用于可控整流、逆变、调压等电路。

1. 晶闸管的结构 由于晶闸管是大功率器件，一般均在较高电压和较大电流下工作，故其外形均便于安装散热片和有利于散热。常见的外形有螺栓型和平板型，如图2-30所示。

晶闸管的内部结构如图2-31(a)所示，它由四层半导体组成，分别为P_1、N_1、P_2和N_2，它们的接触面形成了三个PN结，分别为J_1、J_2和J_3。由P_1区引出的为阳极A，N_2区引出的为阴极K，P_2区引出的为控制极G。其等效电路和符号分别如图(c)和(d)所示。

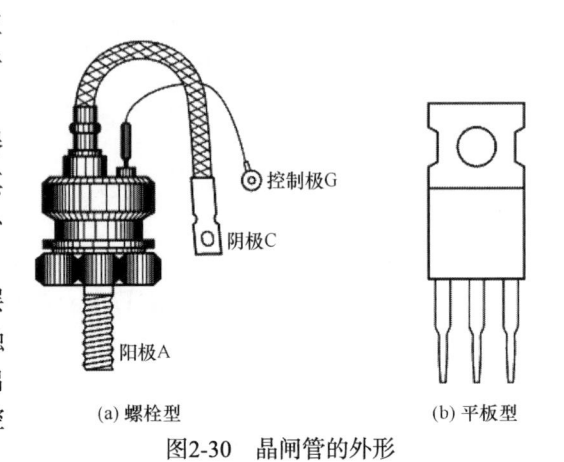

(a) 螺栓型　　(b) 平板型

图2-30　晶闸管的外形

挡，红表棒接二极管的正极，黑表棒接二极管的负极，此时表针所指示的电压值为二极管上的正向电压降。对硅材料二极管压降是0.6V左右，若大于0.6V，说明二极管已经开路了；若电压降远小于0.6V，可能二极管击穿了。若为锗管，导通电压是0.2V左右。

按图2-33连接电路，测试电路中的二极管正向导通压降U_D，将结果记入表2-10中。

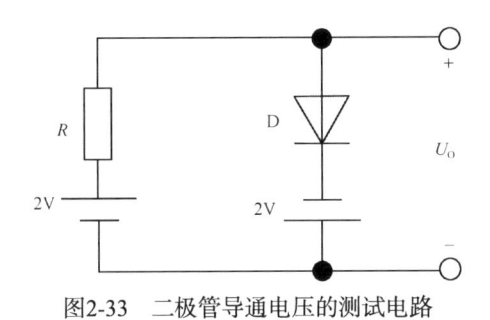

表2-10 普通二极管的导通电压

型号	U_D	材料
2CP11		
2AP12		
1N4007		

图2-33 二极管导通电压的测试电路

二、桥堆及硅柱的检测

1. 桥堆的检测 如图2-34所示是桥堆外形示意图，内部四只二极管构成桥式电路，常称为全桥整流桥堆，简称桥堆，其内部结构如图2-13所示。

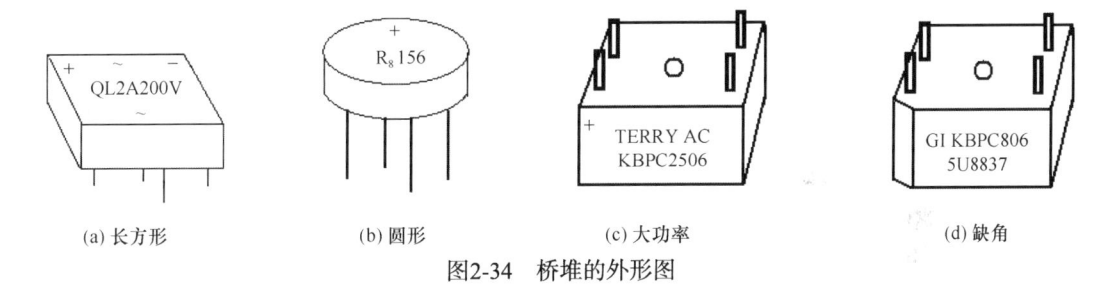

(a) 长方形　　(b) 圆形　　(c) 大功率　　(d) 缺角

图2-34 桥堆的外形图

它的外形主要有圆形和方形两种，但体积大小有多种，一般整流电流大的体积大。它共有四个引脚，这四个引脚除标有"~"符号的两根引脚之间可以互换使用外，其他引脚之间是不能互换使用的。

桥堆外壳上通常标出QL-×A，其中QL表示是桥堆，×A表示工作电流。例如，某桥堆上标出QL-3A，这表示工作电流为3A的桥堆。

常用的下述方法来检测桥堆：

(1) 根据标记来识别引脚：如图2-34所示的桥堆外形示意图，从图中可以看出，在外壳上各引脚对应位置上标有"~"、"−"、"+"标记，据此可以分辨出各引脚。两个"~"不分极性，可以互换，是用于输入交流电压的。"−"是两个二极管正极相连处的引出脚，当"+"引脚接线路板的地线时，它可以输出负极性的直流电；"+"是两个二极管负极相连处的引脚，当"−"脚接线路板地线时，它可以输出正极性的直流电。

(2) 利用万用表的R×1kΩ挡，测量二极管正、反向电阻来判断桥堆的好坏。

从图2-13所示桥堆内部电路可知，通过测量相邻两根引脚的二极管的正、反向电阻，可以判别桥堆的质量。

具体检测方法：用万用表R×1kΩ挡，将红、黑表笔分别接相邻两根引脚，测得一次电阻，然后红、黑表笔互换后再测一次，两次阻值中一次应为几百千欧(反向电阻)，另一次应为几千欧(正向电阻)，正向电阻愈小愈好，反向电阻愈大愈好。测完这两根引脚后，再顺时针依次测量下一个二极管的两根引脚，检测结果应同上述一样。这样，桥堆中共有4只二极管，应测量4组正、反向电阻数据。在上述4组检测中，若有一次为开路(阻值无穷大)，或有一次为短路(几十欧以下)，认为桥堆已损坏。

2. 硅柱的测量 电视机中行输出高压整流二极管也叫硅柱，如15kV、20kV，很难用万用表测出其好坏及极性。因为万用表内电池电压不够高，即使万用表R×10kΩ挡，指针往往也不摆动。这样就无法确定高压二极管的好坏与极性，如果在万用表上加接一只晶体三极管，就比较容易解决，将万用表置于R×10kΩ挡。按图2-35所示方法，在万用表的正负端加接一只3DG型的NPN型三极管，这就等于用三极管和万用表内元件以及电池等组成了一个简单的放大电路。

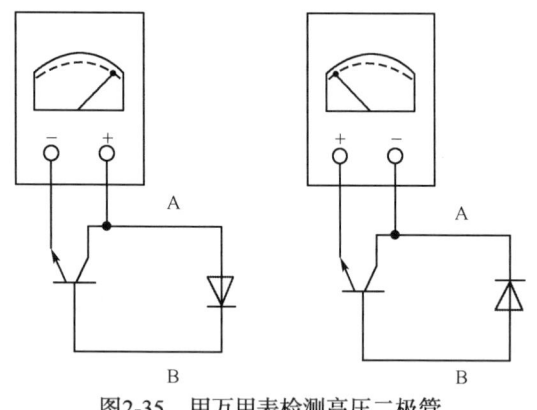

图2-35 用万用表检测高压二极管

被测高压二极管D接入A、B两点时，万用表的电池通过被测高压二极管的正向电阻给三极管提供了一个正向偏流I_B，此电流经三极管放大后，流入万用表，使表头指针摆动。当高压二极管正向接入后，指针摆动指向10kΩ附近(正向导通)。这时高压二极管接A端一端为正极。如果被测二极管接法相反，由于高压二极管反向电阻非常大，虽然接入A、B端，但仍相当于开路，指针不偏转(反向截止)，这说明接A端一端是负极。如果被测二极管接入时，指针不动(要保证接触良好)，则说明该高压二极管已坏。如采用锗晶体管，应将万用表表笔与插座上的管脚交换位置，即集电极接正(+)，发射极接负(−)，高压二极管仍接在三极管的集电极和基极两端，但极性应正好相反。

另外，可以将220V交流电源作测试电源来测量高压整流二极管，测量线路如图2-36所示。测量时，将万用表置于直流250V挡。这时220V交流电通过硅柱整流后的脉动电压平均值加于万用表的两端，如为国产高压整流二极管，读数一般在90~100V。如果数值偏离

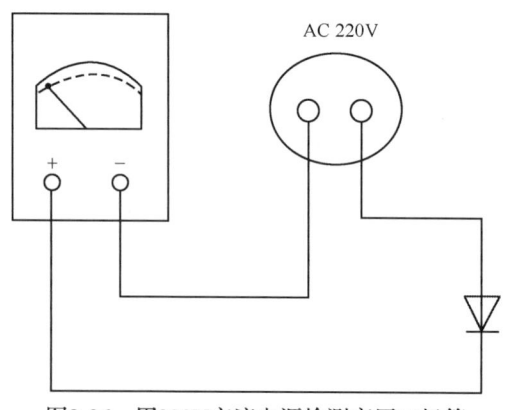

图2-36 用220V交流电源检测高压二极管

较大，则说明该被测管有故障，应予更换。二极管极性不可接反，否则表头指针反打，易损坏表头。

三、稳压二极管的检测

一般使用万用表的低电阻挡(R×1kΩ以下时表内电池为1.5V)，表内提供的电压不足以使稳压二极管击穿，因而使用低电阻挡测量稳压管正、反向电阻时，其阻值应和普通二极管一样。

测正向电阻时，万用表的红表笔接稳压二极管的负极，黑表笔接稳压二极管的正极。如果表头指针不动或者正向电阻很大，则说明被测管是坏的，内部已断路。测反向电阻时，红、黑两表笔互换，如果万用表表头指针向零位摆动，阻值极小，则说明被测管也是坏的。

稳压二极管的主要直流参数是稳定电压U_Z，电子手册上给定的是一个电压范围，例如2CW72给定的值是7~8.8 V。如果测量结果是7V或8.5V，都属于合格的产品。

测量稳压值，必须使晶体管进入反向击穿状态，所以电源电压要大于被测管的稳定电压，这时，就必须使用万用表的高阻挡，例如R×10kΩ挡。这时表内电池是10V以上的电池，例如500型是10.5 V，MF-9型是10.5 V，MF-19型是15 V。

稳压二极管一般是两个管脚，但也有三个管脚的，如图2-37所示。如2DW7是一种具有温度补偿特性的电压稳定性很高的稳压二极管。它由一个正向硅稳压二极管(负温度系数)和一个反向硅稳压二极管(正温度系数)串接在一起，并封装在一个管壳内，其电压温度系数仅0.005%／℃，因此常用在高精度的仪器或稳压电源中。使用时，3脚空着不用，管帽侧面有白点标记的叉桩管脚接正极，另一脚接电源负极。这时反接的管子作稳压用，而正接的管子作温度补偿用。这样连接时的稳压值为5.8~6.6V。如1或2断了，则可用3和2(或1)作一般稳压管用，但稳压值比用1和2时低0.7 V左右。

用万用表测量它的好坏时，可用R×100Ω挡，黑表笔接3，红表笔先接1，后接2，测得两个PN结的正向电阻约为几kΩ(万用表型号和挡位不同时，此值也不样)。然后把红、黑表笔互换一下，再测反向电阻，应接近无穷大，这样就可以判定这个稳压管是好的。如果测正、反向电阻时，阻值几乎等于零，则该被测管内部已短路。反之，如果正、反向电阻均无穷大，则该被测管内部已断路，均不好用。

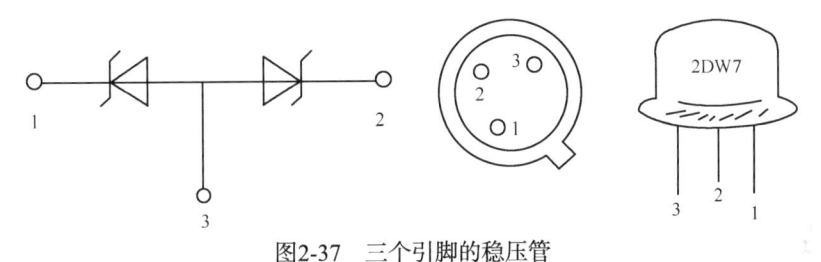

图2-37 三个引脚的稳压管

四、发光二极管的检测

1. 发光二极管管脚及质量的检测　发光二极管一般选用磷砷化镓、磷化镓等材料制成，内部结构是一个PN结，故具有单向导电的性能，因此可用万用表欧姆挡测量其正、反向电阻来判别其极性和好坏，方法类似于一般二极管的测量。

测量时，万用表置于R×10Ω或R×10kΩ挡，测其正、反向电阻值，一般正向电阻小于50kΩ，反向电阻大于200kΩ为正常。如果测得正、反向电阻为零或无穷大，则说明被测发光二极管已损坏。

当测得正向电阻小于等于50kΩ时，其黑表笔所连接的一端为正极，红表笔所连接的一端为负极，这和普通二极管的极性判别是一样的。

2. 发光二极管工作电流的测量　发光二极管的工作电流是很重要的一个参数。工作电流太小，发光二极管点不亮；太大则易损坏发光二极管。可按图2-38所示线路测量发光二极管的工作电流。

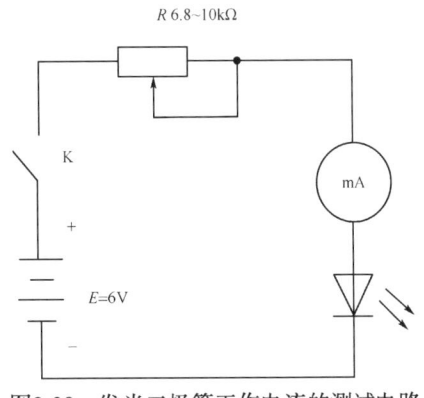

图2-38 发光二极管工作电流的测试电路

五、双向触发二极管的检测

1. 质量的检测 将万用表拨至R×1kΩ或R×10kΩ挡，由于双向触发二极管的U_{BO}值都在20V以上，而万用表内电池远小于此值，所以测得双向触发二极管的正、反向电阻都应是无穷大，否则PN结击穿。

2. 双向触发二极管转折电压的测量 测试电路如图2-39所示，测试中由兆欧表提供击穿电压，并用直流电压表测量双向触发二极管的U_{BO}值。然后调换管子电极，测出U_{BR}值。最后检查转折电压的对称性。由于双向触发二极管有双向对称的特点，可从两次测量值中任选一个定为U_{BO}，则另一个测量值便为U_{BR}，由此可算得△U_B值，进而检查管子对称性情况。

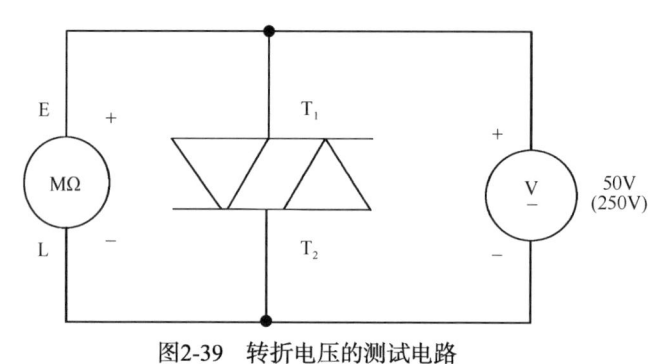

图2-39 转折电压的测试电路

六、三极管的检测

三极管的检测主要是管脚的判别、电流放大倍数β和穿透电流I_{CEO}的估测。

1. 三极管管脚的检测 将万用电表置于电阻R×1kΩ或R×100Ω挡，用黑表笔接三极管的某一管脚(假设作为参考极)，再用红表笔分别接另外两个管脚。如果表针指示的两次都很大，该管便是PNP管，其中黑表笔所接的那一管脚是基极。若表针指示的两个阻值均很小，则说明这是一只NPN管，黑表笔所接的那一管脚是基极。如果指针指示的阻值一个很大，一个很小，那么黑表笔所接的管脚就不是三极管的基极，再另换一外管脚进行类似测试，直至找到基极。

判定基极后就可以进一步判断集电极和发射极。仍然用万用表R×1kΩ或R×100Ω挡，将两表笔分别接除基极之外的两电极，如果是PNP型管，用一个100kΩ电阻接于基极与红表笔之间，可测得一电阻值，然后将两表笔交换，同样在基极与红表笔间接100kΩ电阻，又测得一电阻值，两次测量中阻值小的一次红表笔所对应的是PNP管集电极，黑表笔所对应的是发射极。如果NPN型管，电阻100kΩ就要接在基极与黑表笔之间，同样电阻小的一次黑表笔对应的是PNP管集电极，红表笔所对应的是发射极。在测试中也可以用潮湿的手指代替100kΩ电阻捏住集电极与基极。注意测量时不要让集电极和基极碰在一起，以免损坏晶体管。

2. 穿透电流I_{CEO}的检测 穿透电流I_{CEO}大的三极管，耗散功率增大，热稳定性差，调整很困难，噪声也大，电子电路应选用I_{CEO}小的管子。一般情况下，可用万用电表估测管子的I_{CEO}大小。

(1) 用万用表R×1kΩ挡测量。如果是PNP型管，黑表笔接发射极，红表笔接集电极。对小功率锗管，测出的阻值在几十kΩ以上，对于小功率硅管，测出的阻值在几百kΩ以上，这表明I_{CEO}不太大。如果测出的阻值小，且表针缓慢地向低阻值方向移动，表明管子稳定性差。如果阻值接近于零，表明晶体管已经击穿损坏。如果阻值为无穷大，表明晶体管内部已经开路。

但要注意，有些小功率硅管由于I_{CEO}很小，测量时阻值很大，表针移动不明显，不要误认为是断路(如塑封管9013、9012等)。对于大功率管I_{CEO}比较大，测得的阻值大约只有几十欧姆，不要误认为是管子已经击穿。

(2) 用万用表直流电流挡测量。如图2-40所示是NPN管穿透电流的测试电路。红表笔接发射极，黑表笔接集电极，直流电源用4.5V电池(三节1.5V电池)，直接与被测管串联。测量时，万用表置于直流1mA挡，万用表上的读数即为穿透电流I_{CEO}。此数值越小，说明该管子的工作稳定性越好，噪声越小。若此读数大，甚至超过手册规定的I_{CEO}，或用手捏紧管壳，该电流表读数明显升高，则说明被测管热稳定性差。

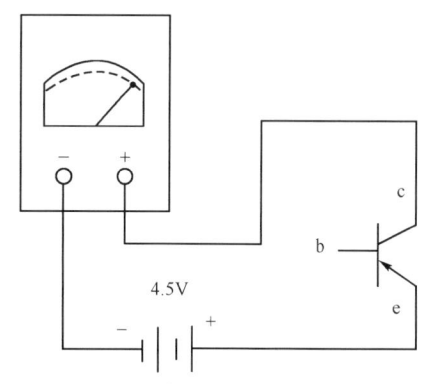

图2-40 穿透电流的测试电路

3. 电流放大系数β的检测 用万用电表R×1kΩ挡测量。如果测PNP管，红表笔接集电极，黑表笔接发射级指针会有一点摆动(或几乎不动)，然后，用一只电阻(30~100kΩ)跨接于基极与集电极之间，或用手代替电阻捏住集电极与基极(但这两电极不可碰在一起)，电表读数立即偏向低电阻一方。表针摆幅越大(电阻越小)表明管子的β值越高。两只相同型号的晶体管，跨接相同阻值的电阻，电表中读得的阻值小的管子β值就更高些。

如果测的是NPN管，除了黑、红表笔应对调，测试时电阻跨接于基极-集电极之间外，其余与PNP管基本相同。但要注意当集电极与基极之间跨接电阻后，电表的指示仍在不断变小时，表明该管的β值不稳定。如果跨接电阻未接时，电表指针摆动较大(有一定电阻值)表明该管的穿透电流太大，不宜采用。

在有些万用表中，设有专门的β测量挡，M47型万用表就有此功能。此时，可以用这一挡进行测量，但是要注意，不同极性的三极管在表上的接法不同。另外，不要将三极管各引脚接错了。

4. 硅管、锗管的判断 因为硅管的正向压降一般为0.6~0.8V，而锗管的正向压降在0.2~0.4V。如图2-41所示是PNP管的测量电路。若U_{BE}的数值为0.5~0.9V即为硅管，若U_{BE}的数值为0.2~0.4V即为锗管。

若对NPN管进行测量，只要把E_B和电压表的极性反接即可。

除以上用万用表测试的方法，还可以用晶体管图示仪等专门测试仪器，准确度更高。

5. 高频管、低频管的判断 判断是高频管还是低频管的具体方法是用万用表R×1kΩ挡，测量发射结的反向电阻大小(对于NPN型三极管黑表笔接发射极，红表笔接基极；对于PNP型三极管，则红、黑表笔互换)。然后，将万用表改R×10kΩ挡，若此时表针向右偏转一个较大的角度，说明这是高频管；若表针偏转的角度不大，则是低频管。

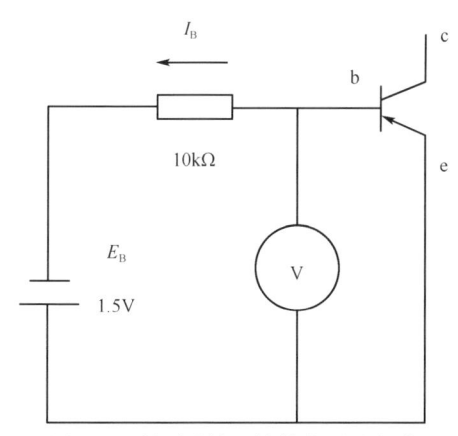

图2-41 判别硅管、锗管的测试电路

上述判断方法的原理是高频硅管多为扩散型管(或合金扩散型管)，其工作频率可达几百kHz或1MHz以上。这种三极管的PN结的反向击穿电压较低，当万用表从R×1kΩ挡转换到R×10kΩ挡后，表内的电池电压升高(表内有两种电压等级的电池)，使PN结击穿，反向电阻下降，故表针向右偏转一个角度(所指示的电阻值变小)。

对于低频三极管，由于采用合金型结构，这种三极管的PN结反向击穿电压比较大(一般为十几伏)，这样万用表转换到R×10kΩ挡后，表内电池的电压小于PN结反向击穿电压，PN结不能反向击穿，仍为反向偏置状态，故PN结反向电阻仍然比较大，表针偏转的角度不大。

综上所述，判断三极管是高频管还是低频管利用了这两种三极管结构不同，用万用表不同欧姆量程的表内电池电压不同，通过检测PN结是否击穿来实现。还要说明一点，这种方法有一定的误差，这与万用表的表内电池电压大小和三极管PN结反向击穿电压大小有关。

6. d极的检测 一些三极管是四根引脚，第四根引脚称为d极，与外壳相通，作用是防止电磁辐射的干扰。用万用表R×1Ω挡，一根表笔(不分红、黑)接三极管的外壳(四根引脚的三极管是金属封装的)，另一根表笔接各引脚，若接到某根引脚时表针指示电阻为零，则这根引脚为d极。

七、带阻尼行输出三极管的检测

带阻尼行输出三极管是一种比较特殊的三极管，其内部结构如图2-42所示，它主要用于彩色电视机的行扫描电路中，是一个故障发生率很高的元器件。它的外形与一般功率放大三极管相同，也是三根引脚。

行输出级电路中需要一只阻尼二极管，在一些行输出三极管内部设置了一阻尼二极管，这就是带阻尼管的行输出三极管。这种三极管结构与普通三极管有所不同：一是在三极管集电极与发射极之间接有一只二极管(阻尼管)，二是在基极和发射极之间还接入了一只25Ω的小电阻。将阻尼二极管设在行输出管的内部，减小了引线电阻，有利于改善行扫描线性和减小行频干扰。基极与发射极之间接入的电阻是为了适应行输出管工作反向耐压高的条件。

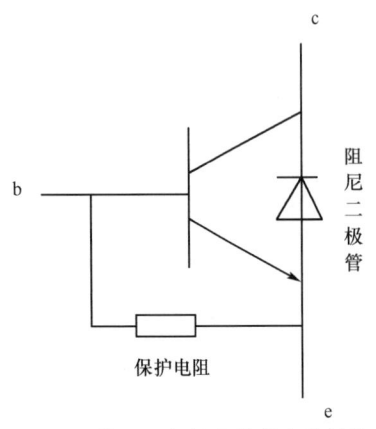

图2-42 带阻尼行输出管的电路结构

可用万用表的欧姆挡对其进行检测，具体方法如下：

将万用表置于R×1Ω挡，黑表笔接e极，红表笔接c极时，相当于阻尼二极管的正向电阻，测量读数较小，约为十几欧到数百欧。将红、黑表笔对调反接时，则相当于阻尼二极管的反向电阻，测量读数较大，一般约在300kΩ以上。

将黑表笔接b极，红表笔接c极时，相当于测大功率的b、c极等效二极管的正向电阻，测得读数也小，约为十几欧至数百欧。将红、黑表笔对调，相当测等效二极管的反向电阻，测得读数一般为无穷大。

将红表笔接b极，黑表笔接e极时，相当于功率管的b、e极的反向电阻与保护电阻的并联值，测得读数近似保护电阻值，约为十几欧至几十欧。红黑表笔对调后，因b、e极的正向电阻较小，并联保护电阻后，测得读数更小。

由于阻尼管和保护电阻的影响，万用表的hFE挡不能测量这类管子的β值，但可用万用表粗略估测有无β及其大小。方法是将红笔接e，黑笔接c，用舌尖同时接触c极与b极(相当于在b极通过人体舌尖电阻给基极加上正偏电压，也可用30kΩ左右的电阻代替人体舌尖电阻)，此时万用表向右偏转，表示该管具有电流放大能力，偏转幅度愈大表示β值愈大。

八、单结管的检测

1. 单结管管脚的判断 根据单结管内部结构的特点，会很快判断出发射极，方法是黑表笔接其中任一管脚，而红表笔分别接另外两脚，如果两次所测阻值都比较小，阻值接近，那么黑表笔所接的是发射极。

将万用表置R×1Ω挡或R×10Ω挡，黑表笔接发射极，红表笔分别接另外二极，其中阻值较小的一次，红表笔所接的是b_1，而另外阻值较大的那次，红表笔所接的是b_2。

2. 基极电阻R_{BB}的测试 它是发射极开路时基极b_1和基极b_2之间的电阻，一般为2~10kΩ，其阻值随温度上升而增大。

在发射极开路的条件下，用万用表R×100Ω或R×1kΩ挡测量b_1-b_2间的阻值应在2~10kΩ，阻值过大或过小均不宜使用。

九、结型场效应管的检测

1. 结型场效应管管脚的判断 将万用表置于R×1kΩ挡。用黑表笔接触假定为栅极G的管脚，然后用红表笔分别接触另两个管脚。如阻值均较大，说明都是反向电阻(PN结反向)，属N沟道管，且黑表接触的管脚为栅极G，并说明原先的假定是正确的。若两次测出的阻值均很小，说明是正向电阻，属于P沟道场效应管。黑表接的也是栅极G。若不出现上述情况时，可以调换正、负表笔按上法进行测试，直至判断出栅极为止。

一般结型场场效应管的源极与漏极在制造工艺上是对称的，所以当栅极G确定以后，对于源极S漏极D不一定要判别，因为这两个极可以互换使用因此没有必要去判别，源极与漏极之间的电阻约为几kΩ。

2. 场效应管放大能力的估测 测试电路如图2-43所示。方法是用万用表电阻R×100Ω挡，红表笔接源极、黑表笔接漏极d，给场场效应管加1.5V的电源电压，这时表针指示出的是d-s极间的电阻值。然后用手指捏住栅极g，将人体的感应电压作为输入信号加到栅极上。由于管子的放大作用，U_{DS}和I_D都将发生变化，也相当于d-s极间电阻发生变化，可以观察到表针有较大幅度的摆动，如果捏栅极表针摆动很小，说明管子的放大能力较弱，若表针不动，说明管子已损坏。

由于人体感应的50Hz交流电压较高，而不同的场效应管用电阻挡测量时的工作点可能不同(或者工作在饱和区或者不在饱和区)，因此用手捏栅极时表针可能向右摆动(电阻减小)，也可能向左摆动(电阻增加)。试验表明，

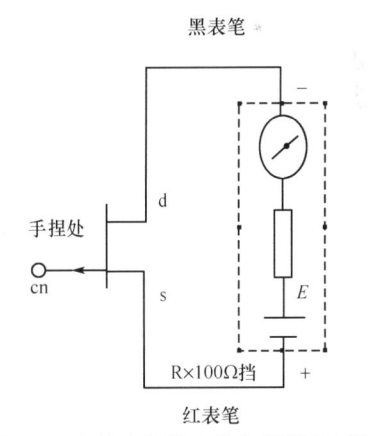

图2-43 场效应管放大能力的测试电路

多数管子的R_{DS}增大，即表针向左摆动，少数管子的R_{DS}减小，使表针向右摆动。但无论表针摆动方向如何，只要能明显地摆动就说明晶体管具有放大能力。

对MOS场效应管本方法也适用，但由于MOS管的输入电阻更高。栅极允许的感应电压不应过高，故不能直接用手去捏栅极，必须用手握螺丝刀的绝缘柄，用金属杆去碰触栅极以防人体感应电荷直接加到栅极去，引起MOS管的栅极击穿。每次测量完毕后，g-s结电容上会有少量电荷，建立起U_{DS}电压。所以应将g-s极间短路一下才行。

十、单向晶闸管的测量

1. 单向晶闸管管脚的判断 用万用表R×10kΩ挡可首先判定控制极G。具体方法是,将黑表笔接某一电极,红表笔依次碰触另外两个电极,假如有一次阻值很小,约几百欧,而另一次阻值很大约几千欧,就说明黑表笔接的是控制极G。在阻值小的那次测量中,红表笔接的是阴极K;而在阻值大的那一次,红表笔接的是阳极A。若两次测出的阻值都很大。说明黑表笔接的不是控制极,应改测其他电极。

2. 单向晶闸管质量的检测 根据晶闸管的电路结构可知,一只好的晶闸管,应该是三个PN结良好,反向电压能阻断,阳极加正向电压情况下,当控制极开路时亦能阻断。而当控制极加正向电流时晶闸管导通,在撤去控制极电流后仍维持导通。

(1) 极间电阻的测试:先通过测极间电阻检查PN结的好坏。由于单向晶闸管是PNPN四层三个PN结组成,故A-G、A-K间正反向电阻都很大。用万用表的最高电阻挡测试,若阻值很小,再换低阻挡。

晶闸管正向阻断特性可凭阳极与阴极间的正向阻值大小判定。当阳极接黑表笔,阴极接红表笔,测得阻值越大,表明正向漏电流越小,管子的正向阻断特性越好。

晶闸管的反向阻断特性则可用阳极与阴极间的反向阻值来判定。当阳极接红表笔,阴极接黑表笔,测得的阻值越大,表明反向漏电流越小。管子的反向阻断特性越好。

应该指出的是,测G-K极间的电阻,即是测一个PN结的正反向阻值,则宜用R×10kΩ或R×100Ω挡进行。G-K极间的反向阻值应较大,一般单向晶闸管的反向阻值为80kΩ左右,而正向阻值为2kΩ左右。若测得正向电阻(G极接黑笔,K极接红笔)极大甚至接近于无穷大,表示被测管的G-K极间已被烧坏。

(2) 导通试验:电路中应用的单向晶闸管大都是小功率的管子。由于所需的触发电流较小,故可以用万用表进行导通试验。万用表选R×1kΩ挡,黑表笔接A极,红表笔接K极,这时万用表指针有一定的偏转。将黑表笔在继续保持与A极相接触的情况下跟G极触及,这相当于给G极加上触发电压,此时应看到万用表指针明显地向小阻值方向偏转,说明单向晶闸管已触发导通而处于导通状态。此后,仍保持黑表笔和A极相接,断开黑表笔与G极的接触,若晶闸管仍处于导通态,就说明管子导通性能是良好的,否则管子可能已损坏。

十一、双向晶闸管的检测

1. 管脚的检测

(1) T_2极的判断:G极与T_1极靠近,距T_2极较远,G-T_1间的正、反向电阻都很小。因此,可用万用电表的R×1kΩ挡检测G、T_1、T_2中任意两个电极间的正反向电阻,其中若测得两个电极间的正、反向电阻都呈现低阻,约为100Ω左右,则为G极、T_1极,余者便是T_2极。采用TO-220封装的双向晶闸管,T_2通常与小散热板连通,由此也能确定T_2极。

(2) G极和T_1极的判定:找出T_2极之后,先假定剩下两管脚中某脚为T_1极,另脚为G极。将万用表拨至R×1挡,把黑表笔接T_1极,红表笔接T_2极,电阻为无穷大。接着在保持红表笔与T_2极相接的情况下用红表笔把T_2与G短路,给G极加上负触发信号,电阻值应为10Ω左右,证明管子已经导通,导通方向为$T_1→T_2$。再将红表笔与G极脱开(但仍接T_2),如果电阻值保持不变,就表明管子在触发之后能维持导通状态。红表笔接T_1极,黑表笔接T_2极,然后在保持黑表笔与T_2极继续接触情况下,使T_2与G短路,给G极加上正触发信号,电阻值仍为10Ω左右。与G极脱开后若阻值不变,则说明管子经触发后,在$T_2→T_1$方向上也能维持导通状态,因此具有双向触发特性。

由此证明上述假定正确。若假定与实际不符，应从新作出假定，重复上述试验，便能判别G极与T_1极。

2. 质量的检测 显然，在识别G、T_1的过程中也就检查了双向晶闸管的触发能力。

用万用表R×1Ω或R×10Ω挡测量双向晶闸管的第一阳极T_1与第二阳极T_2之间、第二阳极T_2与控制极G之间的正、反向电阻：正常时均应接近无穷大；若测得电阻值均很小，则说明该晶闸管电极间已击穿或漏电短路。

测量第一阳极T_1与控制极G之间的正、反向电阻：正常时均应在几十欧姆至一百欧姆之间(黑表笔接T_1极，红表笔接G极时，测得的正向电阻值较反向电阻值略小一些)；若测得T_1极与G极之间的正、反向电阻值均为无穷大，则说明该晶闸管已开路损坏。

3. 触发能力的检测 对于工作电流为8A以下的小功率双向晶闸管，可用万用表R×1Ω挡直接测量。测量时先将黑表笔接第二阳极T_2，红表笔接第一阳极T_1，然后用镊子将T_2极与控制极G短路，给G极加上正极性触发信号，若此时测得的电阻值由无穷大变为十几欧姆，则说明该晶闸管已被触发导通，导通方向为$T_2 \rightarrow T_1$。

再将黑表笔接T_1，红表笔接T_2，用镊子将T_2极与控制极G之间短路，给G极加上负极性触发信号时，测得的电阻值由无穷大变为十几欧姆，则说明该晶闸管已被触发导通，导通方向为$T_1 \rightarrow T_2$。

若在晶闸管被触发导通后断开G极，T_2、T_1极间不能维持低阻导通状态而阻值变为无穷大，则说明该双向晶闸管性能不良或已经损坏。若给G极加上正(或负)极性触发信号后，晶闸管仍不导通(T_1与T_2间的正、反向电阻值仍为无穷大)，则说明该晶闸管已损坏，无触发导通能力。

对于工作电流为8A以上的中、大功率双向晶闸管，在测量其触发能力时，可先在万用表的某支表笔上串接1~3节1.5V电池，然后再用R×1Ω挡按上述方法测量。对于耐压为400V以上的双向晶闸管，也可以用220V交流电压来测试其触发能力及性能好坏。

第三章 传 感 器

第一节 传感器的组成与分类

随着自动化等新技术的发展,传感器的使用数量越来越大,现代医学仪器、设备几乎都离不开传感器。

一、传感器的定义和组成

传感器通常是指能够感受规定的被测量,并能按照一定规律将所感受到的被测的非电量(其中包括物理量、化学量、生物量等),转换成便于处理和传输的输出信号(一般为电信号,也有少数为其他物理量,如光信号)的器件或装置。在传感器中包含着两个必不可少的内容。一是拾取信息,二是将拾取到的信息进行变换,使之变成为一种与被测量有确定函数关系且便于处理与传输的物理量,多数为电量。

传感器一般由敏感元件、转换元件组成。由于集成技术的发展,近代传感器往往除敏感元件、转换元件外,还包含有测量电路及辅助电源,用方框图表示,如图3-1所示。

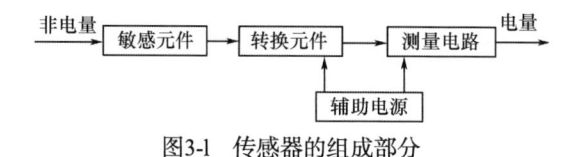

图3-1 传感器的组成部分

敏感元件是指传感器中能直接感受或响应被测非电量,并将其送到转换元件转换成电量的部分。

转换元件是指传感器中能将敏感元件感受或响应的被测量转换成适于传输或测量的电信号部分。

测量电路是指将转换元件输出的电量变成便于显示、记录、控制和处理的有用电信号的电路。有的传感器不仅具有测量功能,还具有根据输入的多种信息加以选择和判断的功能。这种发展趋势的特点表现在以传感器为核心,同时结合了各种先进技术和方法,从而形成了一个新的技术领域,这就是"传感技术"或"传感器"技术。

二、传感器的分类

通常传感器按工作原理、输入信息和应用范围来分类。

1. 按工作原理分类 传感器按其传感的工作原理不同,大体上可分为物理型、化学型及生物型三大类。

物理型传感器是利用某些变换元件的物理性质以及某些功能材料的特殊物理性能制成的传感器。如利用金属、半导体材料在被测物理量作用下引起的电阻值变化的电阻式传感器;利用磁阻随被测物理量变化的电感、差动变压器式传感器;利用压电晶体在被测力作用下产生的压电效应而制成的压电式传感器等。近年来利用半导制成的压敏、光敏和磁敏传感器等。

在物理传感器中又可分为物性型传感器和结构型传感器。所谓物性型传感器是利用某些功能材料本身所具有的内在特性及效应把被测物理量直接转换为电量的传感器，结构型传感器是以结构如形状、尺寸等为基础，利用某些物理规律把被测信息转换为电量。

此外，还有利用电化学反应原理，把无机和有机化学物质的成分、浓度等转换为电信号的化学传感器和利用生物活性物质选择性的识别和测定生物化学物质判定某种物质是否存在，其浓度是多少，进而利用电化学的方法进行电信号转换的生物传感器。

2. 按传感器的输入信息分类　传感器可分为位移、速度、加速度、压力、流速、温度、光强、湿度、黏度和浓度等传感器。如温度传感器中就包含有用不同材料和方法制成的各种温度传感器，如热电偶温度传感器、热敏电阻温度传感器、PN结二极管温度传感器、热释电温度传感器等。

除以上二种分类方法外，还有按应用范围和应用对象来加以分类的，如振动测量传感器、光学传感器、液位传感器。特别在医学测量中往往习惯于按被测器官来对传感器加以分类，如心音传感器、心电传感器、脉搏传感器等。

三、传感器的基本特性

1. 准确度和精密度　准确度和精密度是评价传感器优良程度的两种重要指标。准确度是指测量值相对于真值偏离的程度，修正这种偏差是需要进行校正的，但完全的校正是非常麻烦的。故而，使用时需尽量减小误差，精密度是指即使测量的对象是相同的，但每次测量的结果也会不同，即离散偏差。精密度高的传感器价格也很高，所以使用时注意尽可能不要让其损坏。

2. 稳定性　传感器的稳定性可由两种指标表示，一种是系统指示值在一段时间中的变化，以稳定度表示；另一种是系统外部环境和工作条件变化引起指示值的不稳定，用环境影响系数表示。稳定度指在规定时间内，测量条件不变的情况下，由检测系统中随机性变动、周期性变动、漂移等引起的指示值的变化。一般都以精密度数值和时间的长短来表示。环境影响系数一般指检测系统因外界环境变化引起指示值变化的量。它是由温度、湿度、气压、振动、电源电压及电源频率等一些外加环境因素所引起的。

3. 输入输出特性　传感器输入输出特性可分静态特性和动态特性两种。静态特性是指输入的被测量不随时间变化或随时间变化很缓慢时，传感器的输出量与输入量之间的关系，它主要由线性度、灵敏度、迟滞、分辨率与分辨力和动态特性等构成。传感器的线性度又称为非线性误差，我们总是希望输出-输入特性曲线成为线性，但实际的输出-输入特性只能够接近线性，实际曲线与拟合直线之间存在的偏差就是传感器的非线性绝对误差。传感器的灵敏度是指传感器在稳定标准的条件下，输出变化量与输入变化量的比值。传感器的迟滞是指传感器的正向特性与反向特性的不一致程度。产生迟滞现象主要是因为传感器的机械部分存在间隙、摩擦及松动等。分辨率和分辨力都是用来表示仪表或装置能够检测到的最小量值的性能指标。传感器要检测的输入信号是随时间而变化的，能跟踪输入信号的变化，才会获得准确的输出信号。这种跟踪输入信号变化的特性就是动态特性，也是传感器的重要特性之一。

第二节　光电式传感器

光电式传感器是先把被测量的变化转换成光信号的变化，再通过光电转换元件把光信号变换成电信号。利用光电测量的方法灵活多样，可测参数非常地多，而且具有非接触、高挡度、高分辨力、高可靠性和反应快等优点，另外激光光源、光栅、光学码盘、光导纤维等的相继出现和成功应用，使得光电传感器在检测和控制领域中的应用非常广泛。

在电子电路中，常应用光敏器件构成光控电路。所谓光敏器件通常是指能将光能转变为电信号的半导体传感器件。常用的光敏器件有光敏电阻器、光敏二极管与光敏三极管。

一、光敏电阻

1. 特性及外形　光敏电阻是利用内光电效应，在半导体光敏材料的两端装上电极引线，并封装在带有透明窗的管壳里。构成光敏电阻的材料有硫化镉(CdS)或硒化镉(CdSe)等半导体材料。其导电能力完全取决于半导体内载流子的数目。光照时，光子能量大于该半导体材料的禁带宽度，价带中的电子吸收一个光子能量后跃迁到导带，就产生了一个电子-空穴对，电阻率相应变小。光照越强，阻值越低。光消失时，电子-空穴对复合，电阻恢复原阻值。使用时给它施加以直流或交流偏压，无光线照射时呈高阻态，暗阻值一般可达1.5MΩ以上；有光照时材料中便激发出自由电子与空穴，使其电阻减小。随着照度的增高，电阻值迅速降低，亮阻值可小至1kΩ以下，可见光敏电阻的暗阻与亮阻间阻值之比约为1500倍。暗阻愈高愈好，光敏电阻器适用于光电自动控制、照度计、电子照相机光报警装置中。

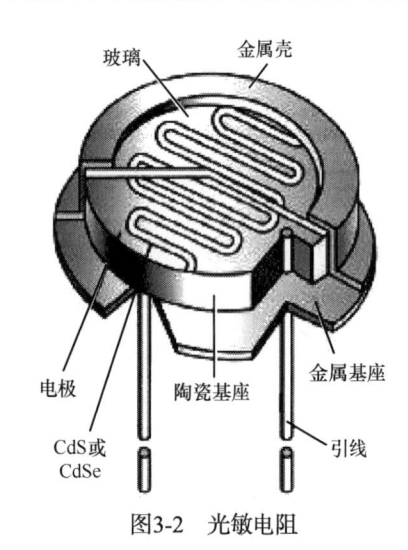

光敏电阻器的外形及符号图3-2所示。其结构特征是把条状的光敏材料封装在圆形管壳内，有的还用玻璃等透明材料制成防护罩。和普通电阻器一样，它也有两根引线。

2. 光敏电阻器的主要参数

(1) 亮电阻与亮电流：在有光线作用时光敏电阻的稳定电阻值为亮电阻。此时流过光敏电阻的电流为亮电流。

(2) 暗电阻与暗电流：室温条件下，光敏电阻在没有光线时的稳定电阻值称为暗电阻。此时流过光敏电阻的电流为暗电流。

图3-2　光敏电阻

(3) 光电流：亮电流与暗电流之差为光电流。光电流愈大，表明光敏电阻的灵敏度愈高。实际上，大多数光敏电阻的暗电阻阻值往往高于1MΩ，有的光敏电阻的暗电阻阻值甚至可以达到100MΩ以上，而其亮电阻阻值均为1kΩ以下，可见光敏电阻的灵敏度相当高。

为了合理地选择和使用光敏电阻，一些主要特性如温度特性、伏安特性、光照特性和光谱特性是非常有必要了解的。

(1) 温度特性：光敏电阻的灵敏度与环境温度间的关系。温度升高时，光敏电阻的暗电流及灵敏度都会随之下降。

(2) 伏安特性：在光照下，光敏电阻两端电压和流过光敏电阻的电流之间的关系。光敏电阻的伏安特性近似直线，光照度越大，光敏电阻的光电流越大。偏置电压可以是直流，也可以是交流，但偏置电压的值不能超过规定的值，否则光敏电阻会损坏。

(3) 光照特性：光敏电阻的光电流和光强度之间的关系，有时也称为光电特性。光敏电阻的光照特性是非线性的，即随着光强度的增大，光敏电阻的灵敏度将会下降。由于光敏电阻的这个缺点，其不宜作为检测器件。

(4) 光谱特性：光波的波长与光敏电阻的灵敏度之间的关系。不同的光敏材料间的光谱特性各异，所以在选择光敏电阻时应考虑到其光谱特性，这样才能获得满意的检测效果。如：由硫化镉制成的光敏电阻主要用于可见光的检测，而由硫化铅制成的光敏电阻则主要用于红外光的检测。

不同型号的光敏电阻器的主要参数如表3-1所示。

表3-1 几种光敏电阻器的参数

型号	亮阻	暗阻	峰值波长(m)	时间常数(ms)	极限电压(V)	温度系数(%℃)	工作温度(℃)	耗散功率	材料
BG-cds-A	5×10	>100	520	<50	100	<1	-40~80	<100	GdS
BG-cds-B	<1×10²	>100	520	<50	150		-40~80	<100	CdS
BG-cds-C	5×10²	>100	520	<50	150	<0.5	-40~80	100	CdS
JN54C384	3~20	最低0.5	—	—	>100		-30~60	30	CdS
JN540s9	50~100	最低20	—	—	>100	<0.5	-30~60	60	CdS

二、光敏二极管

光敏二极管在光电自动控制中得到了广泛采用。

1. 光敏二极管的特性及外形 光敏二极管的顶端有能射入光线的窗口，光线可通过该窗口照射到管芯上。光敏二极管又称光电二极管，它是利用PN结在施加反向电压时，在光线照射下反向电阻由大变小的原理进行工作的。其外形和符号图3-3所示，光敏二极管当无光照射时，反向电流很小，即暗电流很小。当有光线照射时，在光的激发下，光敏二极管内产生大批"光生载流子"，反向电流大增，即光电流大增。但是这种对光线的反应灵敏度有选择性，也就是说具有特定的光谱范围。在这一范围内，某一波长的光波又有着最佳响应，称这一波长为峰值波长。不同型号的光敏二极管，由于其材料与工艺不同，峰值波长亦不相同。

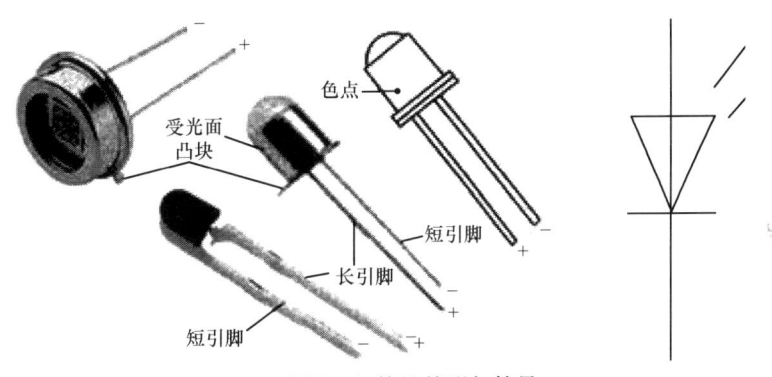

图3-3 光敏二极管的外形与符号

2. 光敏二极管的主要参数 光敏二极管的主要参数表3-2所示。

表 3-2 几种光敏二极管的参数

型号	暗电流	光电流	灵敏度/μA	光谱范围/μm	峰值波长/μm
2AU	<10	30~60	>1.5	0.4~1.9	1.465
2CUI	≤0.1	80~130	≥0.5	0.4~1.1	0.98
2DUA	≤0.1	>6	≥0.4	0.4~1.1	0.98

三、光敏三极管

1. 光敏三极管的特性及外形 光敏三极管有时简称为光敏管，具有两个PN结，其基本原理与光敏二极管相同。由于它把光照射后产生的电信号又进行了放大，因此具有更高的灵敏度。外形与符号如图3-4所示。

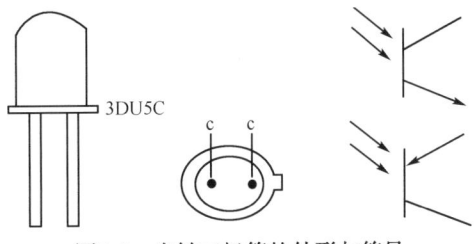

图3-4 光敏三极管的外形与符号

图3-5 光敏三极管的伏安特性曲线

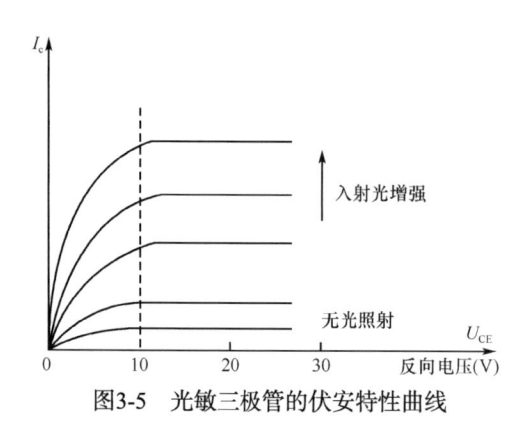

光敏三极管也有锗管、硅管两种类型,其伏安特性即光电流与反向电压间的关系,形如普通三极管的伏安特性曲线$I_c - U_{CE}$的关系,如图3-5所示。

光敏管正常工作时需要施加一定的反向电压,这样才可以得到较大的光电流与暗电流之比。

光敏管中锗管的灵敏度比硅管高,但锗管的暗电流较大。锗管的灵敏度最高时波长(峰值波长)1.5μm左右,硅管的峰值波长为0.98mm左右。锗管对1.9μm以上波长光线、硅管对1.1μm以上波长光线的灵敏度将明显下降。应用光敏管时光线应尽量与芯片垂直,以取得最高灵敏度。应注意光敏三极管既有三个引脚的,也有不少光敏三极管只有两个引脚,不要误认为是光敏二极管。

2. 光敏三极管的主要参数 见表3-3所示。

表3-3 光敏三极管主要参数

参数名称 型号	最高工作电压 (V) 测试条件 $I_D=I_{CE}$	暗电流I_D (μA) 测试条件 $U = U_{CE}$	光电流I_L (mA) 测试条件 H=1000lx	上升时间t_r (μA) 测试条件R_L=59Ω,U_{CE}=10V 脉冲电流幅度1μA	下降时间t_f (μA)	峰值波长A (nrn)	可用代型号
3DU2A	15	≤0.5	≥0.2	≤5	≤5	900	
3D1J2B	30	≤0.1	≥0.3	≤5	≤5	900	3DU51-55
3DU2C	30	≤0.11	≥1	≤5	≤5	900	
3DU5A	15	≤1	≥2	≤5	≤5	900	3DU11-13
3DU5B	30	≤0.5	≥2	≤5	≤5	900	3DU-21-23

四、光耦合器

光耦合器(光电耦合器)具有体积小、寿命长、抗干扰强以及无触点输出(在电气上完全隔离)等优点,是近年来日益广泛应用的一种半导体光电器件。它可以代替继电器、变压器、斩波器等。无触点的固态继电器就是光耦合器的一种应用。还可以用于隔离电路、开关电路、数模电路、逻辑电路、过流保护、电平匹配等许多方面。

1. 光耦合器的原理与结构 光耦合器的工作原理是电信号输给发光管(通常是红外发光管),使之发光并射向光敏器件,光敏器件(如光敏二、三极管、光敏电阻、光控晶闸管)受光后,又输出电信号。这个电-光-电的过程,就实现了输入电信号与输出电信号间既用光来传输,又通过光隔离从而提高了电路的抗干扰能力。

图3-6所示为典型的光敏三极管型光耦合器的内部结构。光敏三极管一般无基极引线,因为它的基极接收光信号。即使引出线,使用中也不一定用到。在这种情况光耦合器相当于一个普通三极管,即三极管的发射级、集电极相当于光耦合器中光敏管发射级、集电极,光耦合器中的发光管就相当于普通三极管的基极。

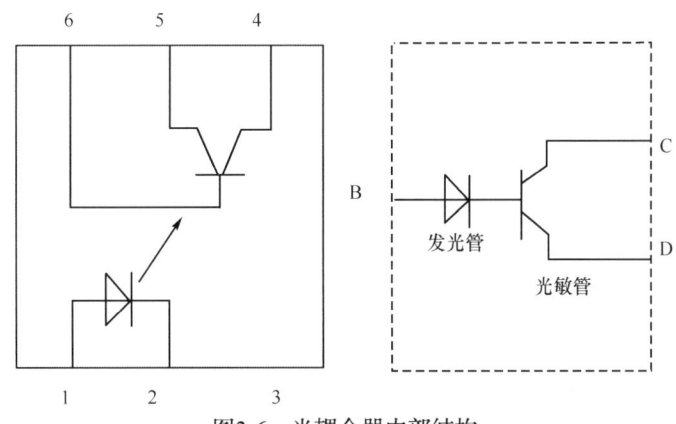

图3-6 光耦合器内部结构

2. 光耦合器的种类 光耦合器的种类繁多,常用作光电开关的是普通的光耦合器,其输入与输出之间的传输特性的线性不好,所以不宜用于模拟量的转换。普通的光耦合器也有多种型号,如GD-1l~14、GD-sb、GD-MB等。还有一种能实现线性传输的光耦合器,如GD2203型,其输出信号随输入信号的变化而成比例地变化,这就是所谓线性耦合器。图3-6所示的是高线性光耦舍器G12203。高线性光耦合器与普通光耦合器的工作原理相同,只是内部采用双路输出。当在第3、4间通入几毫安～几十毫安(不大于50mA)的电流时,红外发光管发光,则第1、2及第5、6的光敏器件(光敏二极管)受光,即可输出几十毫安的电流且与输入呈良好的线性关系。在使用时,第1、2输出端与第3、4输入端一起接入控制回路,其中第1端、2端光敏器件起反馈作用:它受光产生输出电流再反馈到第3、4端的发光管,对输入信号进行反馈控制。所以,实际上接入主回路的还只是第5、6端这一路输出。当然,由于印制板设计的缘故,如果第1、2端接入主回路,也是一样的。如果放弃一路输出,即1l入端不接入反馈信号。器件可作为单路输出线性光耦合器使用。

输入端(第3、4端)与输出端(1、2端或第5、6端)之间的绝缘电压高达2.5 kV。线性光耦合器一般用在仪表、计算机等方面。

3. 光耦合器的主要参数 这里介绍几种常见的光敏管输出型光耦合器的主要参数,表3-4所示。

表3-4 光敏管输出耦合器的主要参数

名称 型号	输入		输出			传输			隔离	可代用国内外型号
	正向电压(V)	反向击穿电压(V)	反向击穿电压(V)	反向截止电流(μA)	饱和压降(V)	电流传输比CTR	上升时间	下降时间	绝缘电压(kV)	
测试条件	I_P=10mA	I_R=100 μA	I_{CE}=1μA	U_{CE}=10 V	I_F=20mA I_C=1μA	U_{CE}=10 V I_F = -10mA R_L=50Ω f=100Hz I_F = 25 mA	U_{CE}=10 V		交流150 H_Z峰值1分钟或直流	GD-11~14G010 1103G0401-402
GD10A GD10B GD10C	≤1.3	≥6	≥30	≤0.1	≤0.3	≥20 ≥30 ≥60	≤3	≤3	1	
GD-2311-2314 GD-2312,2315 GD-2313-2316	≤1.3	≥6	≥30	≤0.1	≤0.3	≥20 ≥30	≤3	≤3	2.5	PC8I0. 812 PC817,818617 TLP=521
GD-Sb11 GD-Sb12	≤1.3	≥6	≥30	≤0.1	≤0.3	≥60 ≥20 ≥30	≤3	≤3	2.5	TIL114-117
GD-MB	≤1.5 L = 500 mA	≥6	≥30	≤0.1		0.1	≤0.5	□ 0.5	1	

4. 光耦合器的应用

(1) 在开关电路中的应用：图3-7左图相当于"常开"开关。当无脉冲输入时，三极管截止，发光二极管的电流近似为零，无光射出，光敏管不通，a、b端间的电阻极大，相当于开关"断开"。说明电路没有信号输入时，开关不通，故称此为"常开"态。但当加入开关信号(脉冲信号)时，三极管导通，有较大的电流流经发光二极管，有光射出。此时光敏管的电阻下降，a、b端间电阻很小，相当于开关"接通"。当开关信号消失后：a、b端又呈开路态，恢复"常开"。

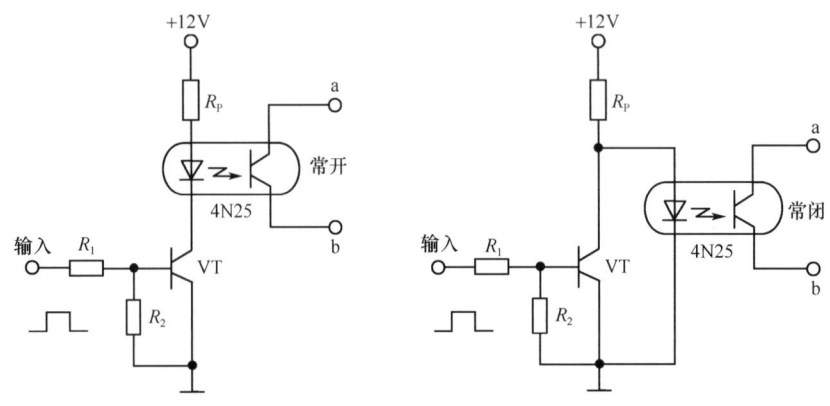

图3-7 光耦合器在开关电路中的应用

图3-7右图相当于"常闭"开关。当三极管基极无信号输入时，处于截止，其集电极为高电位，有足够的电流流经发光二极管，使光敏管导通，a、b端阻值很小，相当于开关"接通"。由于平常无信号时接通，便称之为"常闭"态。但当有信号输入时，三极管导通，其集电极电位下降(为0.1~0.3 V)，远小于发光二极管的正向导通电压(1.3~2 V)，故发光二极管无电流通过，光敏管a、b端之间的电阻极大，相当于开关"断开"。当信号消失后，恢复"常闭"。

(2) 在逻辑电路中的应用：由于光电耦合器的抗干扰性能比晶体管好，因此用光电耦合器组成逻辑电路要比晶体管可靠得多。

图3-8(a)是"与门"电路。设在逻辑变换中高电位为1状态，低电位为0状态。通常"与门"的逻辑功能概括为：有0出0，全1出1。由图3-8可见，两只光电三极管为串联形式。只有当A、B端都输入高电位时，才能使VT的集电极电流最大，其射极输出高电位，否则均输出低电位。它完全符合"与门"逻辑功能。

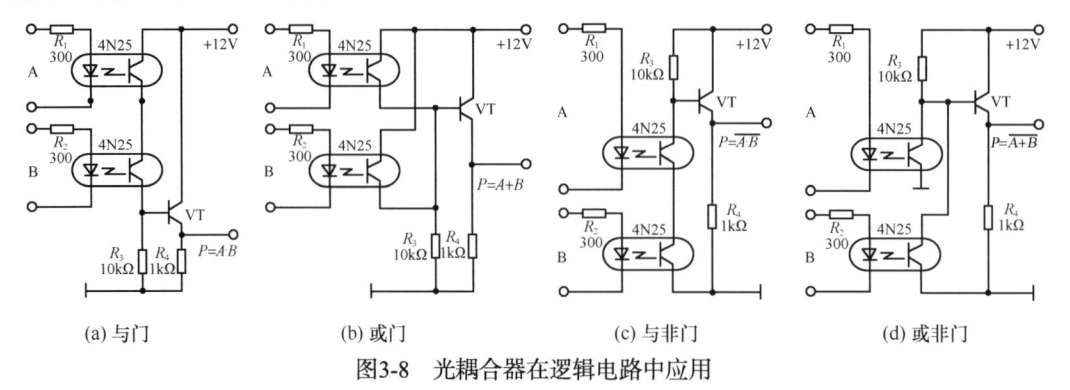

(a) 与门　　(b) 或门　　(c) 与非门　　(d) 或非门

图3-8 光耦合器在逻辑电路中应用

图3-8(b)是"或门"电路。或门的逻辑功能可概括为：有1出1，全1出1。图中两只光电三极管都不导通，使晶体管偏压近似为零，集电极无电流，故输出为0。当A、B的任何一端输入为1或两端都输入为1时，则其中一只或两只光电管导通，使晶体管VT的偏压上升。集电极电流增

大，此时输出为1。完全满足"或门"电路的逻辑功能。图3-8(c)是"与非门"电路图3-8(d)"或非门"电路。

(3) 在脉冲电路中的应用：图3-9(a) 组成双稳态电路，将发光二极管分别串入两只三极管的发射极电路中，能有效地解决输出与负载隔离的问题。图3-9(b)组成施密特电路。

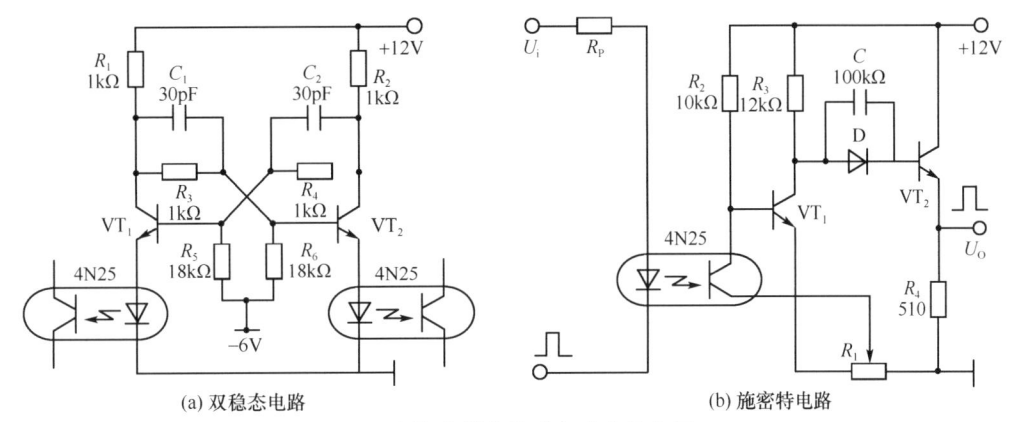

(a) 双稳态电路　　(b) 施密特电路

图3-9　光耦合器在脉冲电路中的应用

当输入电压VT₁为低电平时，通过发光二极管的电流很小，于是光电三极管c、e间呈现高电阻，使VT₁的偏压较高，可完全导通。导致U_{c_1}电位下降，使VT₂截止，输出低电平。当输入电压U_i大于鉴幅值时，通过发光二极管的电流较大，于是光电三极管c、e间压降很小，使U_{be}下降，VT₁截止，此时U_{c_1}电位上升使VT₂导通，输出为高电平。调节电阻R_1可改变鉴幅电平。

(4) 在电平转换电路中的应用：图3-10是5V电源的TTL集成电路与15V电源的HTL集成电路相互连接进行电平转换的基本电路。图3-10(a)中G门电路导通时，即输出低电平时发光二极管导通，光电三极管输出高电平。反之，输出低电平。

与此相反，图3-10(b)是利用G门截止，即输出高电平时驱动发光二极管输出信号的。发光二极管的驱动电流为10~20mA，可通过调整限流电阻R_1来确定。

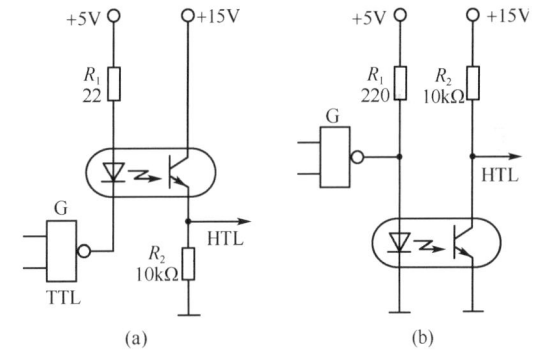

图3-10　光耦合器在电平转换电路中的应用

第三节　热电式传感器

一、负温度系数热敏电阻器

热敏电阻器是利用对温度敏感的半导体材料制成的。其阻值随温度变化有比较明显的改变。

1. NTC的特性及外形　负温度系数热敏电阻器(NTC)通常是由锰、钴、镍的氧化物烧制成半导体陶瓷制成的，其特点是在工作温度范围内电阻值随温度的升高而降低其电阻温度系数如图3-11所示。当温度大幅度上升时，电阻值可下降3~12个数量级。

常见的热敏电阻器有圆形、垫圈形、管形等，如图3-12(a)。元件符号如图3-12(b)所示。文字符号用R_T表示。利用热敏电阻器可构成温度传感器、温度补偿器等。

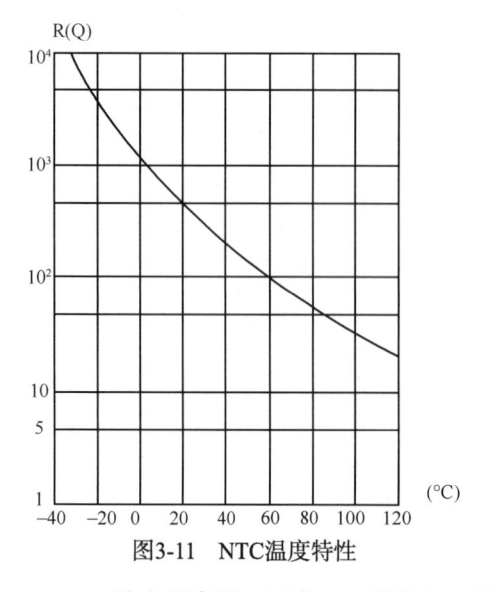

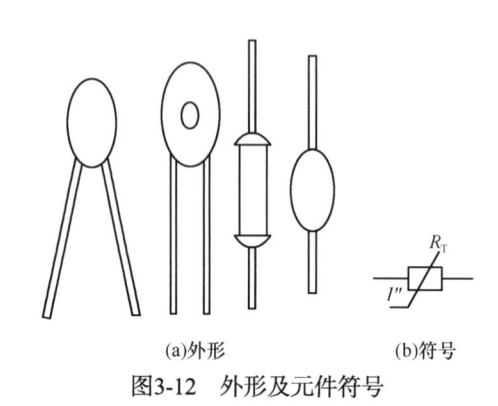

图3-11 NTC温度特性　　　图3-12 外形及元件符号

2. NTC的主要参数　　国产NTC热敏电阻器有MF系列产品。其中M表示敏感元件，F代表负温度系数。国外产品有D22A等型号。表3-5列出几种典型产品的主要参数。

表3-5　几种NTC产品的主要参数

型号	标称阻值	额定功率(W)	测量功率(mW)	时间常数(s)	耗散系数	主要用途
MF12-0.25	1kΩ~1MΩ	0.25	0.04	≤15	3~4	温度补偿
MF12-0.5	0.1~1.21MΩ	0.5	0.47	≤35	5~6	温度补偿
MF12-1	56Ω~5.6kΩ	1	0.2	≤80	12~14	温度补偿
MF13	820Ω~300kΩ	0.25	0.1	≤85	≥4	测温和控温
RRW2	6.8~50kΩ	0.03		≤0.5	≤0.2	稳幅

二、正温度系数热敏电阻器

1. PTC的特性　　正温度系数热敏电阻器(PTC)的特征是，在工作温度范围内具有正的电阻温度系数。PTC是以钛酸钡($BaTiO_3$)为主要原料，再掺入锶、钛、锆等稀土元素后烧结而成的。PTC在室温下的电阻率为$10~10^3 Ω·cm$，当温度低于居里点温度R(一般为120~165℃)时略呈负特性，但电阻值基本不变，当温度达到并超过Tc时电阻率发生突变，可增大3~4个数量级，达到$10^6~10^7 Ω·cm$，电阻温度系数高达+(10~60)%/℃。因此PTC具有开关特性，其电阻率、温度特性如图3-13所示。

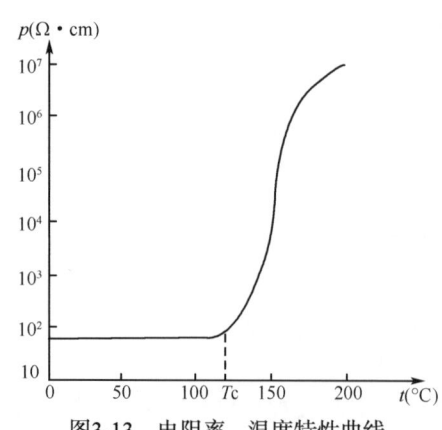

图3-13 电阻率、温度特性曲线

目前，PTC热敏电阻器在国内外获得广泛应用。它不仅用于测温、控温、保护电路中，还大量用于彩色电视机、电熨斗、电子驱蚊器等家用电器，进入日常生活领域。

常见PTC热敏电阻器的外形有方形、圆片形、蜂窝形、口琴形、带形等。图3-14是国产MZ72系列产品的外形及由它构成的彩电消磁电路，将PTC与消磁线圈串联后装在显像管防爆带附近，通电后消磁线圈上有衰减电流通过，产生相当强而又逐渐衰减的交变磁场，达到自动消磁目的。

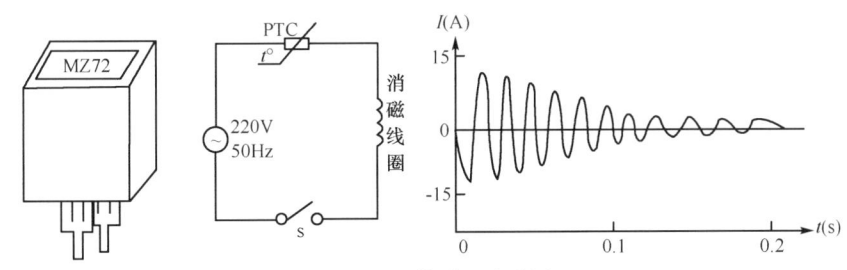

图3-14 MZ72外形及消磁原理

2. PTC的主要参数 PZC参数如表3-6所示。

表3-6 PTC的MZ系列产品的主要参数

型号	标称阻值(Ω)	额定电压(V)	起始电流(A)	残余电流(mA)	耐压V及耐压时间(s)
MZ71	(20±30)%	220	>15	<10	360、75
	(40±30)%	220	>10	<10	420、75
MZ72A	(18±20)%	220	>15	<10	420、60
MZ72	(12±20)%	220	>10	<10	365、60
MZ73	(18±20)%	220	>15	<10	420、60
	(27±20)%	220	>15	30	270、60

第四节 其他类型传感器

一、压敏电阻

压敏电阻器(VSR)是电压灵敏电阻器的简称,它是一种新型过压保护元件。

1. 压敏电阻器的特点 压敏电阻器是以氧化锌(ZnO)为主要材料而制成的金属氧化物-半导体陶瓷元件,其电阻值随端电压而变化。压敏电阻器的主要特点是工作电压范围宽(6~3000V,分若干挡),对过压脉冲响应快(几至几十纳秒),耐冲击电流的能力强(可达100A~20kA),漏电流小(低于几至几十微安),电阻温度系数小(低于0.05%/℃)。VSR性优价廉,体积小,是一种理想的保护元件。由它可构成过压保护电路、消噪电路、消火花电路、吸收回路。

2. 压敏电阻器的主要参数 压敏电阻器的主要参数如下:

(1) 标称电压U_{1mA}:当通过1mA直流电流时元件两端的电压值。设直流、交流电压分别为U_{DC}、U_{AC},可按下述标准选择:$U_{1mA} \geq (1.3$~$2.6)U_{DC}$;$U_{1mA} \geq (1.9$~$2.2)U_{AC}$。

(2) 漏电流:当元件两端电压等于75%U_{1mA}时,元件上所通过的直流电流。

(3) 通流量:在规定时间(8~20μs)之内,允许通过脉冲电流的最大值。其中,脉冲电流从90%U_P到U_P的时间为8μs,峰值持续时间为20μs。

国产压敏电阻器有MYL系列等。其中M代表敏感,Y代表电压,L是防雷的意思(对其他过压保护也同样适用)。图3-15分别示出压敏电阻器的外形、符号及伏安特性。VSR本身没有极性,其伏安特性呈对称性,正反向伏安特性中都有稳压作用,因此还可作为小电流(1mA)的双向限幅或稳压元件。常见VSR的标称电压有:18V、22V、24V、27V、33V、39V、56V、82V、100V、120V、150V、200V、216V、240V、250V、270V、283V、360V、470V、850V、900V、1100V、1500V、1800V、3000V。

图3-15 压敏电阻器

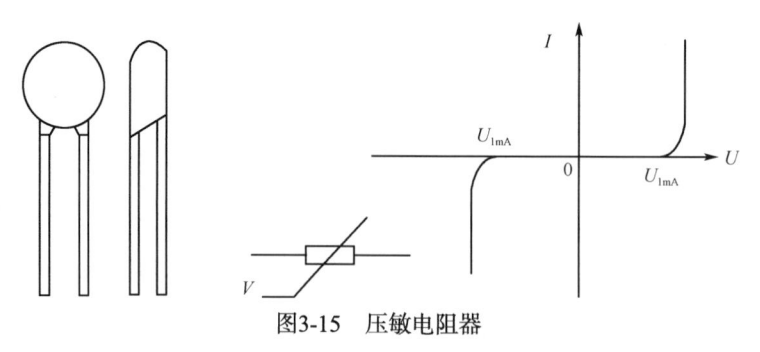

VSR的主要参数如表3-7所示。

表3-7 VSR典型产品的主要参数

型号	标称电压(U_{1mA}/V)	漏电流(μA)	通流量(8~20μs)	外形尺寸(mm)
MYU07DK	22~82	≤10	100A	φ10×4.2
MYL10DK	22~82	≤10	200 A	φ14×4.3
MYL14DK	22~82	≤10	500 A	φ17×4.3
MYL20D	22~82	≤10	1 kA	φ23×4.3
MYL25DK	22~82	≤20	3 kA	φ28×5
MYl30DK	82~1500	≤10	5 kA	φ34×12
MYI40DK	82~1500	≤30	l0 kA	φ43×12

二、热释电人体红外传感器

采用热释电人体红外传感器制造的被动红外探测器，用于控制自动门、自动灯及高级光电玩具等。

1. 结构与工作原理 热释电人体红外传感器一般都采用差动平衡结构，由敏感元件、场效应管、高值电阻等组成，如图3-16所示。其中包括内部结构图和电器连接图。

(1) 敏感元件：是用热释电人体红外材料(通常是锆钛酸铝)制成的，先把热释电材料制成很小的薄片，再在薄片两面镀上电极，构成两个串联的有极性的小电容。将极性相反的两个敏感单元做在同一晶片上，是为了抑制由于环境与自身温度变化而产生热释电信号的干扰。而热释电人体红外传感器在实际使用时，前面要安装透镜，通过透镜的外来红外辐射只会聚在一个敏感元上，它所产生的信号不致抵消。热释电人体红外传感器的特点是它只在由于外界的辐射而引起它本身的温度变化时，才给出一个相应的电信号，当

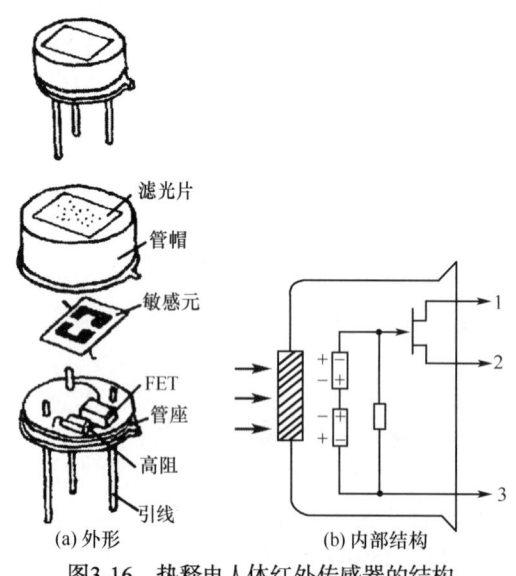

图3-16 热释电人体红外传感器的结构

温度的变化趋于稳定后就再没有信号输出，所以说热释电信号与它本身的温度的变化率成正比，或者说热释电红外传感器只对运动的人体敏感。应用于探测人体移动报警电路中。

(2) 场效应管和高阻值电阻R_g：通常敏感元件材料阻值高达$10^3\Omega$。因此，要用场效应管进行阻抗变换，才能实际使用。场效应管常用2SK303V3、2SK94X3等来构成源极跟随器，高阻值电阻R_g的作用是释放栅极电荷，使场效应管正常工作。一般在源极输出接法下，源极电压为0.4~1.0 V。通过场效应管，传感器输出信号就能用普通放大器进行处理。

(3) 滤光窗：热释电人体红外传感器中的敏感元件是一种广谱材料，能探测各种波长辐射。为了使传感器对人体最敏感，而对太阳、电灯光等有抗干扰性，传感器采用了滤光片作窗口，即滤光窗。滤光片是在Si基板上镀多层膜做成的。每个物体都发出红外辐射，其辐射最强的波长满足维恩位移定律：

$$\lambda_m \cdot T = 2989(\mu m k)$$

式中：λ_m为最大波长，T为绝对温度。

人体温度为36~37℃，即309~310 k，其辐射的红外波长：$\lambda m=9.671\mu m$，可见人体辐射的红外线最强的波长正好在滤光片的响应波长7.5~14nm的中心处。故滤光窗能有效地让人体辐射的红外线通过，而阻止太阳光、灯光等可见光中的红外线通过，免除干扰，所以，热释电人体红外传感器只对人体和近似人体体温的动物有敏感作用。

(4) 菲涅尔透镜：热释电人体红外传感器只有配合菲涅尔透镜使用才能发挥最大作用。不加菲涅尔透镜时，该传感器的探测半径可能不足2m，配上菲涅尔透镜则可达10m，甚至更远。菲涅尔透镜是用普遍的聚乙烯制成的。安装在传感器的前面。透镜的水平方向上分成三部分，每一部分在竖直方向上又分成若干不同的区域，所以菲涅尔透镜实际是一个透镜组，如图3-17(a)所示。当光线通过透镜单元后，在其反面则形成明暗相间的可见区和盲区。每个透镜单元只有一个很小的视场角，视场角内为可见区，之外为盲区。而相邻的两个单元透镜的视场既然不连续，更不交叠，却都相隔一个盲区。当人体在这一监视范围中运动时，顺次地进入某一单元透镜的视场，又走出这一视场，热释电传感器对运动的人体一会儿看到，一会又看不到，再过一会儿又看到，然后又看不到，于是人体的红外线辐射不断改变热释电体的温度，使它输出一个又一个相应的信号。输出信号的频率为0.1~10 Hz，这一频率范围由菲涅尔透镜、人体运动速度和热释电人体红外传感器本身的特性决定。

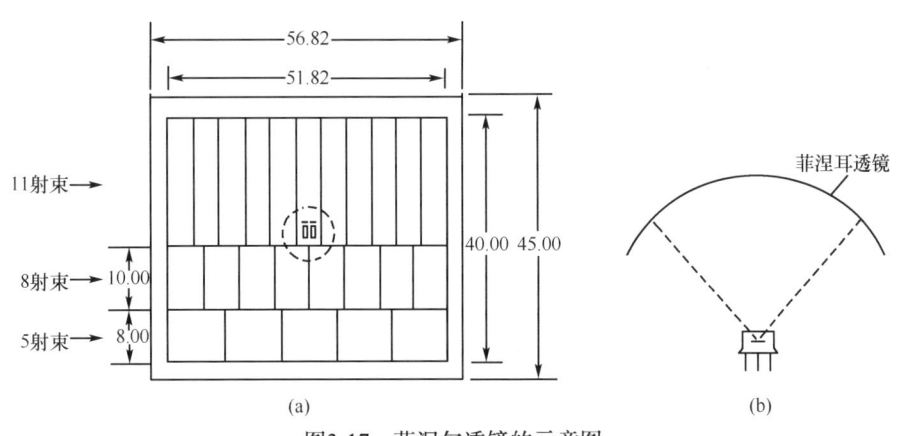

图3-17 菲涅尔透镜的示意图

菲涅尔透镜不仅是形成可见区和盲区，还有聚焦作用。其焦距一般为5cm左右，应用时视不同传感器所配用的透镜也不同，一般把透镜固定在传感器正前方1.5cm处。菲涅尔透镜形成圆弧状，透镜的焦距正好对准传感器敏感元的中心，如图3-17(b)所示。

目前国内市场上常见的热释电红外传感器有上海尼赛拉公司的SD02、PH5324和德国海曼LHi954、LHi958以及日本的产品等，其中SD02适合防盗报警电路。

2. 热释电人体红外传感器的应用

热释电人体红外传感器的应用中，其前级配用涅尔透镜，其后级采用带通放大器，放大器的中心频率一般取1Hz左右。放大器带宽对灵敏度与可靠性的影响大。带宽窄，噪声小，误测率低；带宽宽，噪声大，误测率高，但对快、慢速移动响应好。放大器信号的输出可以是电平输出、继电器输出或可控硅输出等多种方式。

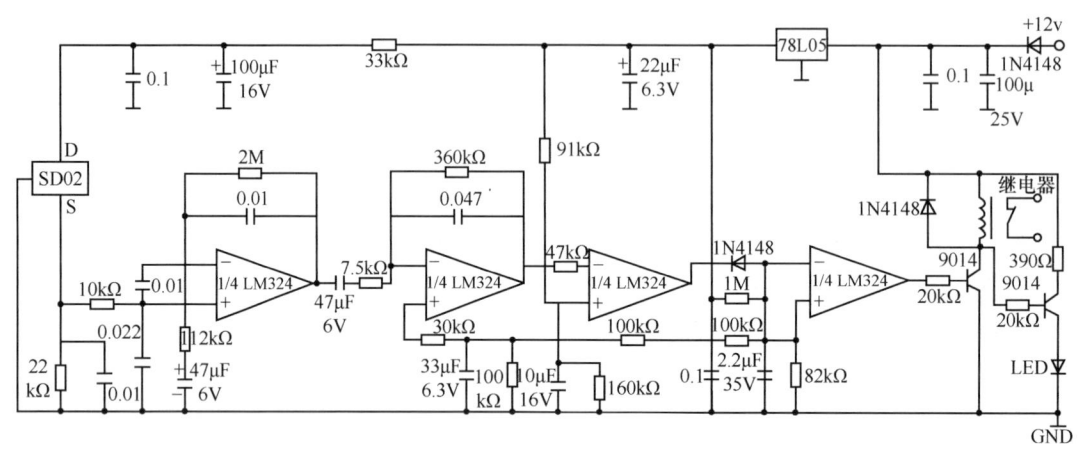

图3-18 热释电人体红外报警器

图3-18为一典型的热释电被动红外报警器电原理图。其中热释电人体红外传感器用SD02，透镜采用CE-024型，探测角度是84°，SD02的主要参数见表3-8。

表3-8 SD02传感器的主要参数

灵敏元尺寸	2×1	mm	备注
灵敏元间距	1	mm	
信号	最小1.7	V	420°k黑体温度，1Hz调制 φ=12 nma, d = 40mm 72.5 dB放大 0.4~3.5 Hz
	典型2.5	V	
噪声	典型60	mV	
	最大100	mV	
平衡	最大10%		B=(A-B)/(A+B)
	典型5	V	
工作电压	2.2 ~ 10	V	
	典型13	μA	
工作电流	典型0.6	V	
源极电压	−10 ~ 50	℃	
工作温度	−30~80	℃	
保存温度	106×96		
视场	L	mm	硅材料
窗口	基本厚度	6.6μA	
	前截止	大于72%	7.5~14 μm
	平均透过率	小于0.1%	小于5μm

三、霍尔传感器

霍尔传感器是利用霍尔效应与集成技术制成的半导体磁敏器件，具有灵敏度高、可靠性好、无触点、功耗低、寿命长等优点，适于自控设备、仪器仪表及速度传感、位移传感等应用。国产有SLN系列、CS系列产品，国外有UGN系列、DN系列产品等。

1. 霍尔效应 当一块通有电流的金属或半导体薄片垂直置于磁场中时，薄片两侧会产生电势的现象，称为霍尔效应。这一电势即称为霍尔电势，如图3-19左所示。

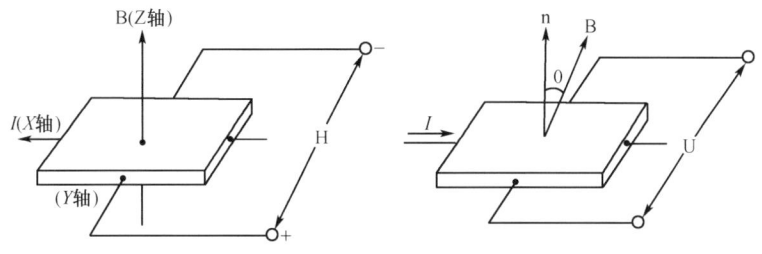

图3-19 霍尔电势的形成

设有一块半导体薄片，若沿X轴方面通过电流I，沿Z轴方向施以磁场，其磁感应强度为B，则在Y轴方向便会产生霍尔电势U_H。表达式为：

$$U_H = K_H IB$$

式中：I为输入端(控制电流端)注入的工作电流(mA)；B为外加的磁感应强度(T)；K_H为灵敏度，它表示在单位磁感应强度和单位控制电流作用下霍尔电势的大小，其单位是(mV／mA·T)；U_H为霍尔电势(mV)。

若B与通电的半导体薄片平面的法线方向成θ角(如图3-19右所示)，则

$$U_H = K_H Ib\cos\theta$$

2. 霍尔元件

(1) 霍尔元件的构成与命名方法：霍尔元件就是利用霍尔效应制作的半导体器件。尽管如上所说，金属薄片也具有霍尔效应，但其灵敏度很低，不宜制作霍尔元件。霍尔元件一般由半导体材料制成，且大都采用N型锗(Ge)、锑化铟(InSb)和砷化铟(InAs)材料。锑化铟制成的霍尔元件，灵敏度最高，输出较大，受温度的影响也大。锗制成的霍尔元件灵敏度低，输出U_H小，但它的温度特性及线性度都较好，砷化铟较锑化铟制成的霍尔元件的输出U_H小，而温度影响比锑比铟小，线性度也较好。

霍尔元件由霍尔片，引线与壳体组成，霍尔片是一块矩形半导体薄片，如图3-20所示。

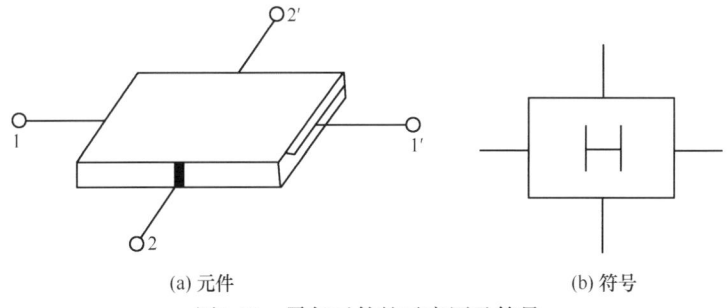

(a) 元件　　(b) 符号

图3-20 霍尔元件的示意图及符号

在短边的两个端面上焊出两根控制电流端引线[图3-20(a)中1、1′]，在长边端面中点以点焊形式焊出的两根霍尔电势输出端引线(图中2、2′)，焊点要求接触电阻小(即为欧姆接触)。霍尔片一般用非磁性金属、陶瓷或环氧树脂封装。

在电路中，霍尔元件常用图3-20(b)所示的符号表示。霍尔元件型号命名法如图3-21所示。

(2) 霍尔元件的主要参数：国产霍尔元件主要有HZ、HT、HS系列，典型产品的主要参数见表3-9。

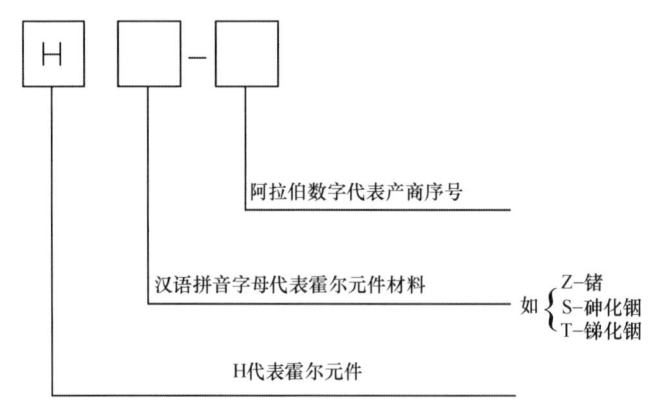

图3-21 霍尔元件的型号命名法

命名法说明：
- H代表霍尔元件
- 汉语拼音字母代表霍尔元件材料 如 { Z—锗; S—砷化铟; T—锑化铟 }
- 阿拉伯数字代表产商序号

表3-9 霍尔元件的主要参数

型号	外形尺寸 (mm)	电阻率ρ (Ω·cm)	输入电阻 (Ω)	输出电阻 (Ω)	灵敏度K_H (mV/mAT)	控制电流 (mA)	工作温度t (℃)
HZ-1	8×4×0.2	0.8~1.2	110	100	>12	20	-40~45
HZ-4	8×4×0.2	0.4~0.5	45	40	>4	50	-40~75
HT-1	6×3×0.2	0.003~0.01	0.8	0.5	>1.8	250	0~40
HS-1	8×4×0.2	0.01	1.2	1	>1	200	-40~60

表中所列R_i、R_o的值一般允许有±20%的误差，均为典型值。

(3) 霍尔元件的温度补偿：由于霍尔元件是由半导体材料制成，它的载流子迁移率、材料的电阻率及载流子浓度等都是温度的函数，从而会因温度变化而导致霍尔元件性能如内阻、霍尔电势等产生误差，为补偿这种误差，行之有效的办法是在控制电流端并联一个适当大小的电阻R，如图3-22所示。

$$R = \frac{\beta}{\alpha} R_o$$

R_o为霍尔元件的内阻，可由测量获得。α为霍尔元件灵敏度温度系数，β为霍尔元件内阻的温度系数。

(4) 霍尔元件的零位补偿：由于制作霍尔元件时，不可能保证将霍尔电极焊在同一等位上，如图3-23所示。

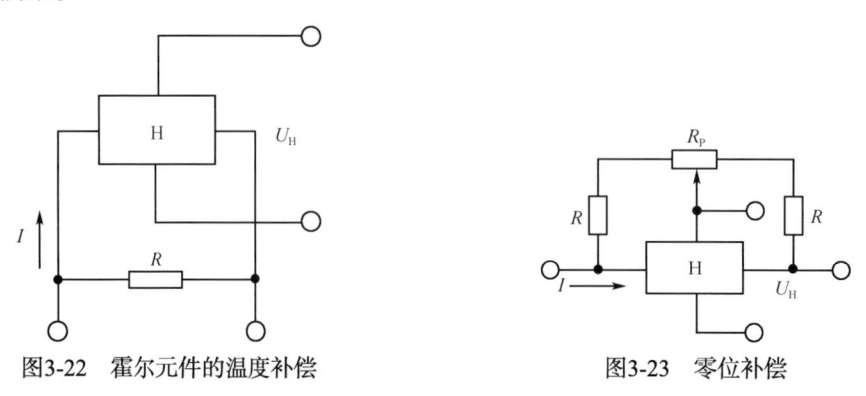

图3-22 霍尔元件的温度补偿　　　　图3-23 零位补偿

于是电流流过元件时，即使磁感应强度等于零，在霍尔电势极上仍有电势存在，该电势称为不等位电势U_o，这个不等位电势造成输出的零位误差。图3-23是补偿零位误差的一种常用方法。

(a) 线性型　　　　　　　　　　　　　(b) 开关型

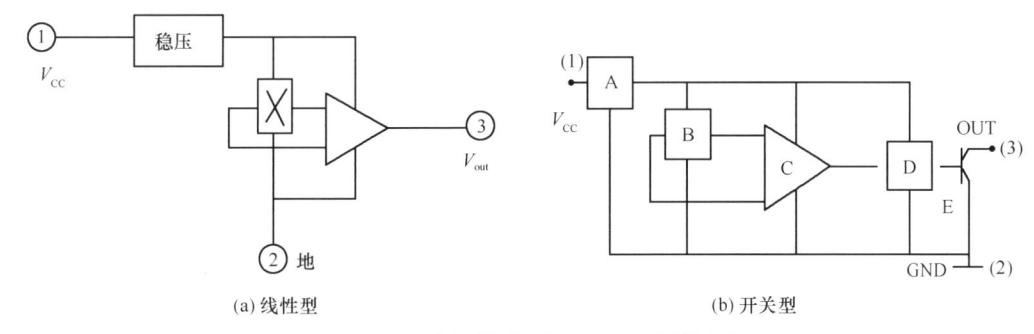

图3-24　霍尔传感器的电原理结构图

3. 霍尔传感器　霍尔传感器是将霍尔元件、放大器、温度补偿电路及稳压电源等做在一个芯片上，称为霍尔传感器。有些霍尔传感琴的外形与P1D封装的集成电路外形相似，故也称为霍尔集成电路。霍尔传感器按输出端功能可分为线性型及开关型两种。如图3-24所示，按输出级的输出方式分有单端输出与双端输出。

(1) 线性型霍尔传感器：线性型霍尔传感器输出的霍尔电势与外磁场强度呈线性关系。其电原理框图如图3-24(a)所示。常用的UGN-3501是一种单端输出的线性型霍尔传感器。

(2) 开关型霍尔传感器：开关型霍尔传感器由霍尔元件、放大器、施密特整形电路和输出级等部分组成，通常又称为"霍尔开关"，电原理框如图3-24(b)所示。其工作特性如图3-25所示。可看出工作特性有一定磁滞，使开关动作更为可靠。B_{OP}为工作点"开"的磁场强度，B_{RP}为释放点"关"的磁场强度。

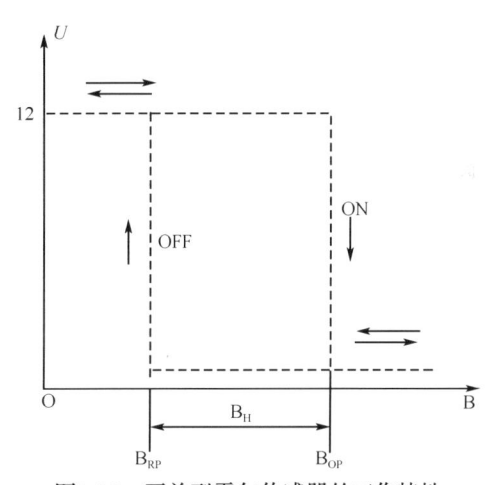

图3-25　开关型霍尔传感器的工作特性

四、气敏传感器

气敏传感器广泛地用来检测可燃性气体和毒性气体的泄漏，以防大气污染、爆炸、火灾、中毒等。气敏传感器种类较多，最常用的是半导体气敏传感器。

1. 气敏传感器的结构与特性　半导体气敏元件是半导体气敏传感器的核心。它是利用半导体材料二氧化锡(SnO_2)对气体的吸附作用，从而改变其电阻的特性制成的。其结构及外形，如图3-26(a)所示。

当其表面吸附有被检测气体时，其半导体微晶粒子接触界面的导电电子比例会发生变化，从而使气敏元件的电阻值随被测气体的浓度而变化，于是就可将气体浓度的大小转化为电信号的变化。这种反应是可逆的，因此是可重复使用的。为了使反应速度加快，并得到高的灵敏度，通常需要对气敏元件用电流通过电热丝进行加热。加热的温度因气敏元件所用材料的不同而异。

半导体气敏元件吸附有被测气体时的电阻变化如图3-26(b)所示。气敏元件在清洁空气中开始通电加热时，其电阻急剧下降，过几分钟后达到稳定值，这段时间称为被动期稳定时间。气敏元件的电阻处于稳定值后，还会随着被检测气体的吸附而发生变化。其电阻值变化规律视半导体的类型而定：P型半导体气敏元件阻值上升，而N型半导体气敏元件阻值下降。

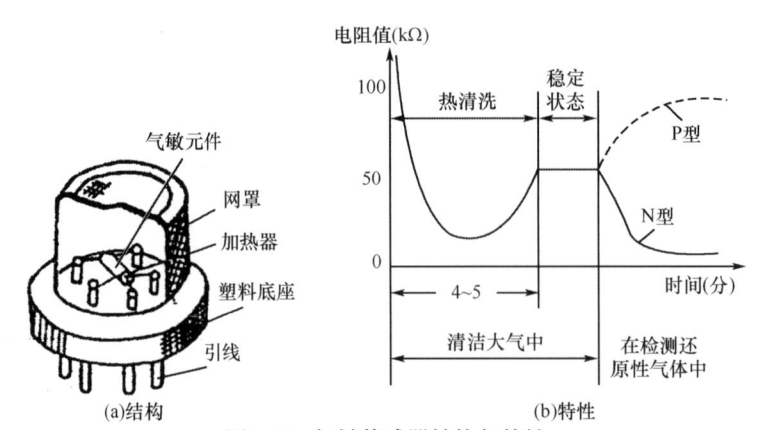

图3-26 气敏传感器结构与特性

表3-10 气敏元件的主要参数

型号	加热电流(A)	回路电压(V)	静态电阻(kΩ)	灵敏度(R_O/R_X)	响应时间(s)	恢复时间(s)
QN32	0.32	≥6	10~400	>3(H_2O，1%中)	<30	<30
QN60	0.60	≥6	10~400	>3	<30	<30

注：工作预热时间在3 s以上

气敏元件加热后，在正常空气中的电阻为静态电阻R_O，放入一定被检测气体后的电阻值为R_X，则R_O/R_X之比称为气敏元件的灵敏度。气敏元件接触被检测气体后其阻值从R_X变为R_O的时间称为响应时间，而当脱离气体后阻值从R_X恢复到R_O的时间称为恢复时间，表3-10给出了国产气敏元件QN32与QN60的主要参数值。

2. 气敏传感器的应用 气敏传感器可根据其检测气体的不同而分许多种，其应用电路也有所差别。以下介绍酒精传感器UL282的应用。

酒精传感器可制成用于检查司机是否酒后开车的饮酒测定仪。酒精传感器能检测出人呼出的气体中酒精的浓度，以此来判别是否饮酒。酒精传感器对湿气、烟气及汽油蒸气不敏感。

表3-11 UL282的性能参数

项目 型号	测量范围(ppm)	灵敏度(R_O/R_X)	加热电压(V)	加热电流(mA)	测量电压(V)	工作盟度(℃)	相对湿度(%RH)	响应时间(s)
UL282	10~100	大于5	5±0.5	160~180	15±1.5	-10~50	不大于95	60

注：R_o为在空气中的阻值，R_x为在200ppm酒精浓度时的阻值

UL282的基本性能参数如表3-11所示。图3-27(a)为它对不同气体的敏感特性曲线。图3-27(b)为该传感器的响应曲线。应用电路如图3-27(c)所示，其中2、6两端接加热电压，3端与1端、5端与7端分别连接后与负载电阻R_S串联组成分压电路。当酒精浓度增加时，传感器的电阻下降，使负载电阻上的输出增加，从而起到了检测作用。

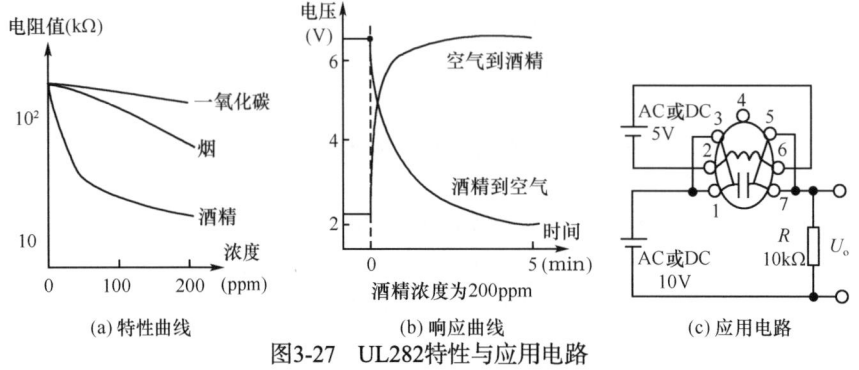

图3-27 UL282特性与应用电路

五、石英晶体元件

石英晶体元件通常简称为晶振或晶振元件,也称为晶体振荡器。它是利用石英单晶材料的。压电效应而制成的一种频率控制元件。它具有体积小、Q值高、性能稳定可靠的特点。符号如图3-28所示。

1. 石英晶体元件的结构　石英振荡器一般由石英晶片、晶片支架和封装外壳等构成。石英是一种结晶体。在结晶体上按一定方位切割成的薄片就是石英晶片。按切割晶片的方位不同,可将晶片分为AT、BT、CT、DT、X、Y等多种切型。不同切型的晶片其特性亦不尽相同,其中尤以频率温度特性相差较大,通常AT型晶片的频率温度特性较好,应用也广。晶片支架的作用是固定晶片及引出电极。晶片支架一般可分为焊线式和夹紧式两种。通常低、中频率的晶振采用焊线式,高频晶振用夹紧式。其封装形式有玻璃真空密封型、金属壳封装型、陶瓷封装型及塑料盒封装型等几种。一般使用夹紧式。其封装形式有玻璃真空密封型、金属壳封装型、陶瓷封装型及塑料盒封装型等几种。广泛使用的为扁形金属外壳封装的石英谐振器,外形及电路符号如图3-28所示。晶振多为二个电极,但也有多电极,如三电极、四电极等。

图3-28　晶振的符号　　　　图3-29　晶振等效电路

2. 石英晶体元件的工作原理　晶振是利用晶片的压电效应原理工作的。当机械力作用于晶片对,晶片两面都将产生电荷,反之当在晶片两面加上不同极性电压时,晶片的几何尺寸将压缩或伸张,这种现象便是压电效应。

如果在晶片上加上交变电压,则晶片将随交变信号的变化而产生机械振动。当交变电压频率与晶片的固有频率(只与晶片几何尺寸相关)相同时,机械振动最强,电路中的电流也最大。这就是晶体谐振特性的反映,也就是说电路产生了谐振。由于晶片的固有振动频率只与晶片的几何尺寸相关,所以用晶振元件取代LC谐振回路可获得十分精确和稳定的谐振频率。如在LC振荡器中,在采取良好稳频措施下,其频率稳定度也很难达到10^5量级,而采用晶振元件的振荡器的稳定度可达$10^{-10} \sim 10^{-11}$量级。所以晶振元件在电视机、录像机、收录机、CD唱机、游戏机、电脑、电子照相机、电子钟表和电话机等许多家用电器和通信设备中获得了广泛的应用。

晶振元件在电路中实际上相当于一个品质优良的LC谐振回路,其等效电路如图3-29所示。图中的L、C、R分别为晶片振动等效电感(或称动态电感)、等效电容(动态电容)和等效电阻(动态电阻)。C_0为晶振元件内部电容的总和,一般为2~5 pF。

3. 石英晶体元件的主要特性　晶振元件的主要特性有谐振特性、阻抗特性及频率温度特性等,可归纳为三点:

(1) 晶振元件在电路中可等效为一个品质因数Q很高(损耗很小)的谐振回路,可达$10^5 \sim 10^6$,LC电路无法相比。

(2) 晶振元件的等效电路具有两个很接近的谐振频率,即串联谐振频率f_s和并联谐振频率f_P。在f_s和f_P范围内,晶振元件呈电感性阻抗,换言之相当于一个电感元件。因该电感的Q值很高,所以用它做成的振荡器,其频率稳定度较好,而振荡频率则在f_s和f_P之间。频率间隔仅为f_s的数百分之一。

(3) 晶振元件在较窄的环境温度范围内具有良好的频率温度特性,但在宽温范围内且要求频率稳定度高的场合,就应使用恒温箱或采取其他措施。

4. 石英晶体元件的种类　石英晶体元件按频率精度与稳定度的不同可分为高精度、中精度及通用型三种,最常用的是普通型。如前所述,若按封装形式分,目前多为玻璃真空密封型、金属壳封装型、陶瓷封装型及塑封型等四种。最广泛使用的是扁形金属封装的晶振。而按用途分有彩电用、对讲机用、手表用、电话机用、电台用、录像机用、影碟机用、摄像机用等。尽管多种形式分类,但主要是工作频率及体积大小上的分类,别的性能差别不大,只要频率和体积符合要求,其中很多晶振元件是可以互换使用的。

5. 石英晶体元件的型号　国产晶振元件的型号由三部分组成,其中第1部分表示外壳形状和材料,如B表示玻璃壳,J表示金属壳,S表示塑封型。第2部分表示晶体切割方式,如:A表示AT切型、B表示BT切型等。第3部分表示主要性能及外形尺寸等,一般用数字表示,也有最后再加英文字母的。如JA5为金属壳AT切型晶振元件,BA3为玻壳AT切型晶振元件。从型号上无法知道晶振元件的主要电特性,需查产品手册或相关资料。

6. 石英晶体元件的主要参数　在每一块石英晶体元件的外壳上必须标有标称频率(f_0),这是一个重要参数。通常用带有小数点的数字来表示,其频率单位为兆赫(MHz)。例如3.579、4.433、6.000、10.00、16.00、26.00、27.00以及49.0等。对于几兆赫以下的频率,也有用千赫(kHz)为单位来表示的标称频率的精确度一样,一般通过小数点后所取位数的多少来表示。例如标志为3.579的晶振的精度就要比标志为3.57的精度高,因为前者多了一位有效数字。

在有些晶体谐振器的外壳上除标称频率外还用字母表示厂标、商标或型号。如日本产品上标有NDK、TOYOCOM、KSS等字母。美国产品中标有CTS、MCCOY等字母。

除标称频率外,晶振的参数还有负载电容C_L、激励电平(功率)、工作温度范围与温度频差。

晶振元件相当于电感,组成振荡电路时需配接外部电容,此电容即负载电容C_L。在规定的C_L下晶振元件的振荡频率即为标称频率f_0。负载电容是参与决定振荡频率的,所以设计电路时必须按产品手册中规定的C_L值,才能使振荡频率符合晶振的f_0。激励电平(功率)是指,晶振元件工作时会消耗的有效功率。激励电平应大小适中,过大会使电路频率稳定度变差,甚至"振裂"晶片,过小会使振荡幅度减少和不稳定,甚至不能起振。一般激励电平不应大于额定值,但也不要小于额定值的50%。

温度频差是指在工作温度范围内的工作频率相对于基准温度下工作频率的最大偏离值,该参数实际代表了晶振的频率温度特性。

实验三　电子特殊器件的检测

【实验目的】　掌握电子特殊器件性能的测量。
【实验仪器及元件】　MF47型万用表、信号源、直流电源、晶体管毫伏表和电子器件等。
【实验原理及步骤】

一、检测NTC

1. 测量NTC的热敏电阻值　测量热敏电阻器首先应测量在室温下的电阻值,如阻值正常。再用万用表测量热敏电阻值。测量热敏电阻值时,当万用表测其阻值的同时用人体对它加热(如用手拿住),使其温度升高。如果体温不足以使其阻值变大,则可用发热元件(如灯泡、电烙铁等)进行烘烤。当温度升高时,阻值增大,则该热敏电阻器是正温度系数的热敏电阻。如阻值降低，则是负温度系数的热敏电阻器。

2. 估测电阻温度系数a 首先在室温t_1下测得电阻值R_{t1}，再用电烙铁作热源，靠近热敏电阻R_T，如图3-30所示。记下电阻值Ra，并用温度计测出R_T表面的平均温度t。

二、检测PTC

PTC热敏电阻器是以钛酸钡为主原料，辅以微量的锶、钛、铝等化合物经过加工制作而成的正温度系数热敏电阻器，如图3-31所示是这种电阻器的阻值-温度特性曲线。从曲线中可以看出，当温度升高一定值后，阻值增大到很大值。

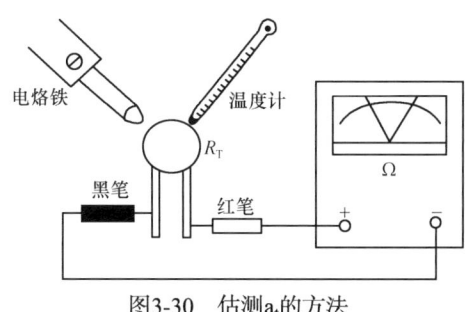

图3-30 估测a_t的方法　　　　图3-31 PTC电阻器阻值-温度特性曲线

1. 测试参数

(1) 室温电阻值R_{25}，它又称标称阻值，是指电阻器在25℃下通电时的阻值。

(2) 最低电阻值P_{min}，它指曲线中最低电阻。

(3) 最大电阻R_{max}，它是指元件零功率时曲线上的最大电阻。从曲线中可以看出，当温度比最大电阻值温度还要高时，PTE热敏电阻器的阻值回落，成为负温度特性。由于电阻减小，功率增大，温度进一步升高，电阻再减小，这一循环将导致电阻器的损坏。

(4) 温度T_p，它是指元件承受最大电压时元件所允许达到的温度。

2. 检测质量 在常温下用R×1kΩ挡测量其电阻值应该很小，然后将加热的电烙铁靠近PTC热敏电阻器，给它加温后再测量阻值，应该增大许多，如若阻值没有增大，则说明热敏电阻器已经损坏。把实验数据填入表3-12：

表3-12 热敏电阻器测试表

型号 \ 方式	室温阻值	灯照阻值	电烙铁烤阻值

3. 检测PTC的过渡过程

(1) 准备两块万用表和直流稳压电源，将稳压源E调到10V，将万用表I拨至500 mA挡与PTC串接后接通电源，万用表Ⅱ拨至50V挡监测电源电压。在接通电源开关的瞬间，表I的指针冲过500mA，然后迅速降低，经过30s降成80mA。不难算出，电阻值从13.5Ω增至125Ω。等PTC恢复冷态之后，把E调至30V，表I拨于5A挡，在通电的瞬间电流接近2A，经过8s时间降成30mA，对应电阻值约为3kΩ。测试方法如图3-32所示。

(2) 将PTC接在220 V电源两端，用钳流表测量电流变化情况。经过30s后，钳流表摆动幅度接近于零，说明残余电流很小。亦可用脉冲示波器观察电流衰减过程。

图3-32 测试PTC的电路

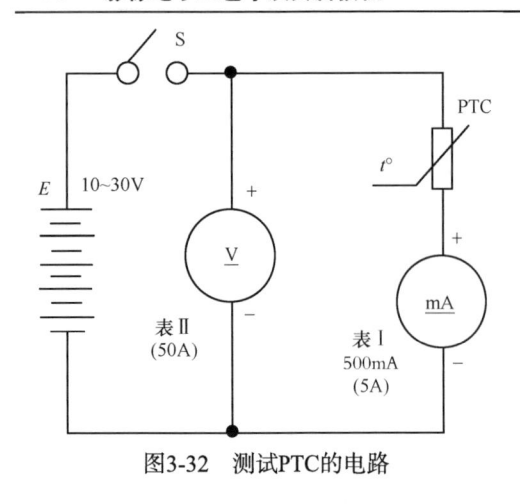

三、湿敏电阻器的检测

湿敏电阻器种类较多，按阻值随温度变化特性划分有正系数和负系数两种，录像机中采用正温度系数的湿敏电阻器。这种湿敏电阻器的阻值随湿度升高而增大。

湿敏电阻器的结构可用如图3-33所示的示意图来说明。从图中可以看出，它由基片(绝缘片)、感湿材料和电极构成。当感湿材料接收到水分后，电极之间的阻值发生变化，完成从湿度到阻值的转换。所以湿敏电阻器是一种将湿度转换成电信号的换能器件。

关于湿敏电阻器的主要特性说明如下：

(1) 录像机中的湿敏电阻器阻值随湿度增大是以指数特性增大。

(2) 录像机中的湿敏电阻器使用温度为5~40℃。

(3) 湿敏电阻器还有一个响应时间参数，又称为时间常数，它是指相对湿度发生阶跃时湿敏电阻器的阻值从零增加到稳定值的63%所需要的时间，它表征了湿敏电阻器对湿度的响应特性。

湿敏电阻器还有湿度范围，电阻相对湿度变化的稳定性等。

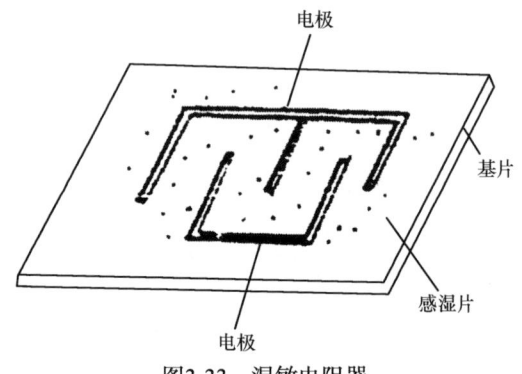

图3-33 湿敏电阻器

湿敏电阻器在不受外力碰撞的情况下一般不会损坏。检测湿敏电阻器的方法：用万用表的R×1kΩ挡，在一般湿度下其阻值约为1kΩ，有的为600Ω，当测得阻值远大于上述阻值时，说明湿敏电阻器已损坏(表3-13)。

表3-13 湿敏电阻器测试表

方法 型号	水汽下电阻值	滴水后电阻值	响应时间

四、压敏电阻器的检测

压敏电阻器(VSR)是一种半导体陶瓷元件，它主要是以氧化锌为材料，加有少量的氧化铋、氧化锑、氧化锰、氧化钴等材料烧结而成，具有与半导体同样的非线性特性。

压敏电阻器主要具有下列一些特性：

(1) 压敏电阻器导通后不能持续很长的时间。

(2) 压敏电阻器的平均持续功率小，在彩色电视机中所用的压敏电阻器其平均持续功率为1W。但它的瞬时功率可达到数千瓦，在8~20μs的冲击电流作用下可通过50~2500A的电流。

(3) 压敏电阻器具有残压低、响应时间快、体积小等优点。

从伏安特性曲线上可以看出，当加到压敏电阻器两端的电压小于一定值时，流过压敏电阻器的电流很小，这说明此时压敏电阻器的阻值很大。当两端的电压大到一定程度时，流过压敏电阻器的电流速度增大。加在压敏电阻器两端的正向、反向电压具有相同的特性。

1. 检查绝缘电阻 将万用表拨至R×1kΩ挡测量两脚之间的正、反向绝缘电阻，均应为无穷大，否则说明元件的漏电流大。

2. 测量标称电压 由于工艺的离散性，压敏电阻器上所标的电压会有一定的偏差，应以实测值为准。测试电路如图3-34所示。利用兆欧表提供测试电压，利用电压表和电流表分别测出U_{1mA}、I_{1mA}。然后倒换元件引线位置测出U'_{1mA}、I'_{1mA}，应满足$|U'_{1mA}|=U_{1mA}$，否则对称不好。

观察兆欧表电压不断升高时，电流表的变化，当电流表的指示突然增大时，即使导通时刻，记下两表的读数。

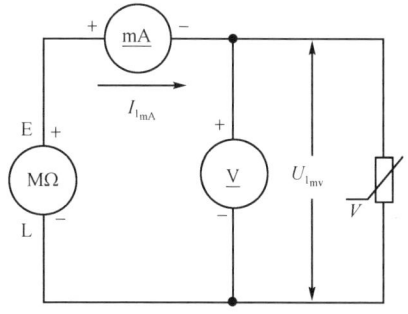

图3-34 压敏电阻器测试电路

五、检测光敏二极管

将万用表置于R×1kΩ挡，红、黑表笔随意接光敏二极管的两个脚。这时万用表表头指针偏转，如读数为几千欧左右，则黑表笔所接的是光敏二极管的正极，红表笔所接的是光敏二极管的负极。这是正向电阻，是不随光照而变化的阻值。

然后将万用表两根表笔调换一下再接光敏二极管的管脚，此时是测反向电阻，万用表表头指针偏转应小，一般读数应在200kΩ以上(注意测量时遮住器件，不让光射入窗口)。

接着让光照射光敏二极管顶端的窗口，这时光敏二极管反向电阻减少，表头指针偏转应加大，光线越强，光敏二极管的反向电阻应越小，甚至仅几百欧。再遮住窗口，指针所指读数应立即恢复到原来阻值200kΩ以上。这样，被测光敏二极管是良好的。

六、陶瓷滤波器的检测

陶瓷滤波器主要用来作为滤波器，彩色电视机中的6.5MHz的带通滤波器、6.5MHz的陷波器和4.43MHz的陷波器就是这种滤波器。

图3-35(a)所示是LT6.5型陶瓷滤波器外形示意图，如图3-35(b)所示是幅频特性曲线。

这种滤波器有三根引脚，一根为信号输入引脚，一根为信号输出引脚，还有一根为接地引脚。

(a)外形　　(b)幅频特性曲线

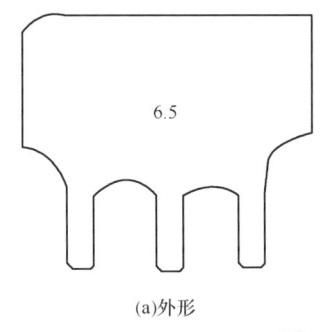

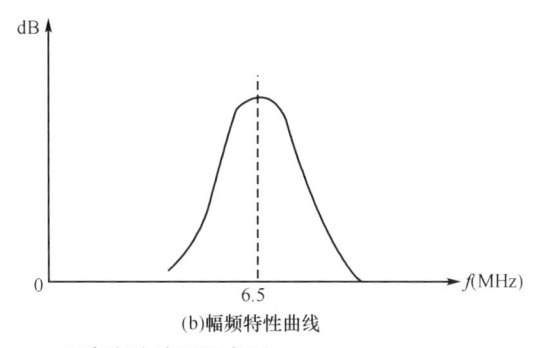

图3-35 LT6.5型陶瓷滤波器示意图

陶瓷滤波器的三根引脚之间均为开路特征，所以用万用表检测任意两根引脚之间的阻值均为无穷大，若出现有阻值现象，则说明已损坏。对于陶瓷滤波器的开路故障，用万用表无法检测，只能进行代换检查。

可以用信号发生器发出的各种频率通过陶瓷滤波器来画出幅频特性曲线证明好坏。

七、石英晶体(晶振)的测量

利用石英单晶材料的"压电效应"而制成的一种频率控制元件。广泛应用于遥控器、彩电、电脑系统、手表、电话机和录像机等，尽管多种形式和外形应用时主要是工作频率及体积大小符合要求就可以用。

在常规条件下，石英晶体的两引脚之间应呈开路状态。若有阻值，则说明已损坏。对石英晶体的准确检测可用代替法(图3-36)。

图3-36　石英晶体外形　　　　　图3-37　声表面波滤波器外形

八、声表面波滤波器的检测

声表面滤波器的外形示意图如图3-37所示。声表面滤波器一般共有五根引脚，其中输入引脚两根，输出引脚两根，另一根是外壳的接地引脚。

声表面滤波器出现故障时将同时影响图像和伴音。当它开路时将出现无图像、无声故障。确定声表面滤波器是否有故障可采用这样的方法：设机器出现无图像、无声故障(光栅正常)，先干扰声表面滤波器的输出端，此时光栅上有较大杂波(扬声器中也有较大噪声)，这说明声表面滤波器之后的电路工作正常。然后，干扰前置中频放大管(声表面滤波器前一级放大器)的基极，若此时没有杂波和噪声，说明声表面滤波器损坏的可能性很大。再用一只0.01μF电容跨接在声表面滤波器的输入端和输出端之间，在调台时会出现图像和伴音，这样就更能说明是声表面滤波器损坏造成了无图像、无声故障。

进行上述干扰检查中要注意一点，当直接干扰声表面滤波器的输入引脚时，就是声表面滤波器工作正常也不会出现杂波和噪声，因为声表面滤波器对信号的损耗很大，而检查中所加入的干扰信号很小，不了解这一点会造成误判。

当声表面波滤波器已经拆下后，可用R×10kΩ挡进行简单的检测，具体方法是测量各引脚之间的阻值均应该为开路特征，如若测得有电阻，说明声表面波滤波器已损坏。另外，接地引脚与金属外壳呈通路。对于声表面波滤波器的开路故障这一检测方法不能发现。

在更换声表面波滤波器时，由于它的引脚较多，要用吸锡烙铁等专用工具。

九、LC组合件检测及选配方法

电子电路中的吸收电路、滤波器用电感L或电容C构成,在采用了LC组合件之后,可大大缩小体积,简化电路结构。所谓LC组合件就是由L、C元件按一定的电路结构组成一体、封装起来的组合元件。LC组合元件有陷波器、带通滤波器、高通滤波器和低通滤波器。

图3-38所示是HP型高通滤波器外形示意图,它有三根引脚,由多个电感和电容构成。图中电路结构示意图中可以看出,各引脚之间均有电容相串联,所以在采用万用表R×10kΩ挡检测各引脚之间电阻时,只能检测出电容是否击穿或漏电,若阻值小说明击穿,若有阻值(很大)说明电容漏电。由于电容的容量较小,无法测出引脚之间是否开路。不过若有带电容测量功能的万用表,可通过测引脚间的电容来判别是否存在开路(将电感L_1看成通路)。

由于高通滤波器LC组合件只引出三个脚,对内电路各元件无法详细检测,但从图内电路中可以看出,每两个引脚之间都有两个线圈串联起来,此时可用万用表的R×1kΩ挡测两个引脚之间的电阻,均很小而不应出现开路的现象。万用表无法测出内部电容是否开路、击穿、漏电故障。

(a) 外形　　　　　　　　(b)电路结构示意图

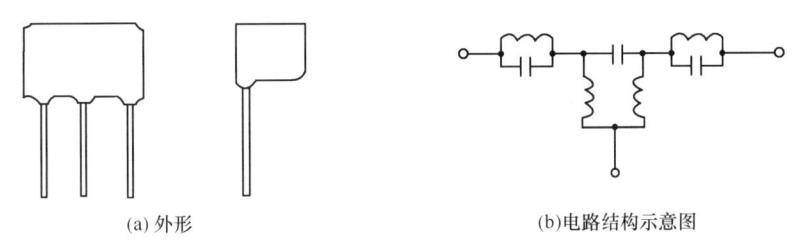

图3-38　HP型高通滤波器示意图

十、光电耦合器的检测

光电耦合器是一种电→光→电转换器件,它由发光源和受光器两部分组成。把发光源和受光器组装在同一密闭的壳体内,发光源的引脚为输入端,受光器的引脚为输出端。在输入端加上电信号,发光源发光,受光器在光照后产生光电流。这样就实现了以光为介质的电信号传输,在器件的输入端和输出端之间有耐压高达1kV的隔离带。光电耦合器的封装如图3-39所示,其中(a)为金属圆壳封装的GO系列,(b)为塑料封装双列直插的PC(4N)系列,(c)为硅脂包封的微型GH系列。

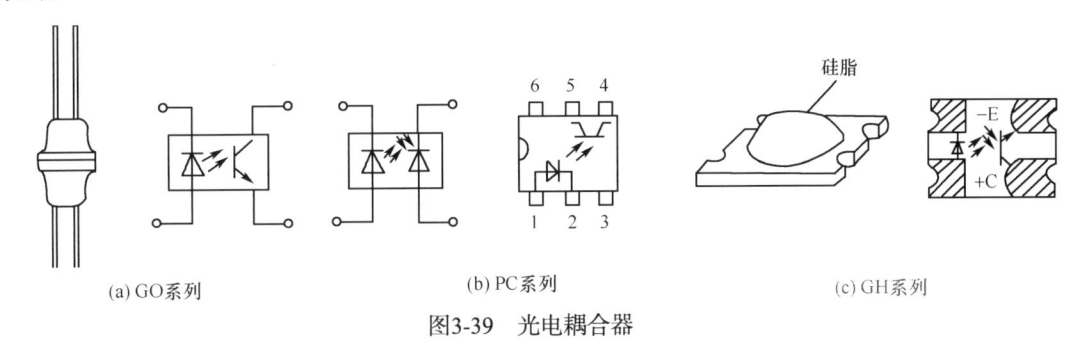

(a) GO系列　　　　(b) PC系列　　　　(c) GH系列

图3-39　光电耦合器

当前以塑料封装的PC(4N)系列的品种最多,使用最普遍。常用的PC(4N)系列光电耦合器的型号、内部结构及引线排列如图3-40所示。

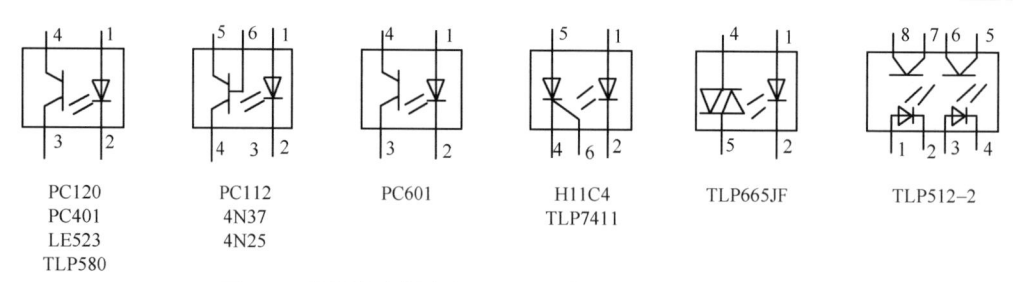

PC120　　PC112　　PC601　　H11C4　　TLP665JF　　TLP512-2
PC401　　4N37　　　　　　　TLP7411
LE523　　4N25
TLP580

图3-40　常用光电耦合器的型号、内部结构及引线排列图

测量光电耦合器，方法如图3-41所示。

(1) 万用表置于R×1kΩ挡，测量输入端发光二极管的正反向电阻值，正向电阻值约为几千欧，反向电阻为无穷大。

(2) 测量输出端光敏三极管的正向电阻时，黑表笔接C端，红表笔接E端，表针会微动(或不动)，交换表笔，表针应不动。

(3) 用两只万用表测量动态特性，二只万用表均置于R×1kΩ挡，一只表测输入端正向电阻，同时，另一只表测输出端正向电阻R_{CE}，其阻值为十几欧姆。

(4) 如测量的阻值符合上述数值，表明光电耦合器是好的；如阻值偏差太大，说明该器件已损坏或性能欠佳，不能使用了。

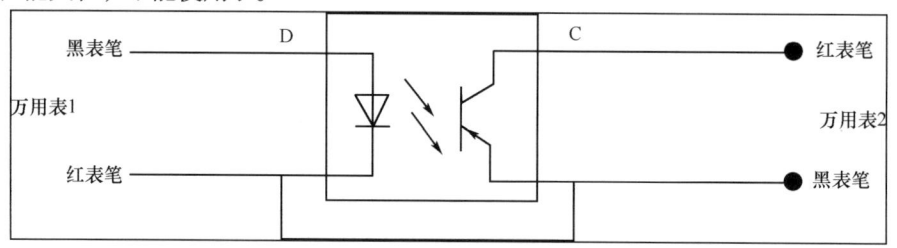

图3-41　两只万用表测光电耦合器

十一、电声器件的检测

电声器件的种类很多，这里介绍三种器件，既扬声器、耳机、话筒的检测。目前扬声器有动圈式、舌簧式、晶体式等几种，符号如图3-42所示。

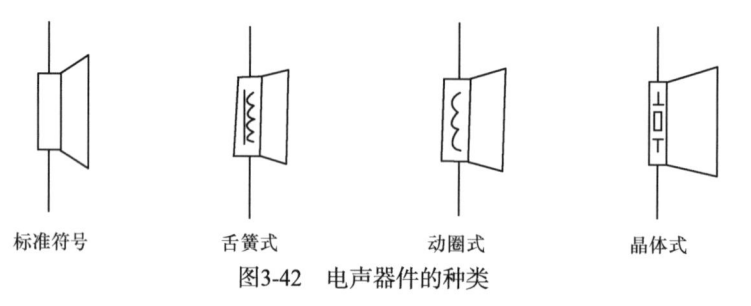

标准符号　　舌簧式　　动圈式　　晶体式

图3-42　电声器件的种类

1. 扬声器的检测　扬声器的检测分引脚极性的识别和质量检测。

(1) 引脚极性的识别：扬声器有两根引脚，它们分别是音圈的头和尾引出线，当两只以上扬声器同时运用时，要注意扬声器两根引脚的极性，当电路中只用一只扬声器时，它的两根引脚没有极性之分。在多于一只扬声器时，扬声器引脚极性的原因：当两只扬声器不是同极性串联或并联时；流过这两只扬声器音圈的电流方向不同，一个是由音圈的头流入，另一个是从音圈的尾流入，这样当一只扬声器的纸盆向前振动时，另一只扬声器的纸盆向后振动，两只扬声器纸盆振动的相位相反，使一部分空气振动的能量被抵消。所以要求多于一只扬声器在同一设备中运用时，要同极性串联或并联，使各扬声器纸盆振动的方向一致。

1) 识别扬声器引脚极性的方法有以下四种：

A. 直接识别方法：正规的扬声器背面的接线架上已经标出了两根引线的正、负极，此时可以直接识别出来。

B. 试听判别方法：扬声器的引脚极性，可以采用试听判别方法，此时的接线如图3-43所示，将两只扬声器按图示方式接线，即将两只扬声器两根引脚任意并联起来，再接在功率变压器或信号源的输出端，给两只扬声器馈入电信号，此时两只扬声器同时发声，然后，将两只扬声器口对口地接近，此时若声音愈来愈小，说明两只扬声器是反极性并联，即一只扬声器的正极与另一只扬声器的负极相并联。

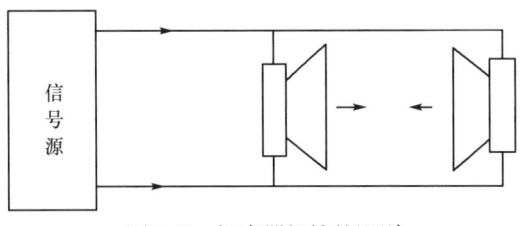

图3-43 扬声器极性的识别

上述识别方法原理是当两只扬声器反极性并联时，一只扬声器的纸盆向里运动，另一扬声器的纸盆向外运动，这时两只扬声器口与口之间的声压减小，所以声音低了，当两只扬声器相互接近之后，两只扬声器口与口之间的声压更小，所以声音更小。

C. 万用表识别方法：利用万用表的直流电流挡也可以方便地识别出扬声器的引脚极性。具体方法是取一只扬声器，万用表置于最小的直流电流挡(μA挡)，两支表棒任意接扬声器的两端，再用手轻轻而快速将纸盆向里推进，此时表针会产生向左或向右偏转。可以规定表针向右摆动时红表棒接的是正极，则黑表棒所接的引脚为负极。用同样的方法和极性规定，去检测其他扬声器，这样各扬声器的极性就一致了。

这一方法能够识别扬声器引脚极性的原理是在按下纸盆时，由于音圈有了移动，音圈切割永久磁铁产生的磁场在音圈两端就会产生感生电动势，这一电动势虽然很小，但万用表处于电流挡，电动势产生的电流流过万用表，表针就会偏转。由于表针偏转方向与红、黑表棒接音圈的头还是接尾有关，这样便能确定扬声器引脚的极性。

D. 直流电压识别法：用1.5V干电池给扬声器瞬时直流电压，能引起纸盆向扬声器前方运动时，与电池正极相连的输入端为扬声器正极。

2) 识别扬声器的引脚极性过程中要注意以下几点：

A. 直接观察扬声器背面引线架，对于同一个厂家生产的扬声器，它的正负引脚极性规定是一致的，对于不同厂家生产的扬声器，则不能保证是一致的，此时最好用上面讲的方法加以识别。

B. 在采用万用表识别高音扬声器的引脚极性过程中，由于高音扬声器的音圈匝数较少，表针偏转角度比较小，不容易看出。此时，按下纸盆的速度可以快些，使表针偏转角度大些，有利于观察表针的偏转。

C. 在识别扬声器极性过程中，按下纸盆时要小心，切不可损坏纸盆。

(2) 质量检测：在业余条件下，对扬声器的检测主要是直观检查、试听检测和万用表检测。

1) 直观检查方法：直观检查主要是看扬声器纸盆有无破损、发霉，磁钢有无破裂等。再用起子接触磁钢、磁性强的好。对于内磁式扬声器，由于磁钢在内部，这一检查无法进行。

2) 试听检测方法：扬声器是发声的器件。所以采用试听检查法最科学、最放心。试听检测的具体方法是将扬声器接在功率放大器的输出端，通过听音来判断它的质量好坏。要注意扬声器阻抗与功率变压器的匹配。

试听检测主要通过听音来判断扬声器的质量，要声音响、音质好，不过这与功率变压器的性能有关，所以试听时要用高质量的功率放大器。

3) 万用表检测方法：采用万用表检测扬声器也只是粗略的，主要是用R×1Ω挡测量扬声器两引脚之间的直流电阻大小，正常时应比铭牌上扬声器的阻抗略小一些。如一只8Ω的扬声器，测得的直流电阻约为7Ω左右是正常的。若测得阻值的无穷大，或远大于它的标称阻值，都说明该扬声器已经损坏。

在测量直流电阻时将一根表棒断续接触引脚，此时应该能听到扬声器发出"喀啦、喀啦"的响声，此响声愈大愈好。若无此响声，说明该扬声器的音圈被卡住了。

2. 耳机的检测 耳机同扬声器一样，也是一种将电信号转换成声音的换能器件。使用耳机听音具有下列明显的特点：

(1) 立体声效果达到了较理想的境界，因为使用耳机听音后最大限度地减小了左、右声道之间的相互窜扰。

(2) 耳机的电声能性指标明显优于扬声器，这是耳机的最大优势。

(3) 耳机的瞬态响应特性明显优于扬声器，耳机对脉冲信号的响应快，跟随能力好，这样耳机重放时的声音十分自然、细腻和清晰。

(4) 耳机所需要的电信号激励很小，这样可以大大降低放大器的失真和对功率放大器的功率输出要求。

耳机的种类较多，按照其结构划分有开放式、半开放式和封闭式三种。按照其换能原理划分有电动式、电磁式、静电式，前者以动圈式为主，是目前常见的耳机，它的特点是灵敏度较高，可承受较大的功率，擅长重放低音。电磁式耳机、频带较狭、灵敏度高，多用于语音重放中。静电式耳机中以驻极耳机居多，这种耳机的特点是失真小、频带宽、高音也比较出色。现在，出现了一种将上述电动式、静电式两种耳机结合起来的耳机，它集上述两种耳机的长处，构成一种二分频式耳机。

耳机的检测同扬声器一样，用万用表R×1Ω挡位，分别测量耳机的左右声道的耳机，应该阻值接近10Ω以内，但也有一种高阻值耳机，阻值在300Ω左右，但无论哪种耳机，在测试时都应听到"喀啦、喀啦"响声，此声愈大愈好。

耳机的故障一般是断线，断线点往往发生在耳机插头根部，因此处扭动最多，最易断线。

3. 传声器检测 传声器又称话筒，它也是一种电声换能器件，是将声音转换成电信号的器件，这一功能与扬声器、耳机相同。

传声器的种类很多，按换能原理分主要有两大类：一是动圈式传声器；二是电容式传声器(以驻极体电容式传声器最为常见)。按声学工作原理分有压强式、压差式和复合式等。动圈式或电容式传声器均可设计成压强式、压差式或复合式。

(1) 电容式传声器：驻极体电容式传声器由于输入和输出阻抗很高，所以要在这种传声器外壳内设置一个场效应管，作为阻抗转换器，为此驻极体电容式传声器在工作时需要供电电源。

关于这种传声器的主要特点说明如下：

1) 频率特性好，在音频范围内幅频特性曲线平坦，这一点性能优于动圈式传声器。

2) 灵敏度高，音色柔和。

3) 输出信号电平比较大，体积尺寸小，瞬态响应性能好，这是动圈式传声器所做不到的。

4) 这种传声器的缺点是工作性能不够稳定，灵敏度随着使用时间的增长而下降。另外，寿命比较短，需要直流电源，使用不够方便。但现代高质量背极式驻极体传声器，已克服了性能不稳定寿命短的缺点。

引脚识别方法

如图3-44所示是驻极体电容式传声器示意图。图3-44(a)所示是两根引脚的驻极体电容式传声器结构示意图；图3-44(b)所示是三根引脚的示意图。

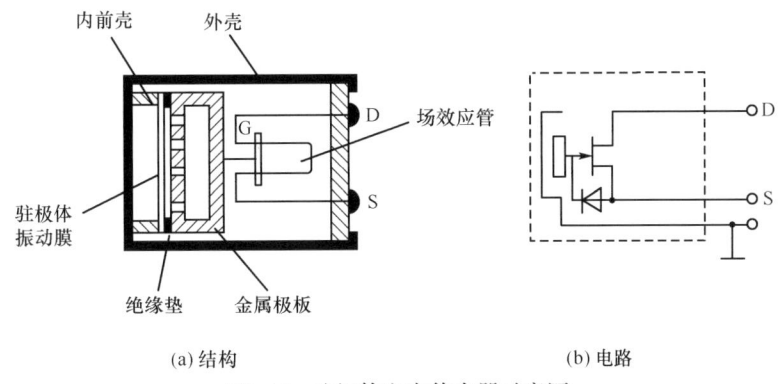

图3-44 驻极体电容传声器示意图

根据上图可以识别这种传声器的种类(两根引脚还是三根引脚)和各引脚。在使用中这种传声器的各引脚不能接错。

在两根引脚的驻极体电容式传声器中，1脚是电源引脚和输出引脚，2脚是接地引脚。三根引脚的驻极体电容式传声器中，1脚是电源引脚，2脚是输出引脚，3脚是接地引脚。

首先检查引脚有无断线情况，然后检测驻极体电容式传声器。检测两根引脚的传声器时，万用表的R×1kΩ挡，红黑表棒连接如图3-45所示，然后对传声器正面轻轻吹气，此时表针向左偏转，其偏转的角度愈大，说明传声器的灵敏度愈大。若测阻值为开路或表针不偏转，说明传声器已有故障。

对于三根引脚驻极体电容式传声器检测方法同上，只是黑表棒接输出引脚，红表棒接地线引脚。

(2) 动圈式传声器：动圈式传声器有一个音圈，音圈固定在振膜上，在音圈的附近设有一个磁性很强的永久性磁铁，这一结构相当于扬声器的结构，振膜相当于纸盆。传声器在工作时，声波作用于振膜，使振膜产生机械振动，这一振动带动音圈在磁场中振动，切割磁力线，音圈感应产生输出音频电信号，将声音转换成电信号。

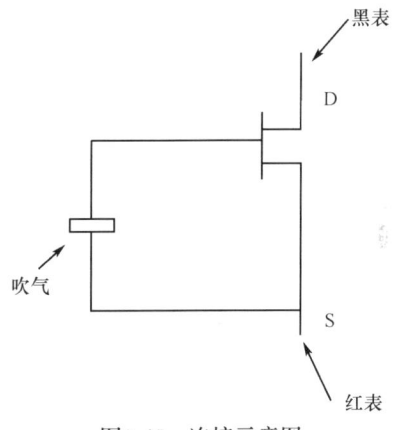

图3-45 连接示意图

检测方法

判断好坏，也可以用万用表R×1Ω挡直接测量其电阻，并伴有"喀啦、喀啦"声为正常，否则有断线故障。

动圈式传声器主要故障是断线，一是传声器的插头处断线，二是传声器引线本身断线，三是在音圈处断线。通过万用表的欧姆挡可以找到断线处。处理方法是重焊断线，当断线出在音圈连接处时，焊接比较困难，有时就无法修复。

第四章　常用集成电路

第一节　集成电路的分类及命名

一、集成电路基础知识

电子电路可分为两大类：其一是分立电子元器件电路，这是初学者非常熟悉和常见的电子电路，且对这种电子电路往往有一种偏爱，认为电路具体、直观，易于分析；其二是集成电路，初学者觉得集成电路很神秘，因为只见到集成电路的一个个方框(集成电路的图形符号)，不见其内部的具体电路，于是认为分析集成电路相当困难。其实，这是认识上的误区。不论是电子电路系统的分析，还是电路故障的分析与检修，在同等功能的情况下，集成电路构成的电子电路要比分立电子元器件电路简单得多。

在信息化时代的今天，各种电子电器无不大量地使用集成电路构成形形色色的电路系统，且新的、功能更强大的集成电路层出不穷，学习电子电路就必须掌握关于集成电路的一些基本知识。

1. 外形特征　集成电路的外形识别比较简单，其外形比其他电子元器件更有特点，图4-1所示是几种常用集成电路的外形示意图。

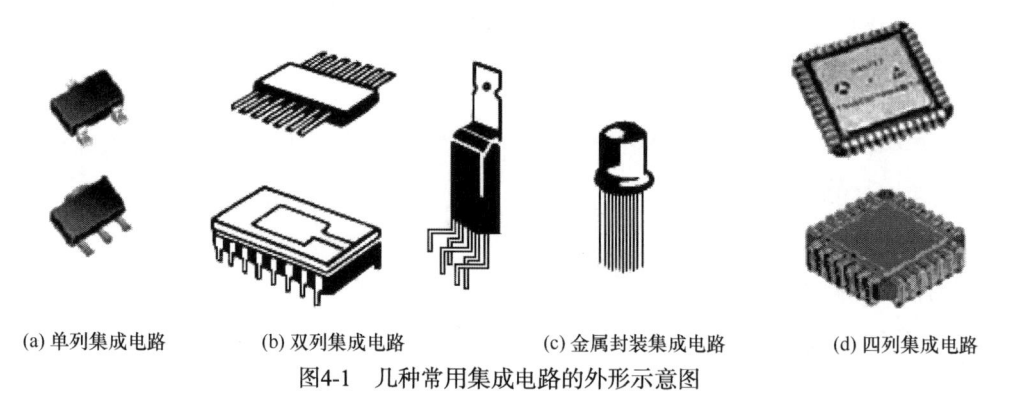

(a) 单列集成电路　　(b) 双列集成电路　　(c) 金属封装集成电路　　(d) 四列集成电路

图4-1　几种常用集成电路的外形示意图

(1) 单列的集成电路，所谓单列是指集成电路的引脚只有一列(单列集成电路是外形还有许多种)。

(2) 双列直插的集成电路，其引脚分成两列，双列集成电路产品最为常见。

(3) 金属封装集成电路，其引脚分布呈圆形，现在这种集成电路已较少见到。

(4) 四列封装的集成电路，贴片引脚分成四列对称排列，每列的引脚数目相等，集成度高的集成电路和数字集成电路常采用这种引脚排列方式。

在设备中，根据集成电路的上述外形示意图和特征，很容易在电路板中识别出集成电路。图4-2所示是18种常见集成电路的外形示意图，供识别时参考。

2. 图形符号　集成电路的图形符号比较复杂，变化也比较多。图4-3所示是集成电路常见的几种图形符号。集成电路的图形符号所表达的具体含义很少(这一点不同于其他电子元器件的图形符号)，通常只能表达这种集成电路有几根引脚，至于各个引脚的作用、集成电路的功能是什么等，图形符号中均不能表示出来。

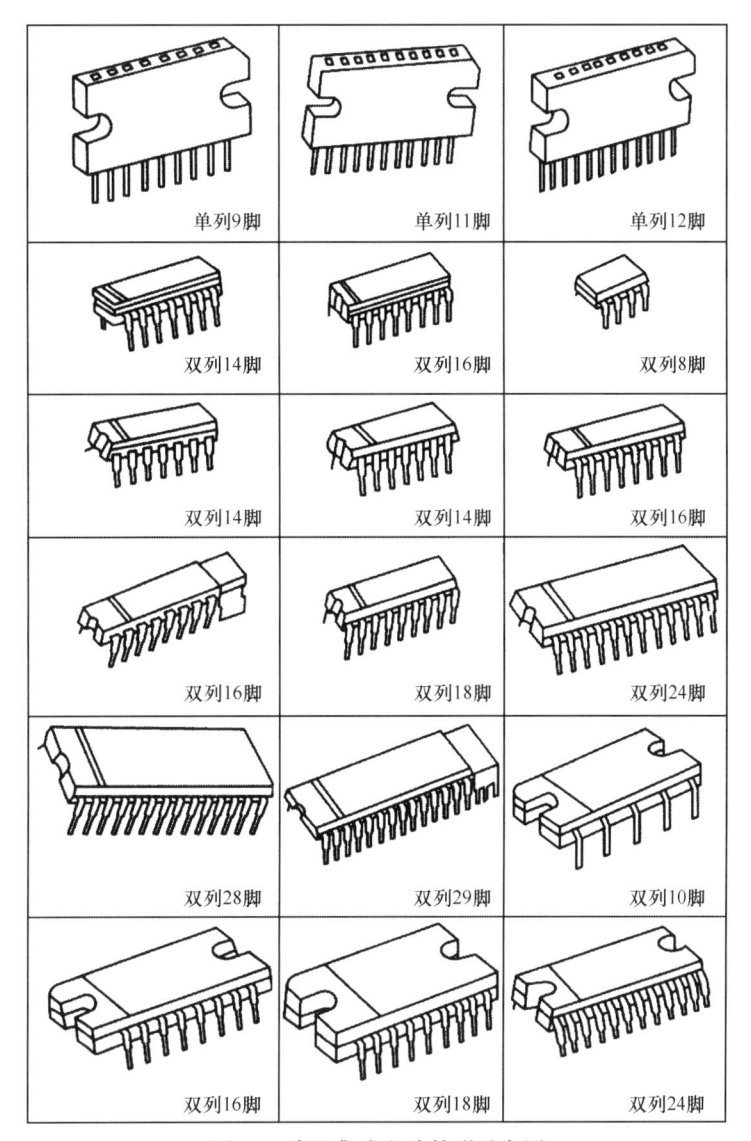

图4-2 常见集成电路外形示意图

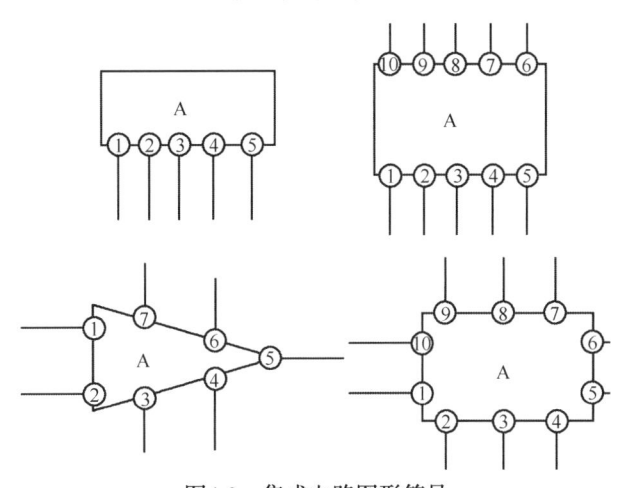

图4-3 集成电路图形符号

3. 图形符号的主要作用　集成电路的图形符号作用主要表现在以下几方面。

(1) 读图方面：在图形符号中往往用外文字母或汉语拼音字母来表示电子元器件，集成电路过去通常用IC表示，IC是英文Integrated Circuit的缩写。在国产电路图中，还有用JC表示的。最新的规定分为几种：用A表示模拟集成电路放大器，用D表示集成数字电路。但在许多电路图中并没有这样具体地区分。大都用A表示集成电路。

(2) 原理分析方面：在进行电路工作原理分析时，从集成电路的图形符号上至少可以看出该集成电路几根引脚，且与这些引脚相连的电子元件与该集成电路一起构成了一个完整单电路。一般情况下，引脚愈多的集成电路，其功能愈复杂，相应的外电路也复杂。

(3) 故障检修方面：进行电路故障的检修时，有不少的集成电路在图形符号上都标出了各引脚的直流工作电压，如图4-4所示。这是一个十分重要的检测数据，有了它可以大大方便故障的检查。例如，图4-4中①脚和②脚上标有1.1V。表示在正常工作时，集成电路的这两根引脚的直流工作电压为1.1V；④脚上标注有两种电压，这是指该引脚在不同工作状态下的两个直流电压值，通常主要工作状态用上面的电压值(3V)。在非主要工作状态用下面的电压值(0V)。所谓主要工作状态是指电路大部分时间所处的工作状态。例如，在录音和放音电路中，放音是主要工作状态，录音则是非主要工作状态。

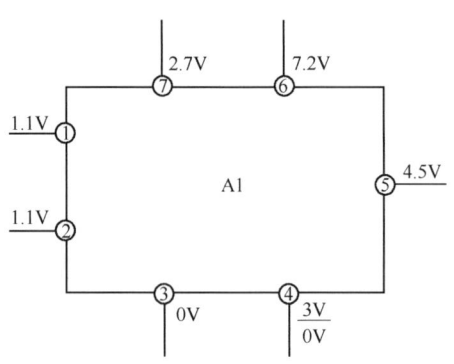

图4-4　集成电路直流工作电压标注示意图

二、集成电路的分类

集成电路的种类很多，按照不同的分类方法有不同类型的集成电路。

1. 按照使用功能划分　根据使用功能划分集成电路可以分成四大类近20种。

(1) 模拟集成电路：模拟集成电路就是用于处理模拟信号的集成电路，模拟信号是一种连续变化的信号。模拟集成电路按照电路功能划分可以分成下列多种。

1) 运算放大器集成电路：这是应用数量最多的一种模拟集成电路，简称集成运放。是一种高增益、低漂移的直流放大电路。

2) 音响集成电路：这是用于各类音响设备中的集成电路，例如，用于录音机、收音机、组合音响和音响组合等设备中的集成电路，还有视频播放设备中的音频处理电路等。

3) 视频集成电路：这是用于各类视频设备中的集成电路，例如，用于电视机、影碟机、录像机等设备中的集成电路。

4) 稳压集成电路：这是用于稳压电路中的集成电路。有各种电压等级的稳压集成电路。

5) 非线性集成电路：这是运算集成电路的一种非线性运用方式。此时，集成运放处于无反馈或者带正反馈状态。其输出量与输入量之间不成线性关系，输出量不是处于正饱和状态就是处于负饱和状态。

(2) 数字集成电路：数字集成电路是用于数字电路中的集成电路，它所处理的都是数字信号(例如影碟机中的解码器集成电路等)，数字集成电路的应用十分广泛。

所谓数字信号是一个离散量，具体地说数字信号的电压或电流在时间和数值上都是离散的、不连续的。例如，普通指针式万用表在测量电阻时，是通过表针的摆动和表面的刻度来指示电阻值的，而数字式万用表则通过数字来指示电阻值。数字集成电路按功能可分成多种，这里举两例说明。

1) 微机集成电路，用于计算机中的集成电路。例如，CPU就是这种数字集成电路。

2) 存储器集成电路，在数字电路系统中，常使用这种具有存储功能的集成电路。它是由门电路和触发器组合起来的集成电路。

(3) 接口集成电路：接口集成电路是一种重要的电路，既可用于各类信号之间的转换，也可用于不同类型电路之间的连接。这类集成电路主要有下列几种。

1) 电压比较器集成电路：这是一种将模拟量按量值的大小转换成逻辑代码的集成电路。

2) 电平转换器集成电路：这是一种可以用来衔接不同类型器件的集成电路，是一种转换电平的专用集成电路。

3) 外围驱动器集成电路：这是一种微机与外围接口电路的驱动电路。集成电路。

(4) 特殊集成电路：特殊集成电路有许多的类型，举例如下。

1) 消费类集成电路：这是为适应消费品而专门设计的各种功能的集成电路，应用面相当广泛。

2) 通信集成电路：这是为通信系统而设计的专用集成电路。

3) 传感器集成电路：这是为了配合各类传感器件而设计的专用集成电路，不同的传感器用不同的集成电路与之配合。

2. 按制作工艺划分　集成电路按照制作工艺可划分为三大类7种，分别介绍如下。

(1) 半导体集成电路：根据晶体管是采用双极型还是单极型的不同，可分为双极型集成电路、MOS型集成电路和兼容型集成电路，具体分为以下4种。

1) 双极型集成电路：这种集成电路是在半导体衬底硅片上制作双极型晶体管、电阻、电容以及连线等。参与导电的是电子和空穴两种载流子。

2) NMOS型集成电路：这种集成电路是在半导体衬底硅片上以N型沟道MOS器件构成的电路。集成电路内电路的放大管参与导电的载流子是电子。

3) PMOS型集成电路：这种集成电路是在半导体衬底硅片上以P型沟道MOS器件构成的电路。集成电路内电路的放大管参与导电的载流子是空穴。

4) CMOS集成电路：这种集成电路中采用P型沟道MOS场效应晶体管和N型沟道MOS场效应晶体管互补运用。

(2) 膜集成电路：这种集成电路可分为下列两种。

1) 厚膜集成电路：这种集成电路用膜工艺制造，其中采用丝网漏印工艺制造厚膜电阻、电容等，焊上晶体管芯，构成集成电路的内电路。

2) 薄膜集成电路：这种集成电路用真空镀膜或镀射工艺制作薄膜电子元件，或由薄膜电子元件器件与平面工艺为基本制作工艺。

(3) 混合集成电路：凡是一个完整的电路不能由膜工艺或半导体集成工艺单独制作，而器件工艺三种中的任何两种或全部工艺制作的集成电路都称为混合集成电路。

3. 按封装形式划分　集成电路按照封装的形式划分主要有以下四种。

(1) 单列直插扁平封装集成电路：这种集成电路的外壳采用陶瓷、低溶玻璃及塑料制成。采用这种封装形式的集成电路外形有多种，可参见图4-1(a)中的单列集成电路，有的像晶体三极管的外形，只有3根引脚(集成电路最少得有3根引脚，如三端稳压集成电路)；有的引脚比较多，且排为一列。

单列直插扁平封装集成电路的引脚数目一般少于12根，小规模、中规模集成电路大多采用这种封装形式。在这种封装的集成电路中还有一种是单列曲插集成电路，即引脚排成单列，但引脚却呈弯曲状。

(2) 双列直插集成电路：这种集成电路的外壳采用陶瓷，低溶玻璃或塑料制成。采用这种封装形式的集成电路外形有多种,可参见图4-1(b)中的单列集成电路,它的引脚呈对称的两列排列,引脚数目一般在12根以上(也有少于12根的引脚) 24根以下,引脚数目必是2的倍数。通常大规模集成电路多采用这种封装形式。

(3) 金属壳封装集成电路:集成电路的外壳是金属的,如同中功率三极管,这种集成电路的引脚数目比较多,最多可达十几根,如图4-1(c)所示,这种封装形式的集成电路现在已经很少见到了。

(4) 贴片式封装集成电路:这种集成电路的外壳采用陶瓷、低溶玻璃或塑料制成。采用这种封装形式的集成电路外形有双列封装和四列封装两种,双列或四列的引脚均对称排列。这种集成电路在安装时与前面介绍的集成电路不同,由于引脚相当短,它可直接贴在电路板铜箔线路面,通常数字集成电路和超大规模集成电路(四列形式)多采用这种封装形式。

4. 按集成度划分 集成电路的集成度是指在一块基片上能制作的最多电子元器件数量,按此可以划分为以下四种集成电路。

(1) 小规模集成电路(SSI):小规模集成电路又称为普通集成电路,用英文缩写字母SSI表示,在小规模集成电路中,模拟电路中的电子元器件数目一般少于30个。

(2) 中规模集成电路(MSI):中规模集成电路用英文缩写字母MSI表示。在中规模集成电路中,模拟电路中的电子元器件数目一般为100~1000个,数字电路中的门路数目为30~100个。

(3) 大规模集成电路(LSI):大规模集成电路用英文缩写字母LSI表示,在大规模集成电路中,模拟电路中的电子元器件数目一般为1000个以上,数字电路中的门电路数目为100个以上。

(4) 超大规模集成电路(ULSI):超大规模集成电路用英文缩写字母ULSL表示。在超大规模集成电路中,模拟电路中的电子元件数目一般为10万个以上,数字电路中的门电路数目为100个以上。

三、集成电路的型号命名方法

1. 国家标准规定的集成电路的型号命名方法 最新的国家标准规定,我国生产的集成电路型号由五部分组成,以前各生产厂家的规格全部作废。国产集成电路的型号具体组成情况如下。

C	B	××××	C	B
第一部分	第二部分	第三部分	第四部分	第五部分
字头符号	电路类型	电路型号数	温度范围	封装形式

(1) 第一部分含义:集成电路型号中的第一部分用字母C表示该集成电路符合国家标准。

(2) 第二部分含义:集成电路型号中的第二部分用字母表示电路的类型,可以是一个大写字母,也可是两个大写字母,具体含义如表4-1所示。

(3) 第三部分含义:集成电路型号中第三部分用数字或字母表示产品的代号,与国外通功能集成电路保持一样的代号,即国产的集成电路与国外的集成电路第三部分代号一样时,为全防制集成电路,其电路结构,引脚分布规律等同国外产品相同,可以直接与国外集成电路带环使用。

(4) 第四部分含义:集成电路型号中的第四部分用一个大写字母表示工作温度,具体含义如表4-2所示。

(5) 第五部分含义:集成电路中的第五本部分用一个大写字母表示封装形式,具体含义如表4-3所示,共有7种。

表4-1 集成电路第二部分字母含义

字母	第二部分表示的含义(电路的类型)
AD	模拟或数字转换器
B	非线性电路（模拟开关，模拟乘除法器，锁相器等）
C	CMOS电路
D	音响类电路，电视机类电路
DA	数字或模拟转换器
E	ECL电路
F	运算放大器，线性放大器
H	HTL电路
J	接口电路(电压仪表电路，电平转换器，线电路，外围驱动电路)
M	存储器
S	特殊电路(机电仪表电路，传感器，通行电路，消费类电路)
T	TTL电路
W	稳压器
μ	微型计算机电路

表4-2 集成电路第四部分字母含义

字母	第四部分表示的含义(工作温度范围，℃)
C	0~70
E	-40~85
R	-55~85
M	-55~125

表4-3 集成电路第五部分字母含义

字母	第五部分表示的含义(封装形式)
D	多层陶瓷，双列直插
F	多层陶瓷，扁平
H	黑刺低溶玻璃，扁平
J	黑刺低溶玻璃，双列直插
K	金属，菱形
P	塑料，双列直插
T	金属，圆形

国家标准还规定，凡是家用电器专用集成电路(音响，电视类)的型号，一律采用四部分组成，即将第一部分的字母省去。

2. 国外集成电路生产厂家字头符号的含义 表4-4所示是国外集成电路生产厂家的字头符号含义。

表4-4 国外集成电路生产厂家的字头符号含义

字头符号	生产厂家	字头符号	生产厂家
AD	美国模拟器件公司	CX、CXA	日本索尼公司
AN、DN	日本松下电器公司	CS	美国奇瑞半导体公司
CA、CD、CDP	美国无线电公司	HA	日本日立公司

续表

字头符号	生产厂家	字头符号	生产厂家
ICL、D、DG	美国英特锡尔公司	NJM、NLM	日本新日元公司
LA、LB、STK、LC	日本三洋电机公司	RC、RM	美国RTN公司
LC、LG	美国通用仪器公司	SAT、SAJ	美国ITT公司
LM、TBA、TCA	美国国家半导体公司	SAB、SAS	德国SIEG公司
M	日本三菱电机公司	TA、TD、TC	日本东芝公司
MB	日本富士通有限公司	TAA、TBA、TCA、TDA	欧洲电子联盟
MC	美国摩托罗拉公司	TL	美国德克萨斯仪器公司
MK	美国英特锡尔公司 美国微功耗系统公司	U	德国德律风根公司
MP	美国微功耗系统公司	ULN、ULS、ULX	美国史拉格公司
ML、MH	加拿大米特尔半导体公司	UA、F、SH	美国仙童公司、FSC公司
N、NE、SA、SU、CA	美国西格蒂地公司	UPC、UPB	日本电气公司、美国电子公司

3. 日本三洋公司(Sanyo)集成电路型号命名方法 日本三洋公司集成电路型号由两部分组成，如下所示。

```
    LA          XXXX
    │            │
  第一部分      第二部分
  字头符号     电路型号数
```

在该公司集成电路型号中，第一部分的字头采用两个或三个大写字母的类型；第二部分是产品的序号。表4-5给出公司集成电路型号中第一、第二部分字符的具体含义。

表4-5 日本三洋公司集成电路型号中的具体含义

第一部分		第二部分
LA	单块双极数字	
LB	双极数字	
LC	CMOS	用数字表示
LE	MNMOS	电路型号数
LM	PMOS、NMOS	
STK	厚膜	

4. 日本日立公司(Hitachi)集成电路的型号命名方法 日本日立公司生产的集成电路型号由以下五个部分组成。

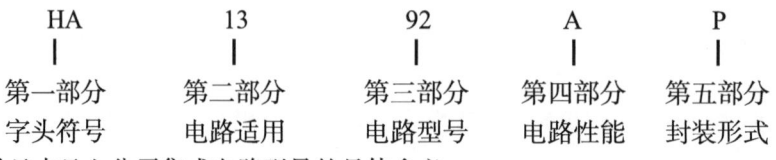

```
   HA      13      92      A       P
   │        │       │       │       │
 第一部分  第二部分 第三部分 第四部分 第五部分
 字头符号  电路适用 电路型号 电路性能 封装形式
```

表4-6所示是日本日立公司集成电路型号的具体含义。

表4-6 所示是日本日立公司集成电路型号的具体含义

第一部分		第二部分		第三部分	第四部分	
字头	含义	数字	含义		字母	含义
HA	模拟电路	11	高频	用数字表示电路型号	A P	改进型 塑料

续表

第一部分		第二部分		第三部分	第四部分	
字头	含义	数字	含义		字母	含义
HD	数字电路	12	高频	用数字表示电路型号	A	改进型
HM	存储器(RAM)	13	音频		P	塑料
HN	存储器(ROM)	14	音频			

5. 日本东芝公司(Toshiba)集成电路的型号命名方法 日本东芝公司集成电路型号由以下三个部分组成。

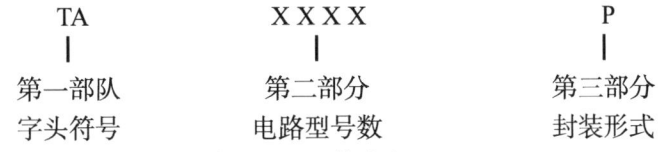

```
    TA        XXXX         P
    |          |           |
  第一部队    第二部分     第三部分
  字头符号    电路型号数   封装形式
```

表4-7所示是日本东芝公司集成电路型号的具体含义。

表4-7 日本东芝公司集成电路型号的具体含义

第一部分		第二部分	第三部分	
字母	含义		字母	含义
TA	双极线性	用数字表示电路型号数	A	改进型
TC	CMOS		C	陶瓷封装
TD	双极数字		M	金属封装
TM	MOS		P	塑料封装

6. 日本松下电器公司(Panasonic)集成电路的型号命名方法 日本松下电器公司集成电路型号由以下两部分组成。

```
    AN           XXXX
    |             |
  第一部分      第二部分
  字头符号      电路型号数
```

表4-8日本松下电器公司集成电路型号的具体含义。

表4-8 日本松下电器公司集成电路型号的具体含义

第一部分		第二部分
字母	含义	
AN	模拟电路	用数字表示电路型号数
DN	双极性数字电路	

7. 日本三菱电机公司(Mitsubish)集成电路的型号命名方法 日本三菱电机公司集成电路型号由以下五部分组成。

```
   M      5        1       95       P
   |      |        |        |       |
 第一部分 第二部分 第三部分 第四部分 第五部分
 字头符号 温度范围 电路类型 电路型号数 封装形式
```

表4-9所示是日本三菱电机公司集成电路型号的具体含义。

表4-9　所示是日本三菱电机公司集成电路型号的具体含义

第一部分		第二部分		第三部分		第四部分	第五部分	
字母	含义	数字	含义	数字	含义		字母	含义
M	三菱公司产品	5	工业、商用	0	CMOS	用数字表示电路型号数	K	玻璃-陶瓷
^	^	8	军用	1	线性	^	P	塑料
^	^	^	^	3	TTL	^	S	金属-陶瓷
^	^	^	^	10-19	线性电路	^	^	^

8. 日本电气公司(NEC)集成电路的型号命名方法　日本电气公司集成电路的型号由一些五个部分组成。

```
  UP        C        XXXX        C        X(S)
   |        |          |         |         |
第一部分  第二部分    第三部分   第四部分   第五部分
字头符号  电路类型   电路型号数  封装形式   电路性能
```

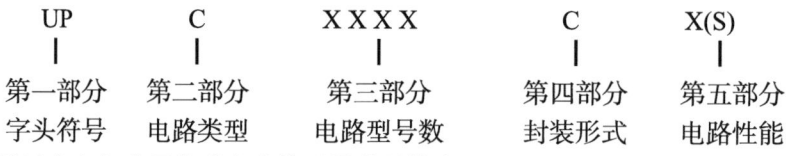

表4-10所示是日本电气公司集成电路的型号的具体含义。

表4-10　日本电气公司集成电路的型号的具体含义

第一部分		第二部分		第三部分	第四部分		第五部分	
字母	含义	数母	含义		字母	含义	字母	含义
UP	微型器件	C	线性	用数字表示电路类型号	C	塑料封装	S	改进型
^	^	A	分立元件	^	D	陶瓷双列	^	^
^	^	B	数字双极	^	^	^	^	^
^	^	D	COMS数字	^	^	^	^	^

四、集成电路引脚分布规律及识别方法

在集成电路的引脚排列图中，可以看到它的各个引脚编号，如①、②、③脚等。在检修、更换集成电路过程中，往往需要在集成电路实物上找到相应的引脚。

例如，在一个9根引脚的集成电路中，要找到③脚。由于集成电路的型号很多，不可能根据型号去记忆相应各引脚的位置，只能借助于集成电路的引脚分布规律，来识别形形色色集成电路的引脚号。

这里根据集成电路的不同封装形式，介绍各种集成电路的引脚分布规律和引脚号的识别方法。

1. 单列集成电路引脚分布规律及识别方法　单列集成电路有直插和曲插两种。两种单列集成电路的引脚分布规律相同，但在识别引脚号时则有所差异。

(1) 单列直插集成电路引脚分布规律：所谓单列直插集成电路就是指引脚只有一列，且引脚为直的(不是弯曲的)。这类集成电路的引脚分布规律可以用图4-5所示的示意图来说明。

在单列直插集成电路中，一般都有一个用来指示第一根引脚的标记。

1) 图4-5 (a)所示,集成电路正面朝着自己,引脚向下。集成电路左侧端有一个小圆坑或其他标记,是用来指示第一根引脚位置的,即左侧端点的第一根引脚为①脚,然后依次从左向右为各引脚。

2) 图4-5 (b)所示,集成电路的左侧上方有一个缺角,说明左侧端点第一根引脚为①脚,依次从左向右为各引脚。

3) 图4-5 (c)所示,集成电路左侧有一个色点,用色点表示左侧第一根引脚为①脚,也是从左向右依次为各引脚。

4) 图4-5 (d)所示,集成电路在散热片左侧有一个小孔,说明左侧端第一根引脚为①脚。依次从左向右为各引脚。

5) 图4-5 (e)所示,集成电路中左侧有一个半圆缺口,说明左侧端第一根引脚为①脚,依次从左向右为各引脚。

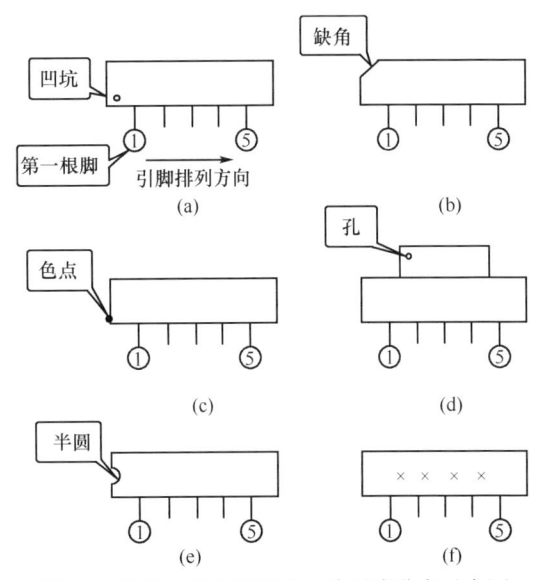

图4-5 几种单列直插集成电路引脚分布示意图

6) 图4-5 (f)所示,在单列直插集成电路中,会出现如图4-5(f)所示的集成电路。在集成电路的外形上无任何第一根引脚的标记。此时可将印有型号面朝着自己,且将引脚朝下,则最左端的第一根引脚为①脚,依次为各引脚。

识别方法:根据上述几种单列直插集成电路引脚分布规律[除图4-5(f)所示集成电路外],可以看出集成电路都有一个较为明显的标记(如缺角、孔、色点等)来指示第一根引脚的位置,并且都是自左向右依次为各引脚,这是单列直插集成电路的引脚分布规律,以此规律可以很方便地识别各引脚号。

(2) 单列曲插集成电路引脚分布规律:单列曲插集成电路的引脚也是呈一列排列的,但引脚不是直的,而是弯曲的,即相邻两根引脚弯曲方向不同。

图4-6所示是几种单列曲插集成电路的引脚分布规律示意图。在单列曲插集成电路中,将集成电路正面对着自己,引脚朝下,一般情况下集成电路的左边也有一个用来指示第一根引脚的标记。

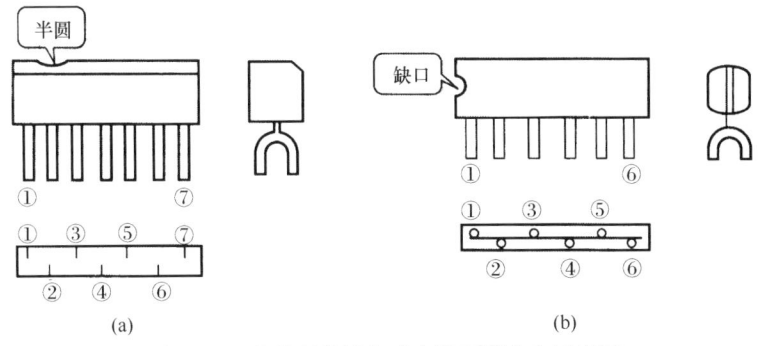

图4-6 几种单列曲插集成电路引脚分布示意图

1) 图4-6(a)所示,集成电路左侧顶端上有一个半圆口,表示左侧端点第一根引脚为①脚,然后自左向右依次为各引脚,见图中引脚分布所示。①、③、⑤、⑦单数引脚在弯曲一侧,②、

④、⑥双数引脚在弯曲另一侧。

2) 图4-6(b)所示，集成电路左侧有一个缺口，此时最左端第一根引脚为①脚，自左向右依次为各引脚，也是单数引脚在一侧排列，双数引脚在另一侧排列。

单列曲插集成电路的外形不止上述两种，但都有一个标记来指示第一根引脚的位置，然后依次从左向右为各引脚。单数引脚在一侧，双数引脚在另一侧，这是单列曲插集成电路的引脚分布规律，以此规律可以很方便地分辨出集成电路的各引脚号。

识别方法：当单列曲插集成电路上无明显标记时，可将集成电路印有型号的一面朝着自己，引脚向下，则最左侧第一根引脚是集成电路的①脚，从左向右依此为各引脚，且也是单数的引脚在一侧，双数引脚在另一侧。

2. 双列集成电路引脚分布规律及识别方法

(1) 双列直插集成电路引脚分布规律：图4-7所示是4种双列直插集成电路的引脚分布示意图。在双列直插集成电路中，将印有型号的一面朝上，并将型号正对着自己，这时集成电路的左侧下方会有不同的标记来表示第一根引脚。

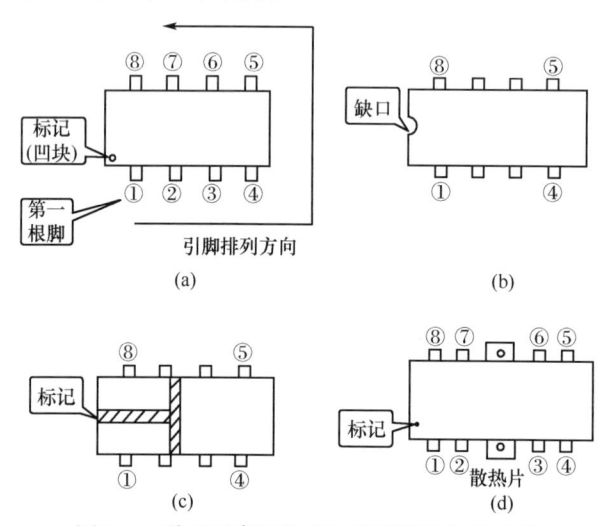

图4-7　4种双列直插集成电路引脚分布示意图

1) 图4-7(a)所示，集成电路左下端有一个凹坑标记。用来指示左侧下端点第一根引脚为①脚，然后从①脚开始以逆时针方向沿集成电路的一圈。依次排列各引脚，见图4-7(a)中的引脚排列示意图。

2) 图4-7(b)所示，集成电路左侧有一个半圆缺口。此时左侧下端点的第一根引脚为①脚，然后沿逆时针方向依次为各引脚，具体引脚分布见图4-7(b)中所示。

3) 图4-7(c)所示，这是陶瓷封装双列直插集成电路。其左侧有一个标记，此时左下方第一根脚为①脚，然后沿逆时针方向依次为各引脚，见图4-7(c)中引脚分布所示。注意，如果将这一集成电路标记放到右边。引脚识别方向就错了。

4) 图4-7(d)所示，集成电路引脚被散热片隔开。在集成电路的左侧下端有一个黑点标记，此时左下方第一根引脚为①脚，沿逆时针方向依次为各引脚(散热片不算)。

(2) 双列曲插集成电路引脚分布规律：图4-8所示是双列曲插集成电路引脚分布示意图，其特点是引脚在集成电路的两侧排列，每一列的引脚为曲插状(如同单列曲插一样)。

将集成电路印有型号的一面朝上，且将型号正对着自己，可见集成电路的左侧有一个半圆缺口，此时左下方第一根引脚为①脚，沿逆时针方向依次为各引脚。在每一列中，引脚是依次排列的，如同单列曲插一样。

(3) 无引脚识别标记双列直插集成电路引脚分布规律：图4-9所示是无引脚识别标记的双列直插集成电路，该集成电路无任何明显的引脚识别标记，此时可将印有型号的一面朝着自己，则左侧下端第一根引脚为①脚，沿逆时针方向依次为各引脚，参见图中引脚分布。

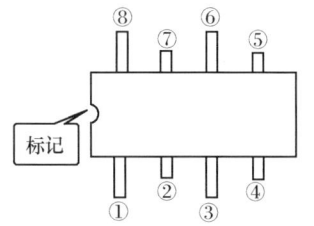

图4-8 双列曲插集成电路引脚分布示意图 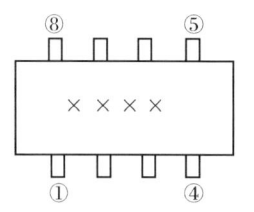　　图4-9 无引脚识别标记双列直插集成电路引脚分布示意图

识别方法：上面介绍的几种双列集成电路外形仅是众多双列集成电路中的几种，除最后一种集成电路外，一般都有各种形式的明显引脚识别标记来指明第一根引脚的位置，然后沿逆时针方向依次为各引脚，这是双列直插集成电路的引脚分布规律。

3. 四列集成电路引脚分布规律及识别方法　四列集成电路的引脚分成四列，且每列的引脚数相等，所以这种集成电路的引脚是4的倍数。四列集成电路常见于贴片式集成电路、大规模集成电路和数字集成电路中，图4-10所示是四列集成电路引脚分布示意图。

识别方法：将四列集成电路印有型号的一面朝着自己，可见集成电路的左下方有一个标记，则左下方第一根引脚①脚，然后逆时针方向依次为各引脚。

如果集成电路左下方没有引脚识别标记，也可将集成电路按图4-10所示放好，将印有型号的一面朝着自己，此时左下角的第一根引脚为①脚。

这四列集成电路许多是贴片式的，或称无引脚集成电路，其实这种集成电路，其实这种集成电路还是有引脚的，只是很短，引脚不伸到电路板的背面，所以这种集成电路直接焊接在印制线路这一面上，引脚直接与铜箔线路相焊接。

4. 金属封装的集成电路引脚分布规律及识别方法　采用金属封装的集成电路现在已经比较少见，过去生产的集成电路常用这种封装形式。图4-11所示是金属封装集成电路的引脚分布示意图。这种集成电路的外壳是金属帽形的，引脚识别方法为：将引脚朝上，突出键标记端起为①脚，顺时针方向依次为各引脚。

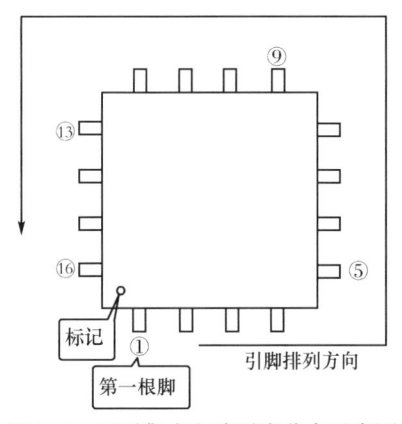

图4-10 四列集成电路引脚分布示意图 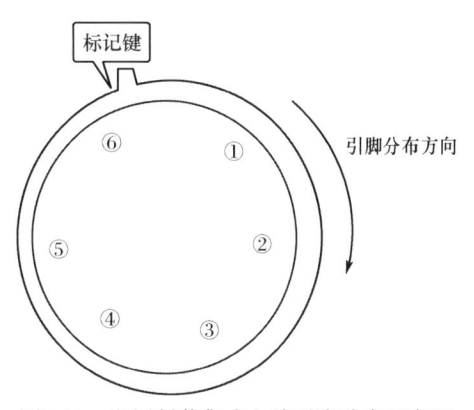　　图4-11 金属封装集成电路引脚分布示意图

5. 反方向分布集成电路引脚分布规律及识别方法

前面介绍的集成电路引脚分布规律和识别方法均为引脚正向分布的集成电路，即引脚是从左向右依次分布，或从左下方第一根引脚沿逆时针方向依次分布，集成电路的这种引脚分布为正向分布，但集成电路引脚还有反向分布的。

(1) 引脚反向分布的单列集成电路：对于反向分布的单列集成电路，将集成电路印有型号的一面正向对着自己，引脚朝下时第一根引脚在最右下方，从右向左依次分布各引脚，这种分布规律恰好与正向分布的单列集成电路相反。

(2) 引脚反向分布的双列集成电路：对于反向分布的双列集成电路，将集成电路印有型号的一面朝上，且正向对着自己。引脚朝下时第一根引脚在左侧上方(即引脚正向分布双列集成电路的最后一根引脚)，沿顺时针方向依次分布各引脚，这种引脚分布规律与引脚正向分布的双列集成电路相反。

引脚正向、反向分布规律可以从集成电路型号上看出，例如，音频功放集成电路HA166w引脚为正向分布，HA1366wR引脚为反向分布，它们的不同之处是在型号最后多一个大写字母R，R表示这种集成电路的引脚为反向分布。

像HA1366w和HA1366wR这样引脚正、反向分布的集成电路，其内部电路结构、性能参数相同，只是引脚分布相反。HA1366w的第一根引脚为HA1366wR的最后一根引脚，HA1366w的最后一根引脚为HA1366wR的第一根引脚。

代换方法：同型号的正向、反向分布集成电路之间进行直接代换时，对于单列直插集成电路可以反个方向装入即可，对于双列集成电路则要将新集成电路装到原电路板的背面。

五、使用集成电路注意事项

(1) 集成电路在使用时电源电压、输出电流、输出功率、温度等都不允许超过极限值。

(2) 集成电路在使用过程中，在电源接通和断开时，不得有瞬间高压产生，否则高压将使集成电路击穿。

(3) 输入信号的幅度不得超过集成电路电源电压值。

(4) 数字集成电路的未用输入端不得悬空，以免出现逻辑错误；MOS电路的与非门输入端不能悬空，不用的管脚接电源正极，特别是加上源、漏电压时，若输入端悬空，静电感应极易造成栅极击穿，烧坏集成电路。为避免拨动开关时造成输入端瞬时悬空，可将输入端接一个几十千欧的电阻到电源。

(5) 集成电路的使用环境温度应控制在-30~85℃，在系统设计时应注意集成电路的安装位置，集成电路应尽量远离热源。

(6) 在进行手工焊接时，应避免高温损坏集成电路，焊接烙铁不得超过45W，连续焊接时间不得超过10s。应按照要求控制烙铁温度，停留时间。有些集成电路对烙铁温度和焊接时间有明确要求时，应控制烙铁头在集成电路管脚上的焊接时间。

(7) 对于MOS集成电路，使用时应特别小心，防止静电击穿集成电路；存储MOS集成电路时，应将其用金属纸箔包装起来，或装于金属盒、防静电塑料袋内妥善保管，防止外界静电场造成集成电路击穿。

(8) 电路设计时，应保证线路良好接地；装配时，装配工作人员应戴防静电手镯并可靠接地，焊接中的电烙铁、调试和检验中所有的仪器、设备、工具都应有良好的接地措施。

(9) 不应带电插拔集成电路。

(10) 集成电路及其引线应远离脉冲高压源。

(11) 要注意供电电源的稳定性。要确认供电电源和集成电路测量仪器在电源通断切换时，如果产生异常的脉冲波，则要在电路中增设诸如二极管组成的浪涌吸收电路。

第二节 常用的模拟集成电路

一、三端稳压集成电路

集成稳压器是将功率调整管、取样电阻以及基准稳压、误差放大、启动和保护电路等全部集成在1个芯片上而形成的一种稳压集成电路。目前，电子设备中常使用输出电压固定的集成稳压器。由于它只有输入、输出和公共引出端，故称之为三端式稳压器。现以具有正电压输出的LM78××系列为例介绍它的工作原理。

LM78××系列三端集成稳压器内部有过热、过流保护电路，外围元件少、性能优良、体积小、价格低，故在很多电路中广泛应用，如在有线电视系统的卫星接收机、调制器、解调器、放大器等电源部分都可以用到。

1. 工作原理 图4-12是LM78××系列稳压器的电路原理方框图，它与一般分立件组成的串联调整式稳压电源十分相似，区别在于增加了启动电路、恒流源以及保护电路。为了使稳压器能在比较大的电压变化范围内正常工作，在基准电压形成和误差放大部分设置了恒流源电路，启动电路的作用就是为恒流源建立工作点，R_{SC}是过流保护取样电阻，R_A、R_B组成电压取样电路，实际电路是由一个电阻网络构成，在输出不同电压稳压器中，采用不同的串并联接法，形成不同的分压比，通过误差放大之后去控制调整管的工作状态，以形成和稳定一系列预定的输出电压，因此图4-12中R_A画为可调电阻。

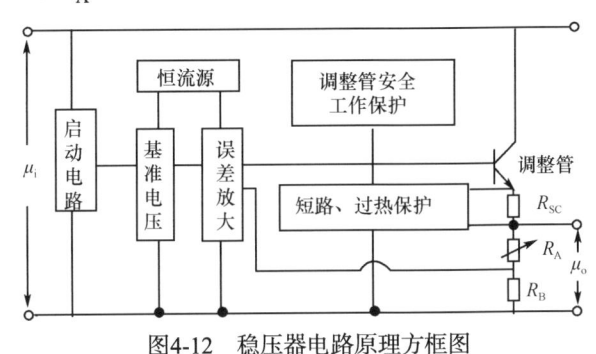

图4-12 稳压器电路原理方框图

LM79××系列稳压器也是一种串联调整式稳压电源，但它的调整管处于共射工作状态，属集电极输出型，工作原理与LM78××类似。

图4-13是采用LM78××组成的正压输出稳压电源，输出电压和最大输出电流由稳压器本身型号决定，如LM7812可输出+12V电压，500mA电流。

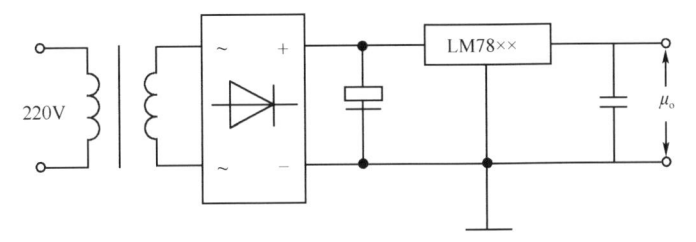

图4-13 采用LM78××组成的正压输出稳压电源

图4-14是采用LM79××组成的负电压输出稳压电源。

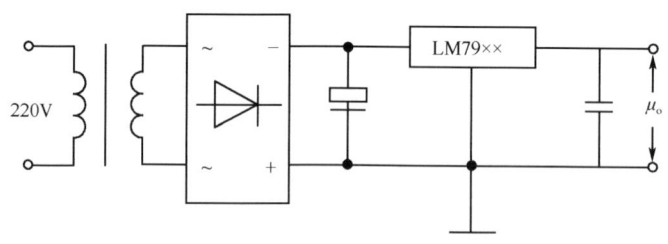

图4-14　采用LM79××组成的负电压输出稳压电源

2. 实际应用　虽然三端集成稳压器有很多优点，但因目前功率集成技术水平的限制，它的最大输出电流只能达到1.5 A，然而在实际应用中常常需要稳压器能给出1.5 A以上的电流。下面是利用两只相同的稳压器并联，改造微波的-18V电源。

微波的-18V电源电路改造部分，采用两只LM7918三端稳压器组成输出电流为2A 的稳压电路，图4-15为改造后部分电路。

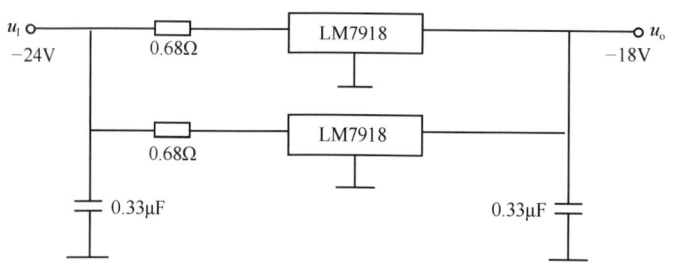

图4-15　采用两只LM7918三端稳压器组成稳压电路

在实际应用时，发现两只稳压器温度不一样，这说明两只稳压器向负载提供的电流不均衡，于是在两只LM7918 输入端各串入1只5W、0.68Ω 电阻，并适当选配 LM7918，使其温度趋于相同。实际安装时，LM7918要加装散热片，值得注意的是散热片要与微波电源的地隔离。

使用三端集成稳压器时一定要注意：输入电压与输出电压差不能过大，一般选择6~10V为宜，压差过小，输出电压纹波大，起不到稳压作用，压差过大，稳压器本身消耗功率就随之增大，容易损坏稳压器。

二、集成运算放大器

集成电路运算放大器是一种高电压增益、高速输入电阻和低输出电阻的多级直接耦合放大电路，它的类型很多，电路也不一样，但结构具有共同之处，图4-16表示集成运放的内部电路组成原理框图。图中输入级一般是由BJT、JFET或MOSFET组成的差分式放大电路，利用它的对称特性可以提高整个电路的共模抑制比和其他方面的性能，它的两个输入端构成整个电路的反相输入端和同相输入端。电压放大级的主要作用是提高电压增益，它可由一级或多级放大电路组成。输出级一般由电压跟随器或互补电压跟随器所组成，以降低输出电阻，提高带负载能力。偏置电路时为各级提供适合的工作电流。此外还有一些辅助环节，如电平移动电路、过载保护电路以及高频补偿环节等。

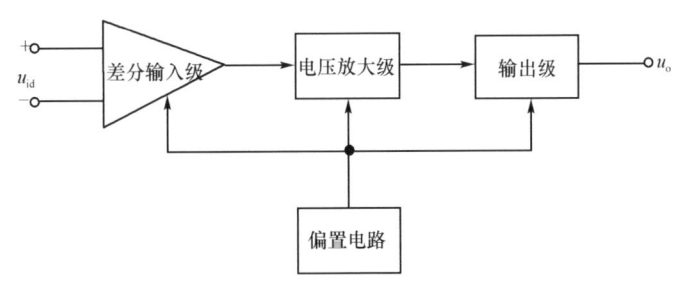

图4-16 集成运放的内部电路组成原理框图

1. 集成运放的性能指标

(1) 开环差模电压放大倍数 A_{od}：它是指集成运放在无外加反馈回路的情况下的差模电压的放大倍数。

(2) 最大输出电压 u_{op-p}：它是指一定电压下，集成运放的最大不失真输出电压的峰—峰值。

(3) 差模输入电阻 r_{id}：它的大小反映了集成运放输入端向差模输入信号源索取电流的大小。要求它愈大愈好。

(4) 输出电阻 r_o：它的大小反映了集成运放在小信号输出时的负载能力。

(5) 共模抑制比 CMRR：它放映了集成运放对共模输入信号的抑制能力，其定义同差分放大电路。CMRR越大越好。

2. 低频等效电路 在电路中集成运放作为一个完整的独立的器件来对待。于是在分析、计算时我们用等效电路来代替集成运放。由于集成运放主要用于频率不高的场合，因此只给出低频率时的等效电路。

如图4-17所示为集成运放的符号，它有两个输入端和一个输出端。其中：标有"+"的，为同相输入端(输出电压的相位与该输入电压的相位相同)；标有"-"的，为反相输入端(输出电压的相位与该输入电压的相位相反)。

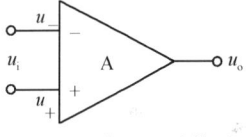

图4-17 集成运放符号

3. 理想集成运放 一般我们是把集成运放视为理想的(将集成运放的各项技术指标理想化)。

开环电压放大倍数 $A_{od}=\infty$，输入电阻 $r_{id}=\infty$，输入偏置电流 $I_{B1}=I_{B2}=0$，共模抑制比 CMRR $=\infty$，输出电阻 $u_->u_+$，-3dB带宽 $f_\pi=\infty$，无干扰无噪声，失调电压 u_{IO}、失调电流 I_{IO} 及它们的温漂均为零。

4. 集成运放工作在线性区的特性 当集成运放工作在线性放大区时的特点是：① $u_-\approx u_+$；即当同相输入端与反相输入端的电位相等，但不是短路。② $I_-=I_+=0$。即同相输入端与反相输入端的电流近似为零。

三、功率放大器集成电路

1. 功能与特点 功率放大集成电路的功能是对音频信号进行功率放大。其最大特点是：具有较大的输出功率，能够推动扬声器等负载。

功率放大集成电路品种规格众多。按声道数可分为单声道音频功放和双声道音频功放；按电路形式可分为OTL功率放大器、OCL功率放大器和BTL功率放大器等。其输出功率从数十毫瓦到数百瓦，具有很多规格，并具有多种封装形式。

许多功率放大集成电路自带散热板，但由于自带的散热板一般较小，因此功率较大的功率放大集成电路在应用时仍应按要求安装散热器。功率放大集成电路自带的散热板有的与内部电路绝缘，有的与内部电路的接地点连通，有的与内部输出功放管集电极连通，安装散热器时应区别对待。对于自带散热板与内部电路不绝缘的功率放大集成电路，应在集成电路与散热器之间放置耐热绝缘垫片，如图4-18所示。

2. 参数 功率放大集成电路的主要参数有：电源电压U_{CC}、静态电流I_0、输出功率P_O、电压增益、频响范围和谐波失真THD等。

(1) 电源电压U_{CC}，包括最高电源电压和额定电源电压，对于OTL功率放大器一般为单电源（+U_{CC}），对于OCL功率放大器一般为双电源（±U_{CC}）。最高电源电压是极限参数，使用中不

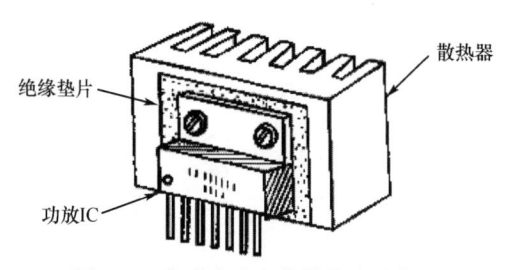

图4-18 集成电路安装散热片示意图

得超过，推荐使用额定电源电压。

(2) 静态电流I_0，一般为10~100mA，与输出功率有关，输出功率大的集成电路通常静态电流也大。

(3) 输出功率P_O，是选用功率放大集成电路首先要关注的参数。考虑到音频信号特别是交响乐等信号具有很大的动态范围，选用功率放大集成电路时应留有足够的功率余量。

(4) 电压增益，一般为数十分贝。选用电压增益较高的功率放大集成电路，可以降低对输入信号电压的要求，简化前置放大电路。

(5) 频响范围，是指功率放大集成电路的有效工作频率范围，一般为50 Hz~20kHz，指标高的可达20Hz~50kHz。

(6) 谐波失真THD，是反映功率放大集成电路保真度的参数，谐波失真越小越好。

3. 工作原理 功率放大集成电路内部通常包含：差分输入级、推动级和功放级，如图4-19所示。音频电压信号u_i经差分输入级和推动级电压放大器后，再由功放级作功率放大并输出。OTL、OCL和BTL的区别主要是功放级电路形式不同。

(1) OTL功率放大集成电路：OTL功率放大集成电路功放级如图4-20所示。采用+U_{CC}单电源供电，静态时I_C输出端电压U_O为$\frac{1}{2}U_{CC}$的直流电压。因此必须使用输出电容C_2来隔离。

OTL功率放大集成电路的优点是可以使用单电源，缺点是由于输出电容C_2的存在，低频响应较差。

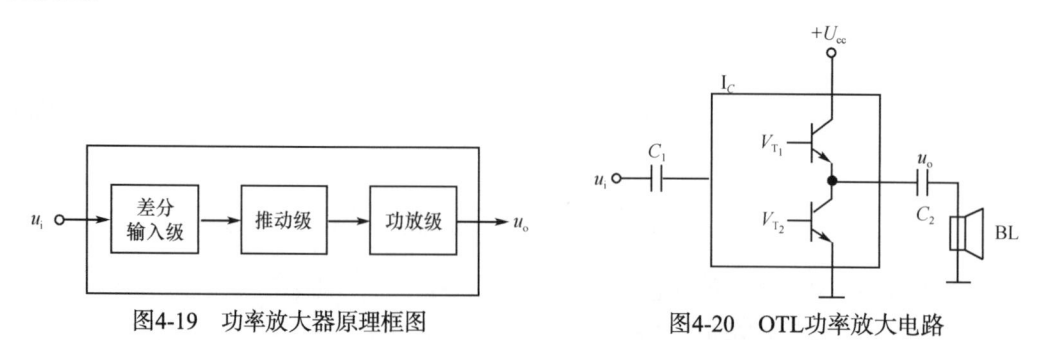

图4-19 功率放大器原理框图

图4-20 OTL功率放大电路

(2) OCL功率放大集成电路：OCL功率放大集成电路功放级如图4-21所示。采用±U_{CC}双电源供电，静态时I_C输出端电压U_O为"0"，因此可以取消输出电容器，直接与扬声器连接。OCL功率放大集成电路的优点是低频响应较好，缺点是必须使用双电源。

(3) BTL功率放大集成电路：BTL功率放大集成电路功放级如图4-22所示。采用了两对功放管组成桥式推挽电路，扬声器跨接在两对功放管之间。BTL功率放大集成电路虽然为+U_{CC}单

电源供电，但静态时两对功放管的输出端电压 U_{O1} 与 U_{O2} 相等，因此无需输出电容器，可以直接与扬声器连接。BTL功率放大集成电路的优点是可以在较低的电源电压下获得较大的输出功率；缺点是电路较复杂。

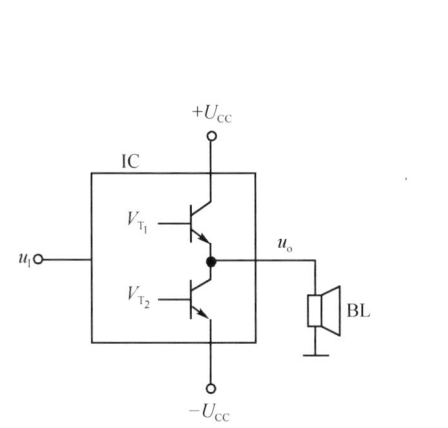

图4-21　OCL功率放大器电路 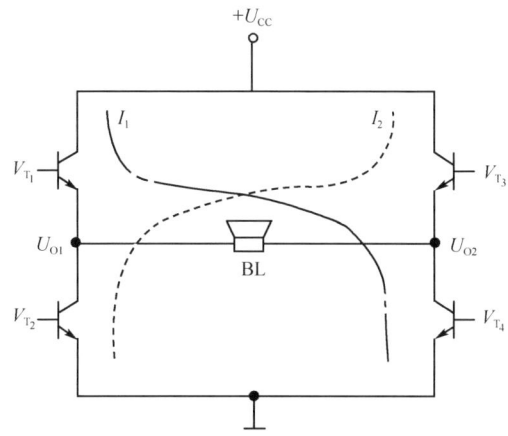　　　　　图4-22　BTL功率放大电路

4. 实际应用

(1) 单声道OTL功率放大器

1) 图4-23所示为0.5W单声道OTL功率放大器电路，IC采用了OTL音频功放集成电路AN7112。AN7112为单列9脚式封装，②脚为音频信号输入端，⑥脚为功率信号输出端，闭环电压增益为50dB，满功率输出时输入信号 $u_i = 6\text{mV}$，采用+6V单电源供电。C_1 为输入耦合电容，C_9 为输出耦合电容。

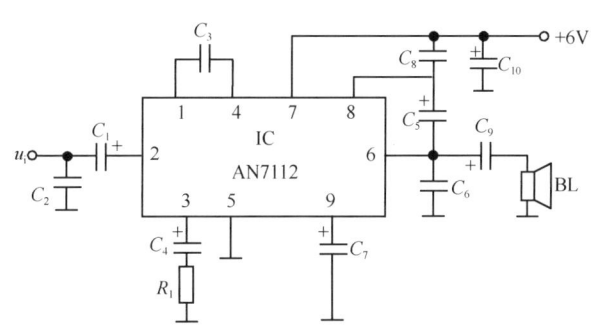

图4-23　0.5W单声道OTL放大电路

2) 图4-24所示为3.5W单声道OTL功率放大器电路。IC采用音频功放集成电路LA4265，其⑩脚为信号输入端，②脚为功率放大后的信号输出端。输入音频电压信号经IC功率放大后，驱动扬声器BL发声。C_5 为输出耦合电容，C_6、R_2 组成消振网络。电路电压增益为50dB，满功率输出时输入信号 $u_i = 17\text{mV}$，采用+16V单电源供电。

(2) 双声道OTL功率放大器

1) 图4-25所示为2×1W双声道OTL功率放大器电路。IC为双音频功放集成电路LA4180，⑧脚和⑤脚分别为左、右声道信号输入端，⑪脚和②脚分别为左、右声道功放输出端，闭环电压增益为45dB。C_7、C_8 分别为左、右声道输出耦合电容。工作电源为+9V单电源。

2) 图4-26所示为2×8W双声道OTL功率放大器电路。IC采用双音频功放集成电路HA1394，③脚和④脚分别为左、右声道信号输入端，⑫脚和⑦脚分别为左、右声道功放输出端。C_1、C_3

分别为左、右声道输入耦合电容，C_{10}、C_{11} 分别为左、右声道输出耦合电容。电路电压增益为40dB，采用+25V单电源供电。

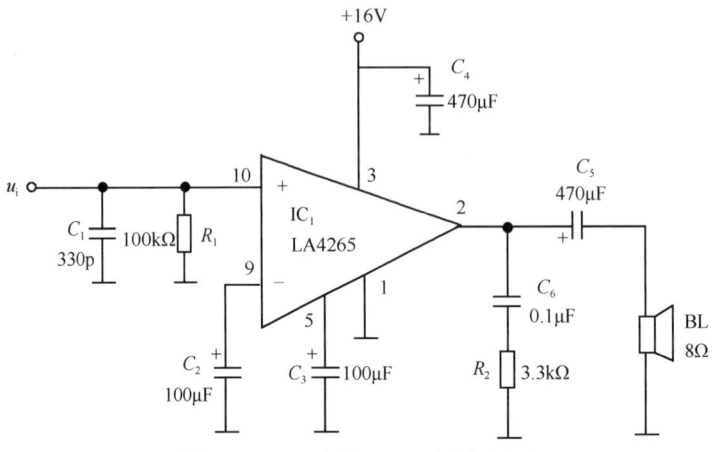

图4-24　3.5W单声道OTL放大电路

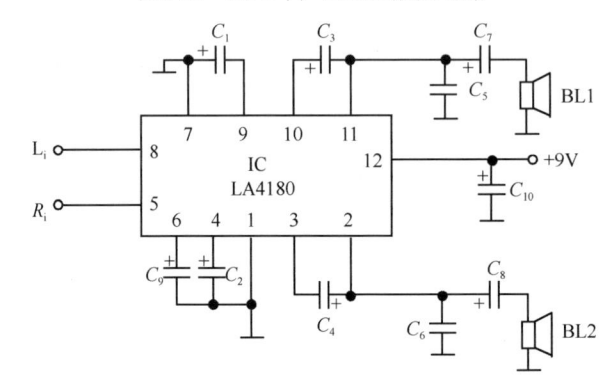

图4-25　2×1W双声道OTL功率放大器

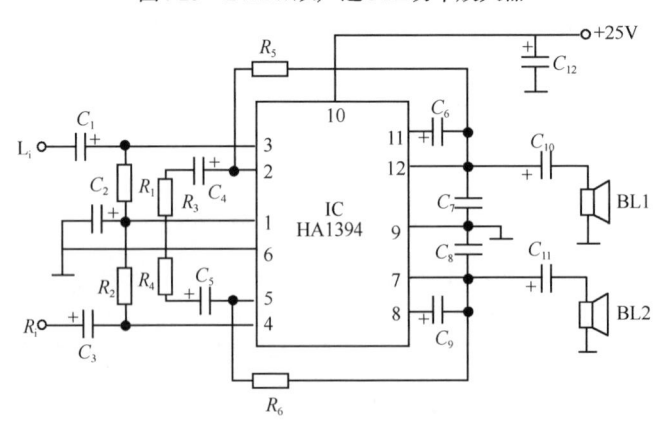

图4-26　2×8W双声道OTL功率放大器

第三节　常用的数字集成电路

逻辑门电路：用以实现基本和常用逻辑运算的电子电路。简称门电路。用逻辑1和0分别来表示电子电路中的高、低电平的逻辑赋值方式，称为正逻辑，目前在数字技术中，大都采用正逻辑工作；若用低、高电平来表示，则称为负逻辑。本课程采用正逻辑。

获得高、低电平的基本方法：利用半导体开关元件的导通、截止(即开、关)两种工作状态。

在数字集成电路的发展过程中，同时存在着两种类型器件的发展。一种是由三极管组成的双极型集成电路，例如晶体管-晶体管逻辑电路(简称TTL电路)及射极耦合逻辑电路(简称ECL电路)。另一种是由MOS管组成的单极型集成电路，例如N-MOS逻辑电路和互补MOS(简称COMS)逻辑电路。

一、常用逻辑门集成电路

1. TTL与非门

(1) 电路结构如图4-27所示。

(2) 抗饱和三极管

1) 作用：使三极管工作在浅饱和状态。因为三极管饱和越深，其工作速度越慢，为了提高工作速度，需要采用抗饱和三极管。

2) 构成：在普通三极管的基极B和集电极C之间并接了一个肖特基二极管(简称SBD)。

3) 特点：开启电压低，其正向导通电压只有0.4V，比普通硅二极管0.7V的正向导通压降小得多；没有电荷存储效应；制造工艺和TTL电路的常规工艺相容，甚至无须增加工艺就可制造出SBD。

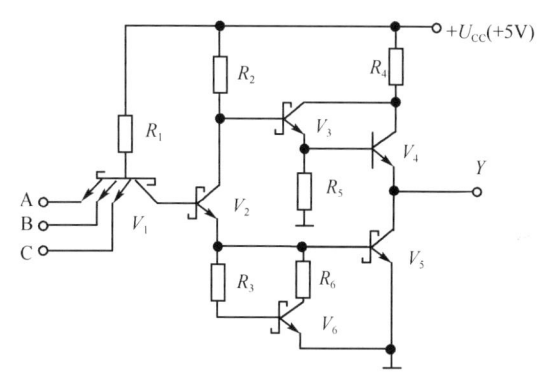

图4-27 TTL与非门电路

(3) 采用有源泄放电路：由图4-27中的V_6、R_3、R_6组成。

2. TTL与非门的工作原理

(1) V_1的等效电路：V_1是多发射极三极管，其有三个发射结为PN结。故输入级用以实现A、B、C的关系。其等效电路如图4-28所示。

(2) 工作原理分析

1) 输入信号不全为1：如$u_A = 0.3V$，$u_B = u_C = 3.6V$，则$u_{B1} = 0.3 + 0.7 = 1V$，T_2、T_5截止，T_3、T_4导通忽略i_{B3}。输出端的电位为：$u_Y = 5 - 0.7 - 0.7 = 3.6V$。输出Y为高电平(图4-29)。2) 输入信号全为1：如$u_A = u_B = u_C = 3.6V$，则$u_{B1} = 2.1V$，T_2、T_5导通，T_3、T_4截止。输出端的电位为：$u_Y = U_{CES} = 0.3V$，输出Y为低电平。

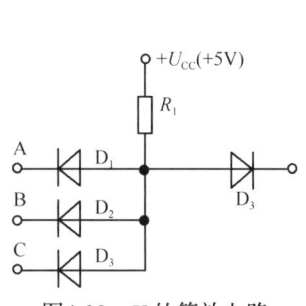

图4-28 V_1的等效电路

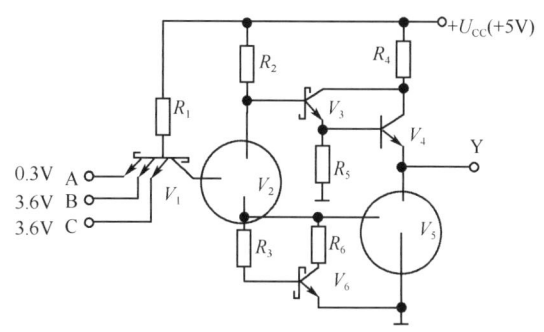

图4-29 输入信号不全为1时电路图

3. 其他功能的TTL门电路 TTL集成逻辑门电路除与非门外，常用的还有集电极开路与非门、或非门、与或非门、三态门和异或门等。它们都是在上面所述的非门的基础上发展出来的。

1、集电极开路与非门(OC门)

(1) 电路结构与逻辑符号：见图4-30。

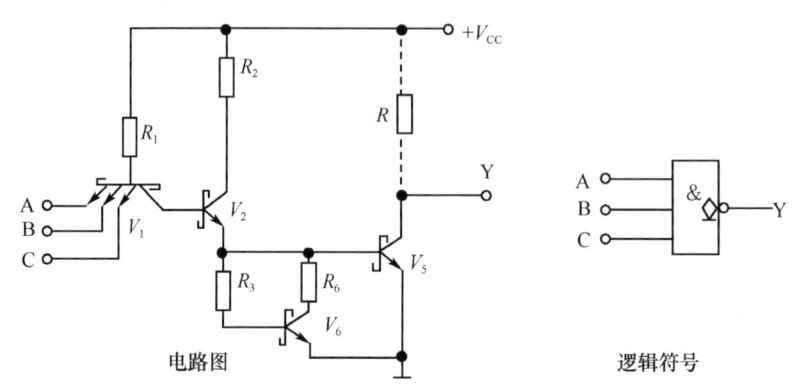

图4-30 集电极开路与非门(OC门)的电路图及逻辑符号

(2) 功能与作用

功能：接入外接电阻R后为

1) A、B、C不全为1时，u_{B1}=1V，T_2、T_3截止，Y=1。

2) A、B、C全为1时，u_{B1}=2.1V，T_2、T_3饱和导通，Y=0。

(3) 应用：①实现线与逻辑、②驱动显示器、③实现电平转换。

4. 三态输出门(TSL门)

(1) 电路结构与逻辑符号：见图4-31。

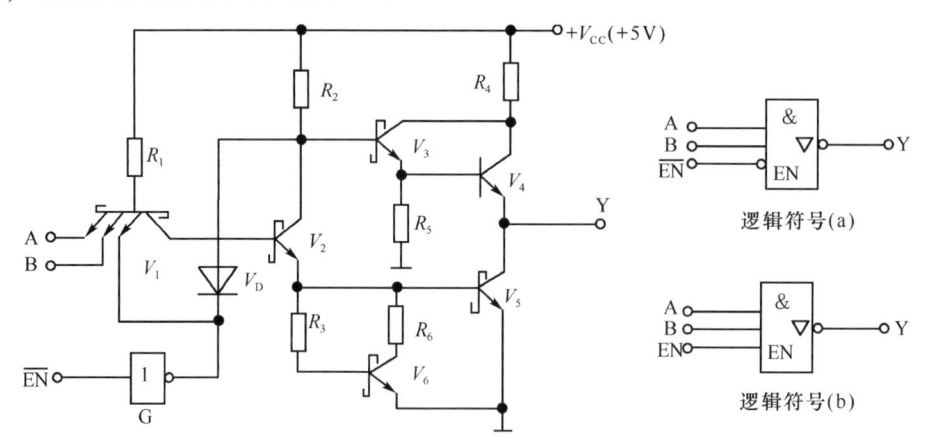

图4-31 三态输出门(TSL门)的电路结构与逻辑符号

(2) 工作原理

1) 当$\overline{EN}$ = 0时，二极管D截止，TSL门的输出状态完全取决于输入信号A、B的状态，电路输出与输入的逻辑关系和一般与非门相同。

2) 当$\overline{EN}$ = 1时，二极管D导通，一方面使u_{C2} =1V，V_4截止；另一方面使u_{B1} =1V，从而使V_2和V_5截止。输出端开路，电路处于高阻状态。

结论：电路的输出有高阻态、高电平和低电平3种状态。

(3) 三态输出门的应用：①构成单向总线、②构成双向总线。

5. TTL与非门主要参数

(1) 输出高电平U_{OH}：TTL与非门的一个或几个输入为低电平时的输出电平。产品规范值$U_{OH} \geq 2.4V$，标准高电平$U_{SH} = 2.4V$。

(2) 高电平输出电流I_{OH}：输出为高电平时，提供给外接负载的最大输出电流，超过此值会使输出高电平下降。I_{OH}表示电路的拉电流负载能力。

(3) 输出低电平U_{OL}：TTL与非门的输入全为高电平时的输出电平。产品规范值$U_{OL} \leq 0.4V$，标准低电平$U_{SL} = 0.4V$。

(4) 低电平输出电流I_{OL}：输出为低电平时，外接负载的最大输出电流，超过此值会使输出低电平上升。I_{OL}表示电路的灌电流负载能力。

(5) 扇出系数N_O：指一个门电路能带同类门的最大数目，它表示门电路的带负载能力。一般TTL门电路$N_O \geq 8$，功率驱动门的N_O可达25。

(6) 最大工作频率f_{max}：超过此频率电路就不能正常工作。

(7) 输入开门电平U_{ON}：是在额定负载下使与非门的输出电平达到标准低电平U_{SL}的输入电平。它表示使与非门开通的最小输入电平。一般TTL门电路的$U_{ON} \approx 1.8V$。

(8) 输入关门电平U_{OFF}：使与非门的输出电平达到标准高电平U_{SH}的输入电平。它表示使与非门关断所需的最大输入电平。一般TTL门电路的$U_{OFF} \approx 0.8V$。

(9) 高电平输入电流I_{IH}：输入为高电平时的输入电流，也即当前级输出为高电平时，本级输入电路造成的前级拉电流。

(10) 低电平输入电流I_{IL}：输入为低电平时的输出电流，也即当前级输出为低电平时，本级输入电路造成的前级灌电流。

(11) 平均传输时间t_{pd}：信号通过与非门时所需的平均延迟时间。在工作频率较高的数字电路中，信号经过多级传输后造成的时间延迟，会影响电路的逻辑功能。

(12) 空载功耗：与非门空载时电源总电流I_{CC}与电源电压U_{CC}的乘积。

6. TTL集成电路逻辑门电路的使用注意事项

(1) 关于电源等：对于各种集成电路，使用时一定要在推荐的工作条件范围内，否则将导致性能下降或损坏器件。

(2) 关于输入端：数字集成电路中多余的输入端在不改变逻辑关系的前提下可以并联起来使用，也可根据逻辑关系的要求接地或接高电平。TTL电路多余的输入端悬空表示输入为高电平。

(3) 关于输出端：具有推拉输出结构的TTL门电路的输出端不允许直接并联使用。输出端不允许直接接电源V_{CC}或直接接地。

二、触发器集成电路

1. RS集成触发器 TTL集成主从RS触发器74LS71的逻辑符号和引脚分布分别如图4-32(a)和4-32(b)所示。该触发器分别有3个S端和3个R端，分别为与逻辑关系，即$1R = R_1 \cdot R_2 \cdot R_3$，$1S = S_1 \cdot S_2 \cdot S_3$。使用中如有多余的输入端，要将它们接至高电平。触发器带有清零端(置0)R_D和预置端(置1)S_D，它们的有效电平均为低电平。

(a) 逻辑符号　　　　　　　　(b) 引脚分布图

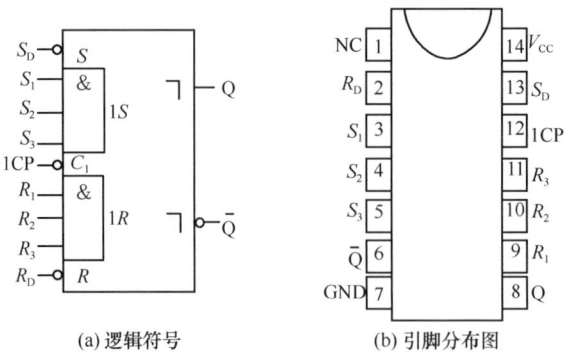

图4-32　TTL主从RS触发器

CT74LS71的功能如表4-11所示，由表可将它的逻辑功能概括如下：

表4-11　主从RS触发器74LS71功能表

输　入						输　出	
预置S_D	清零R_D	时钟CP	1S	1R		Q	$\bar{Q}$
L	H	×	×	×		H	L
H	L	×	×	×		L	H
H	H	下降沿	L	L		Q^n	$\bar{Q}^n$
H	H	下降沿	H	L		H	L
H	H	下降沿	L	H		L	H
H	H	下降沿	H	H		不	定

(1) 具有预置、清零功能，预置端加低电平，消零端加高电平时，触发器置1，反之触发器置0。预置和清零与CP无关，这种方式称为直接预置和直接清零。

(2) 正常工作时，预置端和清零端必须都加高电平，且要输入时钟脉冲。

(3) 触发器的功能和表4-11所示的RS触发器的功能一致。

2. 集成JK触发器　集成JK触发器的产品较多，以下介绍一种较典型的高速CMOS双JK触发器HC76。该器件内含两个相同的JK触发器，他们都带有预置和清零输入，属于负跳沿触发的边沿触发器，其逻辑符号和引脚分布分别如图4-33(a)和图4-33(b)所示。如果在一片集成器件中有多个触发器，通常在符号前面(或后面)加上数字，以示不同触发器的输入，输出信号，比如CP与1J、1K同属一个触发器。HC76的逻辑功能如表4-12所示。76型号的产品种类较多，比如还有主从TTL的7476、74H76、边沿TTL 74LS76等，它们的功能都一样，与表4-12基本一致，只是主从触发器与边沿触发器的触发方式不同。

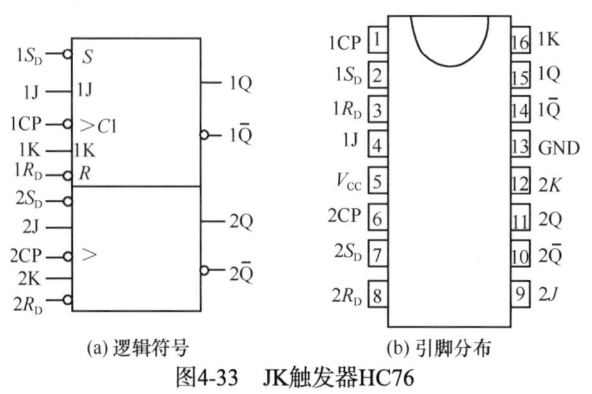

(a) 逻辑符号　　　　　　　　(b) 引脚分布

图4-33　JK触发器HC76

表4-12 HC76的逻辑功能表

输入					输出	
S_D	R_D	CP	J	K	Q	$\overline{Q}$
L	H	×	×	×	H	L
H	L	×	×	×	L	H
H	H	下降沿	L	L	Q^n	$\overline{Q^n}$
H	H	下降沿	H	L	H	L
H	H	下降沿	L	H	L	H
H	H	下降沿	H	H	$\overline{Q^n}$	Q^n

3. 集成D触发器 集成D触发器的定型产品种类比较多，这里介绍双D触发器74HC74，实际上，74型号的产品种类较多，比如还有7474、74H74等。由逻辑符号(图4-34)和功能表(表4-13)都可以看出，HC74是带有预置，清零输入，上跳沿触发的边沿触发器。

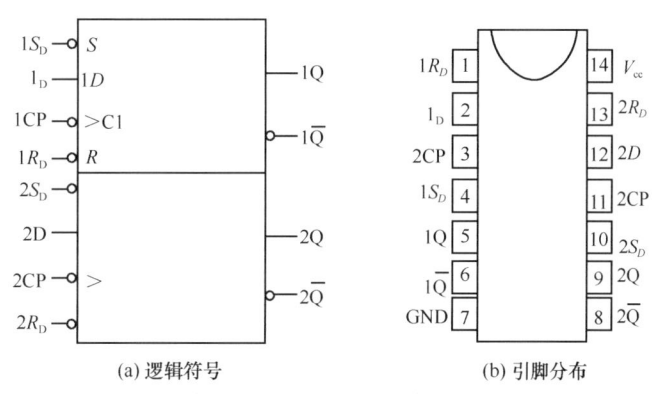

(a) 逻辑符号　　(b) 引脚分布

图4-34 D触发器74HC74的逻辑符号和引脚分布

表4-13 D触发器74HC74功能表

输	入			输	出
S_D	R_D	CP	D	Q	$\overline{Q}$
L	H	×	×	H	L
H	L	×	×	L	H
H	H	上升沿	H	H	L
H	H	上升沿	L	L	H
H	H	L	×	Q_0	$\overline{Q_0}$

4. 触发器的脉冲工作特性 触发器对时钟脉冲、输入信号之间的时间关系的要求称为触发器的脉冲工作特性。掌握这种工作特性对触发器的应用非常重要。下面介绍几种触发器的脉冲工作特性。

(1) JK主从触发器的脉冲工作特性：如前所述，图4-35所示的JK主从触发器存在一次变化现象。因此J、K信号必须在CP正跳沿前加入，并且不允许在CP=1期间发生变化。为了工作可靠，CP的1状态必须保持一段时间，直到主触发器的Q′和$\overline{Q}$′端电平稳定，这段时间称为维持时间t_{CPH}。不难看出，t_{CPH}应大于一级与门和三级与非门的传输延迟时间。

从CP负跳沿到触发器输出状态稳定，也需要一定的延迟时间t_{CPL}。我们把从时钟脉冲触发沿开始到一个输出端由0变1所需延迟时间称为 t_{CPLH}，把从CP触发沿开始到输出端由1变0的延迟时间称为t_{CPHL}。

为了使触发器可靠翻转，要求 $t_{CPL} > t_{CPHL}$。

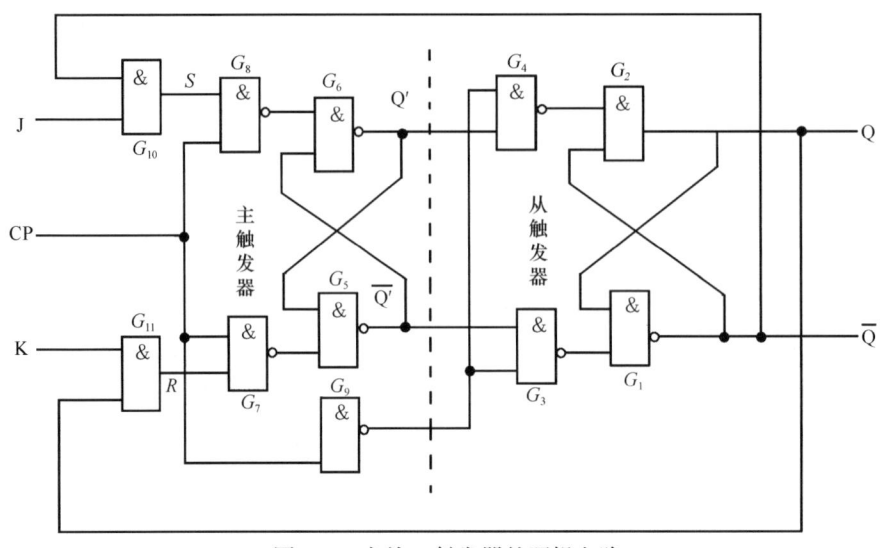

图4-35 主从JK触发器的逻辑电路

综上分析，JK主从触发器要求CP的最小工作周期 $T_{min} = t_{CPH} + t_{CPL}$。JK主从触发器对CP和J、K信号的要求及触发反转时间的示意图如图4-36所示。

(2) JK负边沿触发器的脉冲工作特性：以图4-37为例来说明这类触发器的脉冲工作特性。如前所述，该触发器无一次变化现象，输入信号可在CP触发沿由1变0时刻前加入。由图4-37可知，该电路要求J、K信号先于CP信号触发沿传输到 G_3、G_4 的输出端，为此，它的加入时间至少应比CP的触发沿提前一级与非门的延迟时间。这段时间成为建立时间 t_{set}。

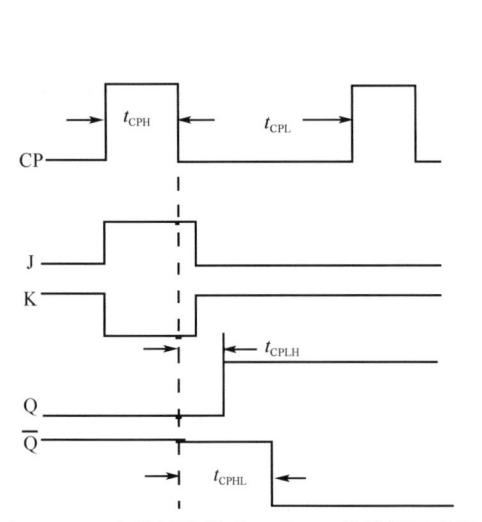

图4-36 JK主从触发器对CP和J、K信号的要求及触发器翻转时间示意图

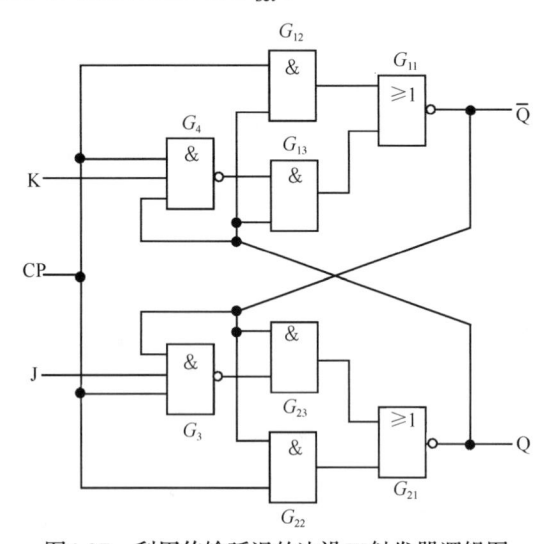

图4-37 利用传输延迟的边沿JK触发器逻辑图

第五章 焊接技术

任何电子产品的装配都离不开焊接这一主要的电气连接方法。随便打开一个电子产品,焊接点少则几十个,多则几十万个,其中任何一个出现故障,都可能影响整机的工作。焊接质量是否可靠直接影响整机性能指标。本章主要介绍焊接的基本知识,铅锡焊接的方法、步骤,手工焊接的方法技巧与要求等。

第一节 焊接的基本知识

焊接是在两种金属的接触面,通过焊接材料的原子或分子的相互扩散作用,使两种金属间形成一种永久的牢固结合。它是将金属连接的一种方法。

一、焊接的分类

现代焊接技术通常分为熔焊、压焊和钎焊三大类,如表5-1所示。

熔焊是利用局部加热,使连接处的金属熔化,并加入(或不加入)填充金属而使其结合的焊接方法。它是最有利于金属原子间结合的方法。

压焊是对焊接接头施加足够的压力,使接触处的金属相结合的焊接方法。这类焊接有两种形式,一是将被焊金属局部加热至塑性状态或半熔化状态,再施加一定的压力,使金属原子间相互结合,形成牢固的接头。另一种是不进行加热,仅在被焊金属的接触面施加足够大的压力,借助于压力所引起的塑性变形,使原子间相互接近而获得牢固的挤压接头。

钎焊是把熔点低于被焊金属的钎料金属加热熔化,使其渗透到被焊金属接缝的间隙中而达到结合的方法。焊接时,被焊金属处于固态,只需适当的加热(或不加热),依靠液体金属与固体金属间的原子扩散作用,形成牢固的焊接接头。钎焊中起连接作用的金属材料称为焊料。焊料的熔点必须低于被焊金属的熔点。钎焊按焊料熔点的不同分为硬钎焊和软钎焊。焊料熔点高于450℃为硬钎焊,焊料熔点熔点低于450℃为软钎焊。钎焊虽是一种古老的焊接方法,但因为在焊接时被焊金属不变形,以及一些特殊的性能,所以在现代焊接技术中仍占有一定的地位。

表5-1 现代焊接技术的主要类型

加压焊 (加热或不加热)		熔焊 (母材熔化)		钎焊 (母材不融化 焊料融化)	
不加热	冷压焊 超声波焊 爆炸焊		电渣焊 等离子焊 电子束焊	锡焊	手工烙铁焊 浸焊 波峰焊 再流焊
加热到可塑性	电阻焊 储能焊 脉冲焊 高频焊 扩散焊	电弧焊	手工焊 埋弧焊 气体保护焊	火焰钎焊	铜焊 银焊 碳弧钎焊 电阻钎焊 高频感应钎焊 真空钎焊
加热到局部熔化	接触焊	对焊 点焊 缝焊	激光焊 热剂焊 电渣焊		
		断焊 摩擦焊			

在电子工业中,几乎各种焊接方法都有应用。但使用最普遍、最具代表性的是锡焊。

二、焊接的方法

随着焊接技术的发展，焊接方法从手工焊接技术发展为自动焊接技术，即机器焊接。手工焊接只适用于小批量生产和维修加工，而对生产批量很大，质量标准要求较高的电子产品就需要自动化的焊接技术。尤其是集成电路、超小型的元器件、复合电路的焊接，已成为自动化焊接的主要内容。同时无锡焊也开始在电子产品装配中使用。

1. 手工焊接 手工焊接是采用手工操作的传统焊接方法。根据焊接前接点的连接方式不同，手工焊接方法分为搭焊、钩焊、绕焊、插焊等多种不同方式。

(1) 搭焊是将被焊元器件的引线或导线搭在接点上进行焊接。适用于易调整或改焊的临时接点。

(2) 钩焊是将被焊元器件的引线或导线钩接在被连接件的孔中进行焊接。适用于不便缠绕但又要求有一定强度和便于拆焊的接点上。

(3) 绕焊是将被焊元器件的引线或导线缠绕在接点上进行焊接。其优点是焊接强度最高。高可靠整机产品的接点通常采用这种方法。

(4) 插焊是将被焊元器件的引线或导线插入孔型接点中进行焊接。适用于元器件带有引线、插针或插孔及印制板的常规焊接。

2. 机器焊接 机器焊接根据工艺方法不同可分为浸焊、波峰焊和再流焊。

(1) 浸焊是将装好元器件的印制板在熔化的锡锅内浸锡，一次完成印制板上全部焊接点的焊接。主要用于小型印制板的电路连接。

(2) 波峰焊是采用波峰焊机一次完成印制板上全部焊点的焊接。印制板的焊接主要采用这种方法。

(3) 再流焊是利用焊膏将元器件粘在印制板上，加热印制板后是焊膏中的焊料熔化，一次完成全部焊点的焊接。目前主要应用于表面安装的片状元器件的焊接。

第二节 电 烙 铁

焊装工具在实施锡焊作业中是必不可少。合适、高效的工具是焊接质量的保证。

一、电烙铁的分类

电烙铁是手工施焊的主要工具，选择合适的烙铁并合理地使用，是保证焊接质量的基础。根据结构、用途的不同，电烙铁可分为以下种类：①按加热方式分有直热式、感应式、气体燃烧式等。②按烙铁发热能力分有20W，30W，…，300W等。③按功能分又有单用式、两用式、调温式等。

最常用的还是单一焊接用的直热式电烙铁。它又可分为恒温式、内热式和外热式三种。

1. 直热式烙铁 图5-1所示为典型烙铁结构，主要由以下几部分组成。

(1) 烙铁头，作为热量存储和传递的烙铁头，一般用紫铜制成。在使用中，因高温氧化和焊剂腐蚀会变成凹凸不平，需经常清理和修整。

(2) 手柄，一般用木料或胶木制成，设计不良的手柄，温升过高会影响操作。

(3) 发热元件，它是电烙铁的能量转换部分，俗称烙铁芯子。发热元件位于烙铁头内部的称为内热式；位于烙铁头外面的称为外热式。恒温式烙铁是通过内部的温度传感器及开关实现恒温控制。

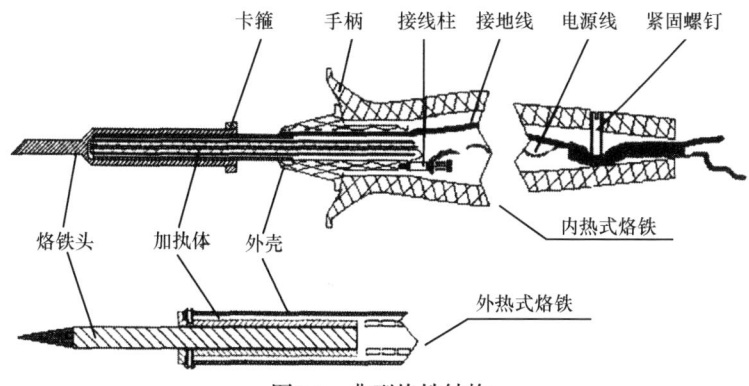

图5-1 典型烙铁结构

(4) 接线柱，是发热元件同电源线的连接处。一般烙铁有三个接线柱，其中一个是接金属外壳的，接线时应用三芯线将外壳接保护零线。新烙铁或换烙铁芯时，应判明接地端，最简单的办法是用万用表测外壳与接线柱之间的电阻。显然，如果烙铁不热，也可用万用表快速判定是否烙铁芯损坏。

2. 感应式烙铁 感应式烙铁也叫速热烙铁，俗称焊枪。它里面是一个变压器，当初级线圈通电时，次级线圈感应出大电流通过加热元件，使相连的烙铁头迅速达到焊接所需温度。这种烙铁的一般通电几秒钟，即可达到焊接温度。它的手柄上带有开关，工作时只需按下开关几秒钟即可焊接，特别适于断续工作的使用。

3. 吸锡烙铁 吸锡烙铁即在普通直热式烙铁上增加吸锡结构，使其具有加热、吸锡两种功能。也可将吸锡器做成单独的一种工具，使用吸锡器时，要及时清除吸入的锡渣，保持吸锡孔通畅。

4. 调温式烙铁 调温式烙铁可有自动和手动两种。自动调温电烙铁靠温度传感元件监测烙铁头温度，并通过放大器将传感器输出信号放大，控制电烙铁供电电路，从而达到恒温目的。手动式调温实际就是将烙铁接到一个可调电源上，通过调节电源刻度可调定烙铁温度。这种烙铁也有将供电电压降为24V、12V低压或直流供电形式的，提高了焊接操作的安全性，但价格较高。

5. 其他电烙铁 除上述几种烙铁外，新近研制成的一种储能式烙铁，是适应集成电路，特别是对电荷敏感的MOS电路的焊接工具。烙铁本身不接电源，当把烙铁插到配套的供电器上时，烙铁处于储能状态，焊接时拿下烙铁，靠储存在烙铁中的能量完成焊接，一次可焊若干焊点。

还有用蓄电池供电的碳弧烙铁，可同时除去焊件氧化膜的超声波烙铁，具有自动送进焊锡装置的自动烙铁等。

二、电烙铁的选用

根据不同施焊对象需要选择不同电烙铁烙铁。主要从电烙铁的种类、功率和烙铁头三方面考虑。特殊需要选择特殊功能的电烙铁。

1. 种类的选择 一般情况下焊接时应首选内热式电烙铁。外热式电烙铁适合于大型器件或直径较粗的导线。对于焊件少、工作时间长的焊接选用长寿命型的恒温烙铁较好。表5-2给出了电烙铁的选择以供参考。

表5-2　电烙铁选用参考

焊件及工作性质	烙铁头温度(室温220V电压)	选用烙铁
一般印制电路板，安装导线	250~400℃	20W内热式，30W外热式，恒温式
集成电路		20W内热式，恒温式，储能式
焊片，电位器，2~8W电阻，大电解功率管	350~450℃	35~50W内热式，调温式50~75W外热式
8W以上大电阻，声2以上导线等较大元器件	400~550℃	100W内热式150~200W外热式
汇流排，金属板等	500~630℃	300W以上外热式或火焰锡焊
维修，调试一般电子产品		20W内热式、恒温式、感应式、储能式，两用式

2. 功率的选择　电烙铁的功率过小易出现假焊或虚焊，过大则易烫坏晶体管或其他元件，因此一点要选择合适功率的电烙铁才能保证焊接质量。

小功率的电烙铁具有体积小、重量轻、发热快、节电、便于操作等优点，因此在焊接晶体管收音机、收录机等小型元器件的电路板时采用20~25W内热式电烙铁或30W外热式电烙铁。

大功率电烙铁如50W以上的内热式电烙铁或75W以上的外热式电烙铁，适用于一些采用较大元器件的电路，例如电子管收音机等。

3. 烙铁头的选择　为了保证可靠方便的焊接，必须合理选用烙铁头的形状与尺寸。烙铁头一般用紫铜制成，常用烙铁头形状有以下几种如图5-2。市售烙铁头一般为圆斜面式，适用于在单面板上焊接不太密集的焊点；焊接高密度的焊点和小而怕热的元器件采用尖锥式和圆锥式烙铁头；凿式和半凿式烙铁头多用于电器维修工作；当焊接对象变化大时，选用适合于大多数情况的斜面复合式烙铁头。

烙铁头的选择依据是使它的尖端的接触面积小于焊接处(焊盘)的面积。当烙铁头的接触面积过大会使过量的热量传导给焊接部位，损坏元器件及电路板。一般来说，烙铁头越长、越粗则温度越低，需要焊接的时间越长；相反，烙铁头越短越尖，则温度越高，需要焊接的时间越短。

每个操作者可根据习惯经验选用烙铁头，准备几个不同形状的烙铁头，根据焊接对象的变化和需要随机选用。

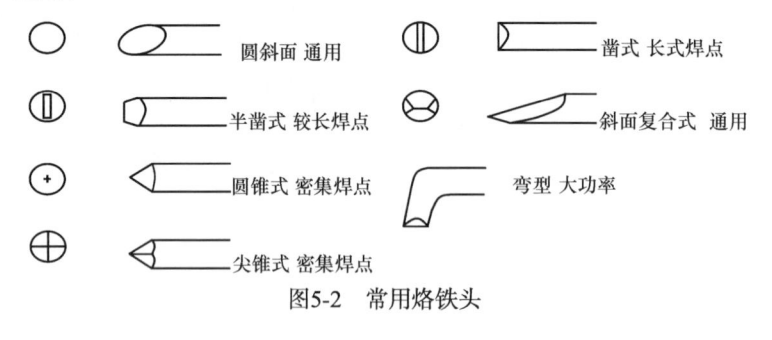

○　圆斜面 通用　　　Ⅲ　凿式 长式焊点

Ⅲ　半凿式 较长焊点　　　斜面复合式 通用

+　圆锥式 密集焊点　　　弯型 大功率

⊕　尖锥式 密集焊点

图5-2　常用烙铁头

三、电烙铁的使用

电烙铁使用前受先要核对电源是否与电烙铁的额定电压相符，电烙铁在使用中还应注意经常检查手柄上紧固螺钉及烙铁头的锁紧螺钉是否松动，若出现松动易使电源线破损引起烙铁芯引线相碰，造成短路。出现用电安全，发生触电事故。

电烙铁第一次使用前需进行镀锡，方法是将烙铁头装好通电，在木板上放些松香并放一段焊锡，烙铁沾上锡后在松香中来回摩擦；直到整个烙铁修整面均匀镀上一层锡为止，如图5-3所示。应该注意,烙铁通电后一定要立刻蘸上松香,否则表面会生成难镀锡的氧化层。

镀锡后如果出现烙铁头挂锡太多,此时千万不要为了除去多余的焊锡而甩电烙铁或敲击电烙铁。因为这样可能将高温焊锡甩入眼中或身体造成伤害,也可能是烙铁芯的瓷管破裂、电阻丝断损或连接杆发生移位,使电烙铁外壳带电而发生触电。除去多余焊锡或清除烙铁头上的残渣正确的方法是在湿布或湿海绵上擦拭。

图5-3 镀锡

烙铁头经使用一段时间后,会发生表面凹凸不平,而且氧化层严重,这种情况下需要修整,一般将烙铁头拿下来,夹到台钳上粗锉,修整为自己要求的形状,然后再用细锉修平,最后用细砂纸打磨光。修整后的烙铁应立即镀锡。

焊接操作时,电烙铁一般放在方便操作的右方烙铁架中,与其他焊接有关工具整齐有序地摆在工作台上。

四、其他的焊接、装配工具

1. **烙铁台** 用于放置电烙铁,可用粗点的铁丝做个圆滑点的M形,然后固定在一块模板上。
2. **螺丝刀** 又称起子或改锥。有"一"字式和"十"字式两种,专用于拧螺钉。根据螺钉的大小和式样可选用不同规格的螺丝刀。
3. **焊锡丝** 必备的,初学者要选择略微细一些的,因为烙铁的功率低,温度就低,太粗的焊锡不容易化,价格一般20元以上。
4. **断锯条** 用于刮除元件引脚,烙铁头杂质的最好工具。
5. **尖嘴钳** 头部较细,适用于夹持小型金属零件或弯曲元器件的引线,以及电子装配时其他钳子较难涉及的部位,用时不宜过力夹持物体。
6. **平嘴钳** 平嘴钳钳口平直,可用于夹弯元器件的管脚与导线。因为钳口无纹路,所以对导线的拉直、整形笔尖口钳适用。但因钳口较薄,不易夹持螺母或需施力较大的部位。
7. **斜嘴钳** 用于剪掉焊后的线头或元器件的管脚,也可与平嘴钳配合剥导线的绝缘皮。
8. **平头钳**(克丝钳) 其头部较平,适用于螺母、紧固件的装配操作,但不能代替锤子敲打零件。
9. **剥线钳** 专门用于剥去导线的绝缘皮。使用时注意将需剥皮的导线放入合适的槽口,剥皮时不能剪断导线。剪口的槽并拢后应为圆形。
10. **镊子** 有尖嘴镊子和圆嘴镊子两种。尖嘴镊子用于夹持细小的导线,以便于装配焊接。圆嘴镊子用于弯曲元器件引线和夹持元器件焊接等。用镊子夹持元器件焊接时还能起到散热作用。镊子还用于元器件的拆焊。

第三节 焊 料

焊料是易熔金属,它熔点低于被焊金属,在熔化时能在被焊金属表面形成合金而将被焊金属连接到一起。按焊料成分,有锡铅焊料、银焊料、铜焊料等,在一般电子产品装配中主要使用锡铅焊料。

一、铅锡合金

锡(Sn)是一种质软低熔点金属,高于13.2℃时是银白色金属,低于13.2℃灰色,低于-40℃变成粉末。常温下抗氧化性强,并且容易同多数金属形成金属化合物。纯锡质脆,机械性能差。

铅(Pb)是一种青白色软金属,熔点327℃,塑性好,有较高抗氧化性和抗腐蚀性。铅属于对人体有害的重金属,在人体中积蓄能引起铅中毒。铅的机械性能也很差。

1. 铅锡合金 铅与锡熔形成合金(即铅锡焊料)后,具有一系列铅和锡不具备的优点:

(1) 熔点低,各种不同成分的铅锡合金熔点均低于铅和锡的熔点,如图5-4所示,有利于焊接。

(2) 机械强度高,合金的各种机械强度均优于纯锡和铅。

(3) 表面张力小,黏度下降,增大了液态流动性,有利于焊接时形成可靠接头。

(4) 抗氧化性好,铅具有的抗氧化性优点在合金中继续保持,使焊料在熔化时减少氧化量。

2. 铅锡合金状态图 图5-4表示不同比例的铅和锡混合后其状态随温度变化的曲线。

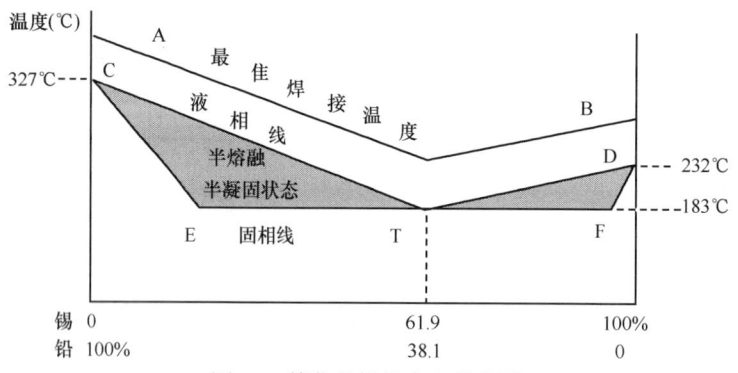

图5-4 简化的锡铅合金状态图

由图可以看出不同比例的Pb与Sn组成的合金熔点与凝固点各不相同。除纯Pb、纯Sn和共晶合金是在单一温度下熔化外,其他合金都是在一个区域内熔化。

图5-4中CTD线叫液相线;温度高于此线时合金为液相;CETFD叫固相线,温度低于此线时,合金为固相;两线之间的两个三角形区域内,合金是半融、半凝固状态。图5-4中AB线表示最适于焊接的温度,它高于液相线50℃。

二、共晶焊锡

图5-4中T点叫共晶点,对应的合金成分是Pb 38.1%、Sn 61.9%称为共晶合金,对应温度为183℃,是Pb-Sn焊料中性能最好的一种。它有以下优点:

(1) 低熔点,使焊接时加热温度降低,可防止元器件损坏。

(2) 熔点和凝固点一致,可使焊点快速凝固,不会因半融状态时间间隔长而造成焊点结晶疏松,强度降低。这一点尤其对自动焊接有重要意义。因为自动焊接传输中不可避免存在振动。

(3) 流动性好,表面张力小,有利于提高焊点质量。

(4) 强度高,导电性好。

实际应用中,Pb和Sn的比例不可能也没必要控制在理论比例上,一般将Sn 60%、Pb 40%的焊锡就称为共晶焊锡,其凝固点和熔化点也不是单一的183℃,而是在某个范围内,这在工程上是经济的。

三、焊锡物理性能及杂质影响

表5-3给出不同成分Pb-Sn焊料的物理性能。可以看出含Sn 60%的焊料，抗张强度和剪切强度都较优。而含Sn量过高或过低性能都不理想。一般常用焊锡含锡量为10%~60%。手工烙铁锡焊所用焊锡一般是共晶焊锡。

表5-3　焊料的物理和机械性能三线表

锡	铅	导电性(铜100%)	抗张力(kgf/mm²)	折断力(kgf/mm²)
100	0	13.9	1.49	2.0
95	5	13.6	3.15	3.1
60	40	11.6	5.36	3.5
50	50	10.7	4.73	3.1
52	58	10.2	4.41	3.1
35	65	9.7	4.57	3.6
30	70	9.3	4.73	3.5
0	100	7.9	1.42	1.4

焊锡除铅和锡外，不可避免有其他微量金属。这种微量金属就是杂质，它们的存在超过一定限量就会对焊锡性能产生影响。

不合格的焊锡可能是成分不准确，也可能是杂质含量超标。

生产中大量使用的焊锡应该经过质量认证。表5-4是国产焊料牌号及主要性能。

另一方面，为了使焊锡获得某些性能，也可掺入某些金属。例如掺入少量(0.5%~2%)的银，可使焊锡熔点低，强度高，掺入镉可使焊锡变为高温焊锡。

硬而脆，熔点下降，光泽变差。为增强耐寒性，需要时可加入微量。

表5-4　焊料及其主要性能

名称	牌号	主要成分(%) 锡	主要成分(%) 锑	主要成分(%) 铅	杂质 <%	熔点(℃)	抗拉强度(kg/cmz)	用途
10锡铅焊料	HLSnPbl0	89~91	≤0.15			220	4.3	钎焊仪器器皿及医药卫生方面物品
39锡铅焊料	HLSnPb39	59~61				183	47	钎焊电子、电气制品
50锡铅焊料	HLSnPb50	49~51	≤0.8	余	0.1	210		钎焊散热器、计算机、黄铜制件
58-2锡铅焊料	HLSnPb58-2	39~41				235	3.8	钎焊工业及物理仪表等
68-2锡铅焊料	HLSnPb68-2	29~31	1.5~2			256	3.3	钎焊电缆护套、铅管等
80-2锡铅焊料	HLSnPb80-2	17~19		量		277	2.8	钎焊油壶、容器、散热器
96-6锡铅焊料	HLSnPb90-2	3~4	5~6				5.9	钎焊黄铜和铜
73-2锡铅焊料	HLSnPb73-2	24-26	1.5~2		0.6	265	2.8	钎焊铅
45锡铅焊料	HLSnPb45	53-57				200		

手工烙铁焊接常用管状焊锡丝。将焊锡制成管状内部加助焊剂，焊剂一般是优质松香添加一定活化剂。由于松香很脆，拉制时容易断裂，造成局部缺焊剂的现象，而多芯焊丝则可克服这个缺点。焊料成分一般是含锡量60%~65%的铅锡合金。焊锡丝直径(mm)有0.5、0.8、0.9、1.0、1.2、1.5、2.0、2.3、2.5、3.0、4.0、5.0，还有扁带状、球状、饼状等形状的成型焊料。

第四节　焊　　剂

由于金属表面同空气接触后都会生成一层氧化膜，温度越高，氧化越厉害。这层氧化膜阻止液态焊锡对金属的润湿作用。焊剂就是用于清除氧化膜的一种专用材料，又称助焊剂。它不参与焊接的冶金过程，而仅仅起清除氧化膜的作用。更不能用焊剂除掉焊件上各种污物。

一、助焊剂的作用与要求

1. 助焊剂有三大作用

(1) 除氧化膜。其实质是助焊剂中的氯化物、酸类同氧化物发生还原反应，从而除去氧化膜，反应后的生成物变成悬浮的渣，漂浮在焊料表面。

(2) 防止氧化。液态的焊锡及加热的焊件金属都容易与空气中的氧接触而氧化。助焊剂在熔化后，漂浮在焊料表面，形成隔离层，因而防止了焊接面的氧化。

(3) 减小表面张力，增加焊锡流动性，有助于焊锡润湿焊件。

(4) 使焊点美观。合适的焊剂能够整理焊点的形状，保持焊点表面的光洁。

2. 对助焊剂要求

(1) 熔点应低于焊料。只有这样才能发挥助焊剂作用。

(2) 表面张力、黏度、比重小于焊料。

(3) 残渣容易清除。焊剂都带有酸性，而且残渣影响外观。

(4) 不能腐蚀母材。焊剂酸性太强，就会不仅除氧化层，也会腐蚀金属，造成危害。

(5) 不产生有害气体和刺激性气味。

二、助焊剂分类及应用

助焊剂大致可分为有机焊剂、无机焊剂和树脂焊剂三大类。其中以松香为主要成分的树脂焊剂在电子产品生产中有重要的地位，成为专用型的助焊剂。

(1) 有机焊剂具有较好的助焊作用，但有一定的腐蚀性，残渣不易清除，其挥发物污染空气，一般不单独使用，而是作为活化剂与松香一起使用。

(2) 无机焊剂的活性最强，常温下就能除去金属表面的氧化膜。但这种强腐蚀作用容易损坏金属及焊点，电子焊接中是不使用的。这种焊剂用机油乳化后，制成一种膏状物质，俗称焊油，一般用于焊接金属板等容易清洗的焊件，除非特别准许，一般不允许使用。

(3) 树脂焊剂的主要成分是松香。松香的主要成分是松香酸和松香脂酸酐，在常温下几乎没有任何化学力，呈中性。当加热至熔化时呈弱酸性。可与金属氧化膜发生还原反应，生成的化合物悬浮在液体焊锡表面，也起到焊锡表面不被氧化的作用。焊接完毕恢复常温后，松香又变成固体，无腐蚀无污染，绝缘性能好。

焊剂中以无机焊剂活性最强，常温下即能除去金属表面的氧化膜。但这种强腐蚀作用很容易损伤金属及焊点，电子焊接中不能使用。

三、松香焊剂性能及使用

松香是由自然松脂中提炼出的树脂类混合物，主要成分是松香酸(约占80%)和海松酸等。其主要性能有，常温下为浅黄色固态，化学活性呈中性。70℃以上开始熔化，液态时有一定化学活性，呈现酸的作用，与金属表面氧化物发生反应(氧化铜-松香酸铜)。300℃以上开始分解，并发生化学变化，变成黑色固体，失去化学活性。

因此在使用松香焊剂时如果已经反复使用变黑后，就失去助焊剂作用。

手工焊接时常将松香溶入酒精制成所谓"松香水"。如在松香水中加入三乙醇胺可增强活性。

氢化松香是专为锡焊生产的一种高活性松香，助焊作用优于普通松香。

表5-5为常用焊剂，可供参考。

表5-5 几种助爆剂配方、性能与应用

品　　种	配方(重量百分数)		可焊性	活　性	适用范围
松香酒精焊剂	松香 无水乙酸	23 67	中	中性	印制板、导线焊接
盐酸二乙胺焊剂	盐酸二乙胺 松香 正丁醇 无水乙醇	4 20 10 60	好	有轻度腐蚀性	手工烙铁焊接电子元器件、零部件
盐酸苯胺焊剂	盐酸苯胺 三乙醇胺 松香 无水乙醇 溴化水杨酸	4.5 2.5 23 60 10			手工烙铁焊接电子元器件、零部件，可用于搪锡
201焊剂	溴化水杨酸 树脂 松香 无水乙醇	10 20 20 50			元器件搪锡、浸焊、波峰焊
201—1焊剂	溴化水杨酸 丙烯酸树脂 松香 无水乙醇	7.9 3.5 20.5 48.1			印制板涂覆
SD焊剂	SD 溴化水杨酸 松香 无水乙醇	6.9 3.4 12.7 77			浸焊、波峰焊
氯化锌焊剂	ZnCl₂饱和水溶液		很好	强腐蚀性	金属制品钣金件
氯化铵焊剂	乙醇 甘油	70% 30%			锡焊各种黄铜零件

四、阻焊剂

焊接中，特别是在浸焊和波峰焊中，为提高焊接质量，需要高温的阻焊涂料，使焊料只在需要的焊点上进行焊接，而把不需要焊接的部分保护起来，起到一定的阻焊作用，这种阻焊材料称为阻焊剂。

1. 阻焊剂的优点

(1) 防止桥连、短路及虚焊等情况的发生，减少印制板的返修率，提高焊点的质量。

(2) 因印制板板面部分被阻焊剂覆盖，焊接时受的热冲击小，降低了印制板的温度，使板面不易起泡、分层，同时也起到了保护元器件和集成电路的作用。

(3) 除了焊盘外，其他部分均不上锡，可以节约大量的焊料。

(4) 使用带色彩的阻焊剂可使印制板的板面看起来整洁美观。

2. 阻焊剂的分类 阻焊剂按成膜方法分为热固性和光固性两大类。

热固化阻焊剂即所用的成膜材料是加热固化。热固化阻焊剂具有价格便宜、黏接强度高的优点，但也具有加热温度高、时间长，印制板容易变形、能源消耗大，不能实现连续化生产等特点。

光固化阻焊剂即所用的成膜材料是光照固化。光固化阻焊剂在高压汞灯下照射2~3分钟即可固化，因而可节约大量能源，提高生产效率，便于自动化生产。

目前热固化阻焊剂逐步被淘汰，光固化阻焊剂被大量采用。

第五节　手工锡焊技术

一、锡焊机理

锡焊属于钎焊中的软钎焊。简略地说锡焊，就是将铅锡焊料熔入焊件的缝隙使其连接的一种焊接方法，其特征是：①焊料熔点低于焊件。②焊接时将焊件与焊料共同加热到焊接温度，焊料熔化而焊件不熔化。③由熔化的焊料润湿焊件的焊接面产生冶金、化学反应形成结合层而实现的连接的。

从理解锡焊过程，指导正确焊接操作来说，以下几点是最基本的。

1. 扩散　当两块金属接近到足够小的距离时，界面上晶格的紊乱导致部分原子能从一个晶格点阵移动到另一个晶格点阵，从而引起金属之间的扩散。这种发生在金属界面上的扩散结果，使两块金属结合成一体，实现了金属之间的"焊接"。

金属之间的扩散有两个基本条件：①距离，两块金属必须接近到足够小的距离。只有在一定小的距离内，两块金属原子间引力作用才会发生。②温度，只有在一定温度下金属分子才具有动能，使得扩散得以进行。

锡焊就其本质上说，是焊料与焊件在其界面上的扩散。焊件表面的清洁，焊件的加热是达到其扩散的基本条件。

2. 润湿　润湿是发生在固体表面和液体之间的一种物理现象。如果液体能在固体表面漫流开，我们就说这种液体能润湿该固体表面。锡焊过程中，熔化的铅锡焊料和焊件之间的作用，正是这种润湿现象。如果焊料能润湿焊件，我们则说它们之间可以焊接，观测润湿角是锡焊检测的方法之一。

3. 结合层　焊料润湿焊件的过程中，符合金属扩散的条件，所以焊料和焊件的界面有扩散现象发生。这种扩散的结果，使得焊料和焊件界面上形成一种新的金属合金层，我们称之为结合层。结合层的作用将焊料和焊件结合成一个整体，实现金属连续性。锡焊靠结合层的作用实现连接。铅锡焊料和铜在锡焊过程中生成结合层，厚度可达 $1.2\sim10\mu m$。

综上所述，我们获得关于锡焊的理性认识，将表面清洁的焊件与焊料加热到一定温度，焊料熔化并润湿焊件表面，在其界面上发生金属扩散并形成结合层，从而实现金属的焊接。

二、锡焊基本条件

1. 焊件可焊性　可焊性是指被焊金属与焊锡在适当的温度及助焊剂的作用下形成结合良好合金的能力。不是所有的金属都可以用锡焊实现连接的，只有一部分金属有较好可焊性，才能用锡焊连接。一般铜及其合金、金、银、锌、镍等具有较好可焊性，而铝、不锈钢、铸铁等可焊性很差。

2. 焊件表面必须保持清洁　即使是可焊性好的焊件，由于表面存在氧化膜或油污等，从而使焊锡与被焊金属表面原子间距离加大，彼此间无法充分吸引，形成合金层，严重影响焊接质量。因此，一定要保持被焊金属表面清洁。

3. 合格的焊料　铅锡焊料成分不合规格或杂质超标都会影响锡焊质量，特别是某些杂质含量，例如锌、铝、镉等，即使是0.001%的含量也会明显影响焊料润湿性和流动性，降低焊接质量。

4. 使用合适助焊剂　助焊剂就是用于清除氧化膜并减小焊料熔化后的表面张力的一种专用材料。焊接不同的材料要选用不同的焊剂，即使是同种材料，当采用焊接工艺不同时也往往要用不同的焊剂。对手工锡焊而言大部分电子产品采用松香或活性松香。同时注意，过多、过少都不利于锡焊。

5. 适当的焊接温度和时间 将焊料和被焊金属加热使熔化的焊料在被焊金属表面浸润扩散并形成合金层，保证焊点牢固。加热过程中不但要将焊锡熔化，而且要将焊件加热到熔化焊锡的温度，但温度过高是有害的。

焊接时间是指焊接过程中进行物理和化学变化所需要的时间，包括焊件达到焊接温度的时间、焊锡熔化的时间、助焊剂发生作用并形成合金层的时间等。焊接时间的长短要适当，时间过长会损坏元器件，是焊点的外观变形；时间过短焊料不能充分浸润被焊金属，不能保证焊接质量。

三、焊接操作姿势

由于焊剂加热挥发出的化学物质对人体是有害的，如果操作时鼻子距离烙铁头太近，则很容易将有害气体吸入。一般烙铁离开鼻子的距离应至少不小于30cm，通常以40cm时为宜。

手工焊接时一只手握电烙铁，令一只手拿焊锡丝，帮助电烙铁吸取焊料。

电烙铁拿法有三种，如图5-5所示：①反握法动作稳定，长时操作不易疲劳，适于大功率烙铁的操作。②正握法适于中等功率烙铁或带弯头电烙铁的操作。③握笔法适用于小功率的电烙铁和热容量小的被焊件，但长时间操作易疲劳。

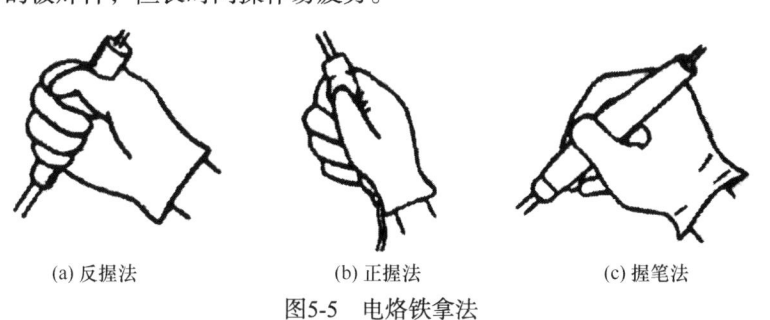

(a) 反握法　　　　　(b) 正握法　　　　　(c) 握笔法
图5-5　电烙铁拿法

焊锡丝一般有两种拿法，如图5-6所示。由于焊丝成分中，铅占一定比例，众所周知铅是对人体有害的重金属，因此操作时应戴手套或操作后洗手，避免食入。

使用电烙铁要配置烙铁架，一般放置在工作台右前方，电烙铁用后一定要稳妥放于烙铁架上，并注意导线等物不要碰烙铁头。

(a) 连续锡焊时焊锡丝的拿法　(b) 断续锡焊时焊锡丝的拿法
图5-6　焊锡丝拿法

四、五步法训练

经常看到这样一种焊接操作法，即先用烙铁头沾上一些焊锡，然后将烙铁放到焊点上停留等待加热后焊锡润湿焊件。这是不正确的操作方法，容易形成虚焊。正确的操作方法为五步法如图5-7所示。

1. 准备施焊 准备好焊锡丝和烙铁。此时特别强调的是烙铁头部要保持干净，即可以沾上焊锡(俗称吃锡)。

2. 加热焊件 将烙铁接触焊接点，注意首先要保持烙铁加热焊件各部分，其次要注意让烙铁头的扁平部分(较大部分)接触热容量较大的焊件，烙铁头的侧面或边缘部分接触热容量较小的焊件，以保持焊件均匀受热。

焊锡　烙铁

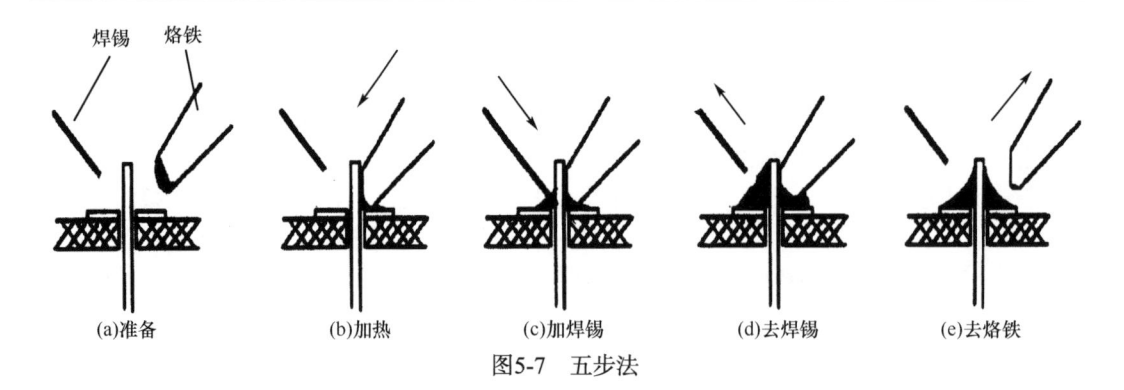

(a)准备　　(b)加热　　(c)加焊锡　　(d)去焊锡　　(e)去烙铁

图5-7　五步法

3. 熔化焊料　当焊件加热到能熔化焊料的温度后将焊丝置于焊点,焊料开始熔化并润湿焊点。

4. 移开焊锡　当熔化一定量的焊锡后将焊锡丝移开。

5. 移开烙铁　当焊锡完全润湿焊点后移开烙铁,注意移开烙铁的方向应该是大致45°的方向。

上述过程,对一般焊点而言为2~3秒钟。对于热容量较小的焊点有时用三步法概括操作方法,即将上述步骤2,3合为一步,4,5合为一步。实际上细微区分还是五步,所以五步法有普遍性,是掌握手工烙铁焊接的基本方法。特别是各步骤之间停留的时间,对保证焊接质量至关重要,只有通过实践才能逐步掌握。

五、锡焊操作要点

1. 焊件表面处理和烙铁头的清洁　手工烙铁焊接中遇到的焊件是各种各样的电子零件和导线,除非在规模生产条件下使用"保鲜期"内的电子元件,一般情况下遇到的焊件往往都需要进行表面清理工作,去除焊接面上的锈迹、油污、灰尘等影响焊接质量的杂质。手工操作中常用机械刮磨和酒精、丙酮擦洗等简单易行的方法。

因为焊接时烙铁头长期处于高温状态,又接触焊剂等受热分解的物质,其表面很容易氧化而形成一层黑色杂质,这些杂质几乎形成隔热层,使烙铁头失去加热作用。因此要随时在烙铁架上蹭去杂质。用一块湿布或湿海绵随时擦烙铁头,也是常用的方法。

2. 预焊　预焊就是将要锡焊的元器件引线或导线的焊接部位预先用焊锡润湿,一般也称为镀锡、上锡、搪锡等。称预焊是准确的,因为其过程和机理都是锡焊的全过程——焊料润湿焊件表面,靠金属的扩散形成结合层后而使焊件表面"镀"上一层焊锡。

预焊并非锡焊不可缺少的操作,但对手工烙铁焊接特别是维修、调试、研制工作几乎可以说是必不可少的。

3. 不要用过量的焊剂　适量的焊剂是必不可缺的,但不要认为越多越好。过量的松香不仅造成焊后焊点周围需要清洗的工作量,而且延长了加热时间(松香溶化、挥发需要并带走热量),降低工作效率,而当加热时间不足时又容易夹杂到焊锡中形成"夹渣"缺陷,对开关元件的焊接,过量的焊剂容易流到触点处,从而造成接触不良。

合适的焊剂量应该是松香水仅能浸湿将要形成的焊点,不要让松香水透过印刷板流到元件面或插座孔里。对使用松香芯的焊丝来说,基本不需要再涂焊剂。

4. 加热要靠焊锡桥　非流水线作业中,一次焊接的焊点形状是多种多样的,我们不可能不断换烙铁头。提高烙铁头加热的效率,需要形成热量传递的焊锡桥。所谓焊锡桥,就是靠烙铁上保留少量焊锡作为加热时烙铁头与焊件之间传热的无焊锡桥作用,接触面小,传热慢焊锡桥作用,大面积传热,速度快。显然由于金属液的导热效率远高于空气,而使焊件很快被加热到焊接温度如图5-8示。应注意作为焊锡桥的锡保留量不可过多。

5. 焊件要固定 在焊锡凝固之前不要使焊件移动或振动,特别是用镊子夹住焊件时一定要等焊锡凝固再移去镊子。这是因为焊锡凝固过程是结晶过程,根据结晶理论,在结晶期间受到外力(焊件移动)会改变结晶条件,导致晶体粗大,造成所谓"冷焊"。外观现象是表面无光泽呈豆渣状,焊点内部结构疏松,容易有气隙和裂缝,造成焊点强度降低,导电性能差。因此,在焊锡凝固前一定要保持焊件静止。

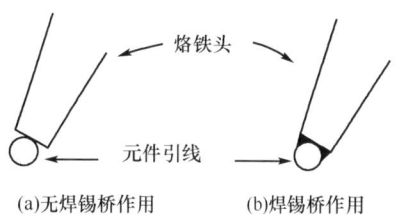

(a)无焊锡桥作用　　(b)焊锡桥作用
图5-8　焊锡桥作用

6. 焊锡量要合适 过多的焊锡不但毫无必要地消耗了较贵的锡,而且增加了焊接时间,相应降低了工作速度。更为严重的是在高密度的电路中,过量的锡很容易造成不易觉察的短路。但是焊锡过少不能形成牢固地结合,降低焊点强度,特别是在板上焊导线时,焊锡不足往往造成导线脱落。

7. 掌握好加热时间并保持合适的温度 锡焊时可以采用不同的加热速度,有时我们不得不延长时间以满足锡料温度的要求。一般情况下延长加热时间对电子产品装配都是有害的,会导致如下后果:①焊点的结合层由于长时间加热而超过合适的厚度引起焊点性能劣化。②印制板、塑料等材料受热过多会变形变质。③元器件受热后性能变化甚至失效。④焊点表面由于焊剂挥发,失去保护而氧化。

在保证焊料润湿焊件的前提下时间越短越好。如果为了缩短加热时间而采用高温烙铁焊小焊点,则会带来另一方面的问题:焊锡丝中的焊剂没有足够的时间在被焊面上漫流而过早挥发失效,焊料熔化速度过快影响焊剂作用的发挥,由于温度过高虽加热时间短也造成过热现象。

结论:保持熔铁头在合理的温度范围。一般经验是烙铁头温度比焊料熔化温度高50℃较为适宜。想的状态是较低的温度下缩短加热时间,尽管这是矛盾的,但在实际操作中我们可以通过操作手法获得令人满意的解决方法。

烙铁头把热量传给焊点主要靠增加接触面积,用烙铁对焊点加力对加热是徒劳的。很多情况下会造成被焊件的损伤,例如电位器、开关、接插件的焊接点往往都是固定在塑料构件上,加力的结果容易造成元件失效。

8. 撤离的方法 烙铁撤离要及时,而且撤离时的角度和方向对焊点形成有一定关系。图5-9所示为不同撤离方向对焊料的影响。撤烙铁时轻轻旋转一下,可保持焊点适当的焊料,这需要在实际操作中体会。

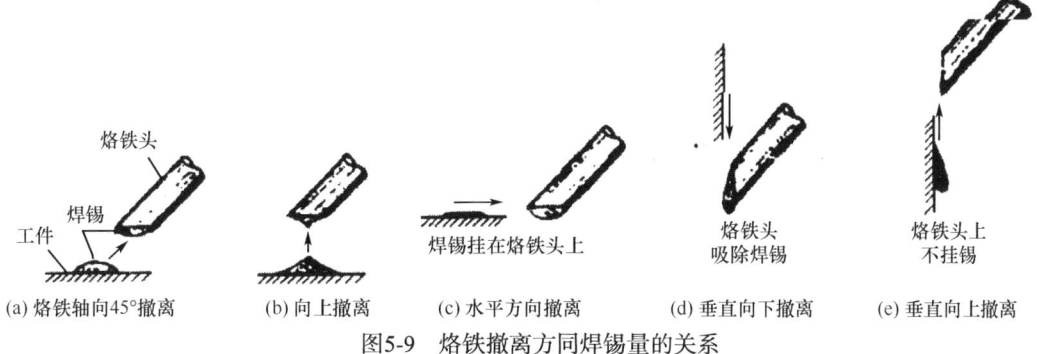

(a) 烙铁轴向45°撤离　(b) 向上撤离　(c) 水平方向撤离　(d) 垂直向下撤离　(e) 垂直向上撤离
图5-9　烙铁撤离方向同焊锡量的关系

以下几个要点是由锡焊机理引出并被实际经验证明具有普遍适用性。

第六节 焊接质量及缺陷

焊接是电子产品制造中最主要的一个环节,利用焊接的方法进行连接而形成的接点叫焊点。一个虚焊点就能造成整台仪器设备的失灵。要在一台有成千上万个焊点的设备中找出虚焊点来不是容易的事。据统计现在电子设备仪器中故障的近一半是由于焊接不良引起的。

一、焊 点

1. 焊点形成的必要条件 在焊接过程中要完成一个良好的焊点需要以下几个条件:

(1) 焊件必须有良好的可焊性。不是所有的金属都具有良好的可焊性。可焊性较好的金属如紫铜、黄铜等。可焊性较差的金属如铬、钼、钨等。焊接时的高温使金属表面产生氧化膜,从而影响了材料的可焊性。为提高可焊性一般采用表面镀锡、镀银等方法来防止表面的氧化。

(2) 焊件表面必须清洁。即使是可焊性良好的焊件,由于存储、运输等环节可能使焊件的表面产生有害的氧化膜和油污,从而使焊锡和焊件无法达到良好的结合。因此在焊接前务必把污膜清除干净,保证焊接质量。

(3) 使用合适的助焊剂。助焊剂是略带酸性的易溶物质。焊接过程中,助焊剂用于清除被焊金属表面的氧化物和污物的作用,提高焊锡的流动性,形成良好的焊点。不同的焊接工艺应选择不同的助焊剂。

(4) 焊件要加热到适当的温度。焊接时不仅焊锡要加热到融化,而且应该同时将焊件加热到能够融化焊锡的温度。

2. 对焊点的基本要求 一个良好的焊点应具备以下几个条件:

(1) 良好的导电性。一个良好的焊点应是焊料和被焊金属形成金属合金的形式,才能保证有良好的导电性,而不是简单讲焊料堆附在被焊金属表面。

(2) 具有一定机械强度。焊点的作用其一是连接两个或多个元件,所以焊点要有一定的机械强度保证电气良好,以防在使用、存储或运输过程中出现开焊等情况,影响电气性能。

(3) 焊点上焊料要适量。焊料过少,不仅机械强度减小,而且随着氧化加深,焊点会失效。焊料过多,在焊点密集的地方容易造成桥连,或在潮湿气候里因细小灰尘引起短路。所以一个良好的焊点焊料要适中。

(4) 焊点表面光滑且具有良好的光泽。一个良好的焊点表面应光滑,无凸凹不平和毛刺和空隙等。高频电路中,焊点有毛刺或空隙时,在两个相近毛刺间易产生尖端放电。焊接温度过高时则焊点光泽变差且表面容易起泡。

(5) 焊接点表面要清洁。焊接点表面及周围要清洁,存助焊剂残渣及污垢一方面会降低电路的绝缘性,同时对焊接点也有一定的腐蚀作用。

3. 典型焊点外观 图5-10中所示是两种典型焊点的外观,其共同要求是:①外形以焊接导线为中心,匀称,成裙形拉开;②焊料的连接面呈半弓形凹面,焊料与焊件交界处平滑,接触角尽可能小;③表面有光泽且平滑;④无裂纹、针孔、夹渣。

所谓外观检查,除用目测(或借助放大镜、显微镜观测)焊点是否合乎上述标准外,还包括检查以下各点:①漏焊;②焊料拉尖;③焊料引起导线间短路(即所谓"桥接");④导线及元器件绝缘的损伤;⑤布线整形;⑥焊料飞溅。

检查时除目测外还要用指触,镊子拨动,拉线等方法检查有无导线断线,焊盘剥离等缺陷。

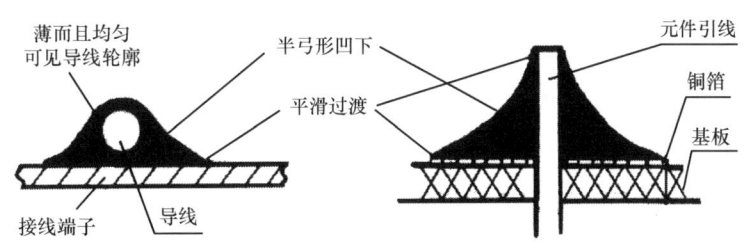

图5-10 型焊点外观

4. 焊点的质量检查 检查焊点质量的好坏是为了保证产品质量。检查的方法主要有目视检查、手触检查和通电检查三种。

(1) 目视检查检查焊点的外观。典型的焊点外观有如下要求：①形状为近似圆锥，表面微凹呈慢坡状。虚焊点表面往往成凸形；②焊料的连接面呈办弓形凹面，焊料与焊件交界处平滑，接触角尽可能小；③焊点表面平滑且有光泽，无毛刺、气泡；④无裂纹、针孔、夹渣；⑤有无焊点桥连。

(2) 手触检查主要是指直接用手触摸、动摇元器件时，焊点有无松动、不牢、脱落的现象。或用镊子夹住元器件引线轻轻拉动时，无松动现象。

(3) 通电检查是在外观及连线检查及连线无误后进行。通电检查可以发现很多微小的缺陷，如目视检查观察不到的电路桥连、虚焊等。表5-6为通电检查时可能出现的故障。

表5-6 通电检查结果及原因

检查结果		原因
元器件损坏	失效、性能降低	焊接时过热、烙铁漏电
导电不良	短路	电路桥接、焊料飞溅
	断路	焊锡开裂、松香夹渣、虚焊、插座接触不良
	时通时断	导线断丝、焊盘剥落

5. 常见焊点缺陷与分析 造成焊点缺陷的原因有很多，导线的焊接缺陷如表5-7，元件的焊接常见缺陷如表5-8所示。

表5-7 常见导线缺陷示例

名称	焊锡浸过外皮	虚焊	外皮烧焦	断丝
现象				
名称	芯线过长	焊锡上吸	甩丝	芯线散开
现象				

表5-8 常见焊点缺陷及原因

现象名称	焊点缺陷	外观特点	危害	原因分析
焊料过多		焊料面呈凸形	浪费焊料，且可能包藏缺陷	焊丝撤离过迟

续表

现象名称	焊点缺陷	外观特点	危害	原因分析
松动		导线或元器件引线可移动	导通不良或不到通	①焊锡未凝固前引线移动造成空隙 ②引线未处理好(浸润差或不浸润)
拉尖		出现尖端	外观不佳,容易造成桥接现象	①助焊剂过少,而加热时间过长 ②烙铁撤离角度不当
焊料过少		焊料未形成平滑面	机械强度不够	焊丝撤离过早
松香焊		焊缝中夹有松香渣	强度不足,导通不良,有可能是同时断	①加焊剂过多 ②焊接时间不足,加热不足 ③表面氧化膜未去除
过热		焊点发白,无金属光泽,表面较粗糙	焊盘容易剥落,强度降低	烙铁功率过大,加热时间过长
冷焊		表面呈豆腐渣颗粒,有时可能有裂纹	强度低,导电性不好	焊料未凝固前焊件拌动或烙铁瓦数不够
浸润不良		焊料与焊件交接面触角过大,不平滑	强度低,不通或时通时断	①焊件清理不干净 ②助焊剂不足或质量差 ③焊件未充分加热
不对称		焊锡夹流满焊盘	强度不足	①焊料流动性不好 ②助焊剂不足或质量差 ③加热不足
桥接		相邻导线连接	电气短路	①焊锡过多 ②烙铁撤离方向不当
针孔		目测或低倍放大镜可见有孔	强度不足,焊点容易腐蚀	焊盘孔与引线间隙太大
气泡		引线根部有时有喷火式焊料隆起,内部藏有空洞	暂时导通,但长时间容易引起导通不良	引线与孔间隙过大或引线浸润性不良

二、焊点失效分析

作为电子产品主要连接方法的锡焊点,应该在产品的有效使用期限保证不失效。但实际上,总有一些焊点在正常使用期内失效,究其原因有外部因素和内部因素两种。

外部因素主要有以下三点:

1. **环境因素** 有些电子产品本身就工作在有一定腐蚀性气体的环境中,例如有些工厂中生产过程中就产生某些腐蚀性气体,即使是家庭或办公室中也不同程度存在腐蚀性气体。这些气体浸入有缺陷的焊点,例如有气孔的焊点,在焊料和焊件界面处很容易形成电化学腐蚀作用,使焊点早期失效。

2. **机械应力** 产品在运输(如汽车、火车)中或使用中(如机床、汽车上的电器)往往受周期性的机械振动,其结果使具有一定质量的电子元件对焊点施加周期性的剪切力,反复作用的结果会使有缺陷的焊点失效。

3. 热应力作用 电子产品在反复通电-断电的过程中,发热元器件将热量传到焊点,由于焊点不同材料热胀冷缩性能的差异,对焊点产生热应力,反复作用的结果也会使一些有缺陷的焊点失效。

应该指出的是设计正确,焊接合格的焊点是不会因这些外部因素而失效的。外部因素通过内因起作用,这内部因素主要就是焊接缺陷。虚、气孔、夹渣、冷焊等缺陷,往往在初期检查中不易发现,一旦外部条件达到一定程度时就会使焊点失效。一、二个焊点失效可能导致整个产品不能正常工作,有些情况下会带来严重的后果。

除焊接缺陷外,还有印制电路板,元器件引线镀层不良也会导致焊点出问题,例如印制板铜箔上一般都有一层铅锡镀层或金、银镀层,焊接时虽然焊料和镀层结合良好,但镀层和铜箔脱落同样引起焊点失效。

三、拆　　焊

将已焊焊点拆除的过程称为拆焊。调试和维修中常需要更换一些元器件,实际操作中,拆焊笔焊接难度更高。如果拆焊不得法,就会损坏元器件及印制板。拆焊也是焊接工艺中一个重要的工艺手段。

1. 拆焊的基本原则 拆焊前一定要弄清楚原焊点的特点,在动手操作。具体原则如下:
(1) 不可损坏待拆的元器件、导线及周围的元器件。
(2) 拆焊时不可以损坏印制板上的焊盘及印制导线。
(3) 对已判断为损坏的元器件,可先将其引线剪断后再拆除,以减少其他损伤。
(4) 在拆焊过程中,应尽量避免拆动其他元器件或变动其他元器件的位置。如确实需要拆动其他元器件或变动其他元器件的位置,要做好复原工作。

2. 拆焊工具 常用的拆焊工具除前面介绍的焊接工具外还有以下几种。
(1) 吸锡电烙铁用于吸去熔化的焊锡,使焊盘与元器件或导线分离,达到解除焊接的目的。
(2) 吸锡绳用于吸取焊接点上的焊锡,使用时将焊锡熔化使之吸附在吸锡绳上。专用的价格昂贵,可用网状屏蔽线代替,效果也很好。
(3) 吸锡器用于吸取熔化的焊锡,要与电烙铁配合使用。先使用电烙铁将焊点熔化,再用吸锡器吸除熔化的焊锡。

3. 拆焊的操作要点
(1) 严格控制加热的温度和时间:因拆焊的加热时间较长,所以要严格控制温度和加热时间,以免将元器件烫伤或使焊盘翘起、宜采用间隔加热法进行拆焊。
(2) 拆焊时不要用力过猛:在高温状态下,元器件封装的强度会下降,尤其是塑封器件,过力的拉、摇、扭都会损坏元器件和焊盘。
(3) 吸去拆焊点上的焊料:拆焊前,用吸锡工具吸去焊料,用时可以直接将元器件拔下。即使还有少量锡连接,也可以减少拆焊的时间,减少元器件和印制板损坏的可能性。在没有吸锡工具的情况下,则可以将印制电路板或能移动的部件倒过来,用电烙铁加热拆焊点,利用重力原理,让焊锡自动流向电烙铁,也能达到部分去锡的目的。

4. 拆焊方法
(1) 分点拆焊法:对卧式安装的组容元器件,两个焊接点距离较远,可采用电烙铁分点加热,逐点拔出。如果引线是弯折的,用烙铁头撬直后再行拆除。

拆焊时，将印制板竖起，一边用烙铁加热待拆元件的焊点，一边用镊子或尖嘴钳夹住元器件引线轻轻拉出。

(2) 集中拆焊法：晶体管及立式安装的阻容元器件之间焊接点距离较近，可用烙铁头同时快速交替加热几个焊接点，待焊锡熔化后一次拔出。对多接点的元器件，如开关、插头座、集成电路等，可用专用烙铁头同时对准各个焊接点，一次加热取下。

(3) 保留拆焊点：对需要保留元器件引线和导线端头的拆焊，要求比较严格，也比较麻烦。可用吸锡工具先吸去被拆焊点外面的焊锡。一般情况下，用吸锡器吸去焊锡后能够摘下元器件。

如果遇到多脚插焊件，虽然用吸锡器清除过焊料，但仍不能顺利摘除，这时候细心观察一下，其中哪些脚没有脱焊。找到后，用清洁而未带焊料的烙铁对引脚进行熔焊，并对引线脚轻轻施力，向没有焊锡的方向推开，使引线脚与焊盘分离，多脚插焊件即可取下。

如果是搭焊的元器件或引线，只要在焊点上沾上助焊剂，用烙铁熔开焊点，元器件的引线或导线可拆下。如遇到元器件的引线或导线的接头处有绝缘套管，要先退出套管，再进行熔焊。

如果是钩焊的元器件或导线，拆焊时先用烙铁清除焊点的焊锡，再用烙铁加热将钩下的残余焊锡熔开，同时须在钩线方向用铲刀撬起引线，移开烙铁并用平口镊子或钳子矫正。再一次熔焊取下所拆焊件。注意：撬线时不可用力过猛，要注意安全，防止将已熔化的焊锡弹入眼内或衣服上。

如果是绕焊的元器件或引线，则用烙铁熔化焊点，清除焊锡，弄清楚原来的绕向，在烙铁头的加热下，用镊子夹住线头逆绕退出，再调直待用。

(4) 剪断拆焊点：被拆焊点上的元器件引线及导线如留有余量，或确定元器件已损坏，可先将元器件或导线剪下，再将焊盘上的线头拆下。

5. 拆焊后重新焊接时应注意的问题 拆焊后一般都要重新焊上元器件或导线，操作时应注意以下几个问题。

(1) 重新焊接的元器件引线和导线的剪截长度、李底板或制板的高度、弯折形状和方向，都应尽量保持与原来的一致，使电路的分布参数不致发生大的变化，以免使电路的性能受到影响，特别对于高频电子产品更要重视这一点。

(2) 印制电路板拆焊后，如果焊盘孔被堵塞，应先用锥子或镊子尖端在加热下，从铜箔面将孔穿通，再插进元器件或导线进行重焊。特别是单面板，不能用元器件引线从印制板面捅穿孔，这样很容易使焊盘铜箔与基板分离，甚至使铜箔断裂。

(3) 拆焊点重新焊好元器件或导线后，应将因拆焊需要而弯折、移动过的元器件恢复原状。一个熟练的维修人员拆焊的维修点一般是不容易看出来的。

四、焊后清理

铅锡焊接法在焊接过程中都要使用焊剂，焊剂在焊接后一般并未从分挥发，反应后的残留物对被焊件会产生腐蚀作用，影响电气性能。因此，焊接后一般要对焊点进行清洗。

清洗方法一般分为液相法和气相法两大类。无论用何种方法清洗，都要求所用清洗剂对焊点无腐蚀作用，而对焊剂残留物则具有较强的溶解能力和去污能力。常用的液相清洗剂用工业酒精，60#和120#航空汽油，气相的有氟利昂等。

1. 液相清洗剂 采用液体清洗剂溶解、中和或稀释残留的焊剂和污物从而达到清洗目的的方法称为液相清洗法。其操作方法和注意事项如下。

(1) 操作方法：小批量生产中常采用手工液相清洗法，它具有方法简单、清洗效果好的特点。具体操作方法是：用镊子夹住蘸有清洗液的小块泡沫塑料或棉纱对焊点周围进行擦洗。如果是印制线路板，可用油画笔蘸清洗液进行刷洗。

更完善的液相清洗法还有滚刷清洗法和宽波溢流清洗法，它们适合大量生产印制线路板的清洗。

(2) 注意事项

1) 常用清洁剂和无水乙醇、汽油等都是易燃物品，使用时严禁操作者吸烟，以防火患。

2) 无论采用何种清洗方法，都不能损坏焊点，不能移动电路板上的元器件及连接导线，如为清洗方法便需要移动时，清洗后应及时复原。

3) 不要过量使用清洗液，以防清洗液进入非密封元器件或线路板元器件侧，否则将使清洗液携带污物进入元器件内部，从而造成接触不良或弄脏印制电路板。

4) 要经常分析和更换清洗液，以保证清洗质量。使用过的清洗液经沉淀过滤后可重复现使用。

2. 气相清洗法 气相清洗法是采用低沸点溶剂，使其受热挥发而形成蒸汽，将焊点及周围焊剂残留物和污物一同带走达到清洗目的的方法。常用的清洗剂氟利昂为无色、无毒、不燃、不爆的有机溶剂，其沸点为47.6℃，凝固点是-35℃，酸碱度为中性，化学性质稳定，绝缘性能良好，它不能溶解油漆。但对以松香为主的常用焊剂及其残留物、污物有良好的清洗作用。氟利昂对大气层有严重破坏作用，所以已被国家禁止使用。

气相清洗的特点是清洗效果好，过程很干净，清洗剂不会对非密封元器件内部及线路板元器件侧造成损害，是较液相清洗法更先进的方法。常用于大批量印制线路板的清洗。

采用气相清洗法应注意氟利昂散失，造成大气污染。近年来，国内外研制的中性焊剂可使清洗工艺简化，甚至不用清洗。

第七节 实用焊接技术

一、焊接前的准备

1. 元器件的检查及引线加工成型 元器件和印制板在使用之前要进行检查，检查内容包括：①元器件的品种、规格及外封装是否与图纸吻合；元器件引线有无氧化、锈蚀；元器件的性能、质量是否完好。②印制电路板有无断路、短路、孔金属化不良以及是否涂有助焊剂或阻焊剂等。

为使元器件在印制板上的装配排列整齐并便于焊接，在安装前通常采用手工或专用机械，按照元器件在印制板上孔位的尺寸要求，把元器件引线弯曲成一定的形状，使其弯曲成形的引线能够方便地插入孔内。元器件引线弯成的形状是根据焊盘孔的距离及装配上的不同而加工成型。元器件引线弯成的形状是根据焊盘孔的距离及装配上的不同而加工成型，如图5-11所示。

为了避免损坏元器件，成形必须注意以下两点：

(1) 元器件引线根部容易折断，因此引线不得从根部弯曲，一般应留出2mm以上。对于那些容易崩裂的玻璃封装的元器件，引线成形时尤其要注意这一点。

(2) 引线弯曲不能"打死弯"，圆弧的最小半径不得小于引线直径的1~2倍。

2. 元器件的插装 元器件在印刷板上的排列和安装方式有两种，一种是立式，另一种是卧式，如图5-11所示。

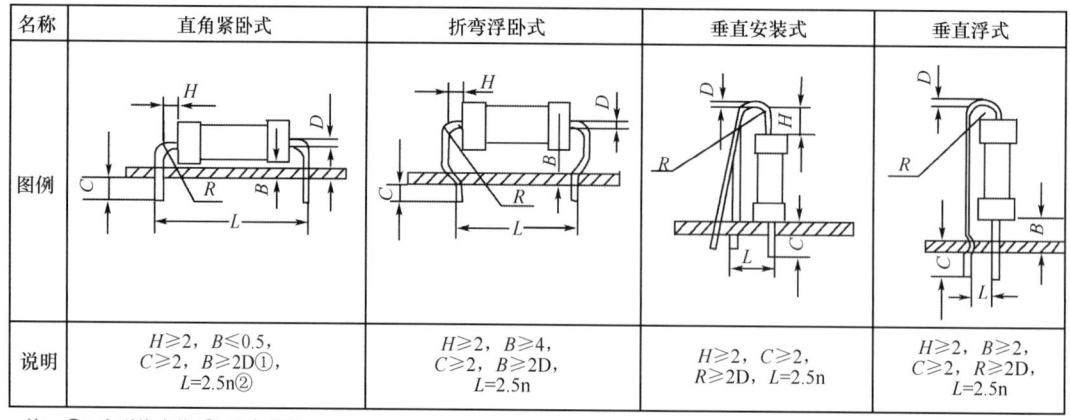

名称	直角紧卧式	折弯浮卧式	垂直安装式	垂直浮式
图例				
说明	$H \geq 2$, $B \leq 0.5$, $C \geq 2$, $B \geq 2D$①, $L=2.5n$②	$H \geq 2$, $B \geq 4$, $C \geq 2$, $B \geq 2D$, $L=2.5n$	$H \geq 2$, $C \geq 2$, $R \geq 2D$, $L=2.5n$	$H \geq 2$, $B \geq 2$, $C \geq 2$, $R \geq 2D$, $L=2.5n$

注：①D为引线直线；②n为自然数

图5-11 元器件引线成型尺寸(mm)

这两种方式都应该位元器件的引线尽可能短一些。在单面印制板上卧式装配时，小功率元器件总是平行地紧贴板面；在双面板上，元器件则可以离开板面约1.2mm，避免因元器件发热而减弱铜箔对基板的附着力，并防止元器件的裸露部分同印制导线短路。

插装元器件还要注意以下原则：

(1) 装配时，应该先安装那些需要机械固定的元器件，然后再安装靠焊接固定的元器件。否则，就会在机械紧固时，使印制板受力变形而损坏其他元器件。

(2) 尽量将元器件的标识置于易于观察的位置。各元器件的符号标志向上(卧式)或向外(立式)，以便于检查。有极性的元器件，插装时要保证方向正确。

(3) 成型后的元器件，尽量保持其排列整齐，同类元件要保持高度一致。图5-12是几种成型图例。

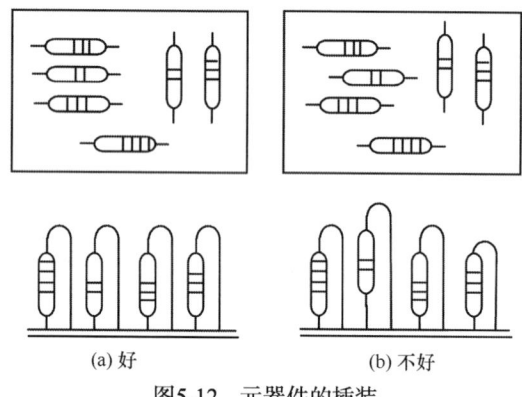

(a) 好　　(b) 不好

图5-12 元器件的插装

(4) 当元器件在印制电路板上立式装配时，单位面积上容纳元器件的数量较多，适合于机壳内空间较小、元器件紧凑密集的产品。但立式装配的机械性能较差，抗震能力弱，如果元器件倾斜，就有可能接触临近元器件而造成短路。为使引线相互隔离，往往采用加套绝缘塑料管的方法。在同一个电子产品中，元器件各条引线所加套管的颜色应该一致，便于区别不同的电极。

(5) 在非专业化批量条件下制作电子产品的时候，通常是安装元器件与焊接同步进行操作。应该先装配焊接那些比较耐热的元器件，如接插件、小型变压器、电阻、电容等；然后再装配焊接那些比较怕热的元器件，如各种半导体器件及塑料封装的元件。

3. 镀锡　是锡焊的核心——液态焊锡对被焊金属表面浸润，形成一层既不同于被焊金属又不同于焊锡的结合层。这一结合层将焊锡同待焊金属这两种性能、成分都不相同的材料牢固连接起来。

镀锡要注意以下几点：①待镀面应清洁，待焊元器件、焊片、导线等都可能在加工、存储的过程中带有不同的污物，因此需要清洗。轻则用酒精或丙酮擦洗，严重的腐蚀性污点只有用机械办法去除，包括刀刮或砂纸打磨，直到露出光亮金属为止。②加热温度要足够，要使焊锡浸润良好，被焊金属表面温度应接近熔化时的焊锡温度才能形成良好的结合层。因此，应该根据焊件大小供给它足够的热量。但由于考虑到元器件承受温度不能太高,因此,必须掌握恰到好处的加热时间。③要使用有效的焊剂,松香是广泛应用的焊剂,但松香经反复加热后就会失效,发黑的松香实际已不起什么作用,应及时更换。

(1) 元器件引线镀锡:元器件引线一般都镀有一层薄的钎料,但时间一长,引线表面产生一层氧化膜,影响焊接。所以,除少数有良好银、金镀层的引线外,大部分元器件在焊接前都要重新镀锡。

在小批量生产中,镀锡可用锡锅,也有用感应加热的办法做成专用的锡锅。使用中要注意锡的温度不能太低,这从液态金属的流动性可判定。但也不能太高,否则锡表面氧化较快。电炉电源可用调压器供电,以调节锡锅的最佳温度。使用过程中,要不断用铁片刮去锡表面的氧化层和杂质。

在大规模生产中,从元器件清洗到镀锡,这些工序都由自动生产线完成。中等规模的生产亦可使用搪锡机给元器件镀锡,还有一种用化学制剂去除氧化膜的办法,也是很有发展前途的措施。

(2) 多股导线镀锡:电子产品的连接中有些会用到导线连接,因此要对导线作如下处理。①剥导线头的绝缘皮不要伤线:剥导线头的绝缘皮最好用剥皮钳,根据导线直径选择合适的槽口,防止导线在钳口处损伤或有少数导线断掉,要保持多股导线内所有铜线完好无损。②多股导线一定要很好地绞合在一起:剥好的导线一定要将其绞合在一起,否则在镀锡时就会散乱,容易造成电气故障。为了保持导线清洁,及焊锡容易浸润,绞合时,最好是手不要直接触及导线。可捏紧已剥断而没有剥落的绝缘皮进行绞合,绞合时旋转角一般在30°~40°,旋转方向应与原线芯旋转方向一致,绞合完成后,再将绝缘皮剥掉。③涂焊剂镀锡要留有余地,通常镀锡前要将导线蘸松香水,有时也将导线放在有松香的木板上用烙铁给导线上一层焊剂,同时也镀上焊锡,要注意,不要让锡浸入到绝缘皮中,最好在绝缘皮前留1~3mm间隔使之没有锡。这样对穿套管是很有利的。同时也便于检查导线有无断股,以及保证绝缘皮端部整齐。

二、印制电路板的焊接

焊接前,将印制板上所有的元器件作好焊前准备工作(整形、镀锡)。焊接时,一般工序应先焊较低的元件,后焊较高的和要求比较高的元件等。次序是:电阻→电容→二极管→三极管→其他元件等。但根据印制板上的元器件特点,有时也可先焊高的元件后焊低的元件(如晶体管收音机),使所有元器件的高度不超过最高元件的高度,保证焊好元件的印制电路板元器件比较整齐,并占有最小的空间位置。不论哪种焊接工序,印制板上的元器件都要排列整齐,同类元器件要保持高度一致。

晶体管装焊一般在其他元件焊好后进行,要特别注意的是每个管子的焊接时间不要超过5~10s,并使用钳子或镊子夹持管脚散热,防止烫坏管子。

涂过焊油或氯化锌的焊点,要用酒精擦洗干净,以免腐蚀,用松香作助焊剂的,需清理干净。

焊接结束后,须检查有无漏焊、虚焊现象。检查时,可用镊子将每个元件脚轻轻提一提,看是否摇动,若发现摇动,应重新焊好。

三、集成电路的焊接

MOS电路特别是绝缘栅型,由于输入阻抗很高,稍不慎即可能使内部击穿而失效。

双极型集成电路由于内部集成度高,通常管子隔离层都很薄,一旦受到过量的热也容易损坏。无论哪种电路,都不能承受高于200℃的温度,因此,焊接时必须非常小心。

集成电路的安装焊接有两种方式，一种是将集成块直接与印制板焊接，另一种是通过专用插座(IC插座)在印制板上焊接，然后将集成块直接插入IC插座上。

在焊接集成电路时，应注意下列事项：

(1) 集成电路引线如果是镀金银处理的，不要用刀刮，只需用酒精擦洗或绘图橡皮擦干净就可以了。

(2) 对CMOS电路，如果事先已将各引线短路，焊前不要拿掉短路线。

(3) 焊接时间在保证浸润的前提下，尽可能短，每个焊点最好用3s时间焊好，最多不超过4s，连续焊接时间不要超过10s。

(4) 使用烙铁最好是20W内热式，接地线应保证接触良好。若用外热式，最好采用烙铁断电用余热焊接、必要时还要采取人体接地的措施。

(5) 使用低熔点焊剂，一般不要高于150℃。

(6) 工作台上如果铺有橡皮、塑料等易于积累静电的材料，电路片子及印制板等不宜放在台面上。

(7) 集成电路若不使用插座，直接焊到印制板上，安全焊接顺序为：地端→输出端→电源端→输入端。

(8) 焊接集成电路插座时，必须按集成块的引线排列图焊好每一个点。

四、几种易损元件的焊接

1. 有机材料铸塑元件接点焊接 各种有机材料，包括有机玻璃、聚氯乙烯、聚乙烯、酚醛树脂等材料，现在已被广泛用于电子元器件的制作，例如，各种开关、插接件等，这些元件都是采用热铸塑方式制成的。它们最大的弱点就是不能承受高温。当对铸塑在有机材料中的导体接点施焊时，如不注意控制加热时间，极容易造成塑性变形，导致元件失效或降低性能，造成隐性故障。

其他类型铸塑制成的元件也有类似问题、因此，这一类元件焊接时必须注意：

(1) 在元件预处理时，尽量清理好接点，力争一次镀锡成功，不要反复镀，尤其将元件在锡锅中浸镀时，更要掌握好浸入深度及时间。

(2) 焊接时烙铁头要修整尖一些，焊接一个接点不应碰相邻接点。

(3) 镀锡及焊接时加助焊剂量要少，防止浸入电接触点。

(4) 烙铁头在任何方向均不要对接线片施加压力。

(5) 时间要短一些，焊后不要在塑壳未冷前对焊点作牢固性试验。

2. 簧片类元件接点焊接 这类元件如继电器、波段开关等，它们的共同特点是簧片制造时加预应力，使之产生适当弹力，保证了电接触性能。如果安装施焊过程中对簧片施加外力，则易破坏接触点的弹力，造成元件失效。如果装焊不当，容易造成以下四方面的问题：

(1) 装配时如对触片施力，造成塑性变形，开关失效。

(2) 焊接时对焊点用烙铁施力，造成静触片变形。

(3) 焊锡过多，流到铆钉右侧，造成静触片弹力变化，开关失效。

(4) 安装过紧，变形。

因此，这类元件装配焊接时，应从以上四个方面采取预防措施，保证元件有效工作。

五、导线焊接技术

导线同接线端子、导线同导线之间的焊接有三种基本形式：绕焊、钩焊、搭焊。

1. **导线同接线端子的焊接**

(1) 绕焊：把经过镀锡的导线端头在接线端子上缠一圈，用钳子拉紧缠牢后进行焊接，如图5-13(b)所示。注意导线一定要紧贴端子表面，绝缘层不接触端子，一般L为1~3mm为宜。这种连接可靠性最好(L为导线绝缘皮与焊面之间的距离)。

(2) 钩焊：将导线端子弯成钩形，钩在接线端子上并用钳子夹紧后施焊，如图5-13(c)所示，端头处理与绕焊相同。这种方法强度低于绕焊，但操作简便。

(3) 搭焊：把经过镀锡的导线搭到接线端子上施焊，如图5-13(d)所示。这种连接最方便，但强度可靠性最差，仅用于临时连接或不便于缠、钩的地方以及某些接插件上。

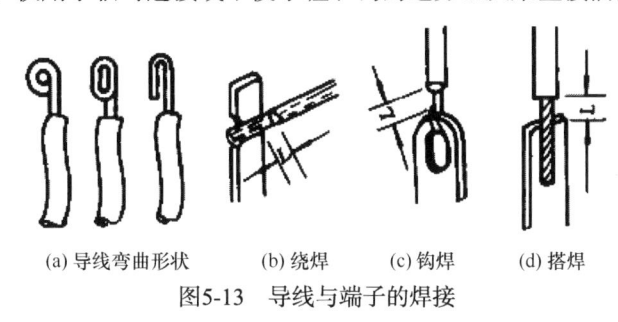

(a) 导线弯曲形状　(b) 绕焊　(c) 钩焊　(d) 搭焊

图5-13　导线与端子的焊接

2. **导线与导线的焊接**　导线之间的焊接以绕焊为主，操作步骤如下：

(1) 去掉一定长度绝缘皮。
(2) 端头上锡，并穿上合适套管。
(3) 绞合，施焊。
(4) 趁热套上套管，冷却后套管固定在接头处。

对调试或维修中的临时线，也可采用搭焊的办法，如图5-14(c)所示。只是这种接头强度和可靠性都较差，不能用于生产中的导线焊接。

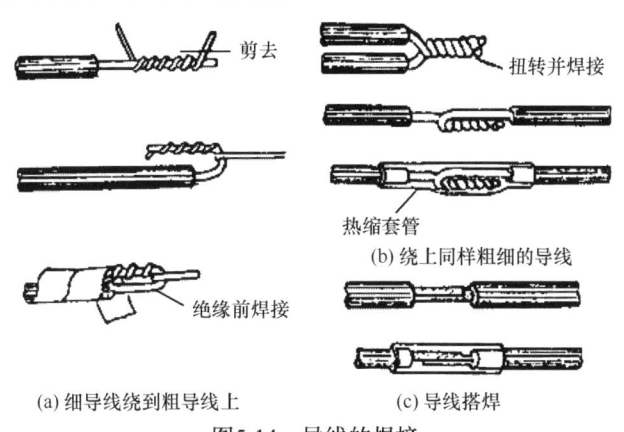

(a) 细导线绕到粗导线上　(b) 绕上同样粗细的导线　(c) 导线搭焊

图5-14　导线的焊接

3. **片状焊件的焊接方法**　为了使元件或导线在焊片上焊牢，需将导线插入焊片孔内绕住，然后再用电烙铁焊好，不应搭焊，如图5-15所示。如果焊片上焊的是多股导线，最好用套管将焊点套上，这样既保护焊点不易和其他部位短路，又能保护多股导线不容易散开。

4. **杯型焊件焊接法**　杯型焊件的接头多见于接线柱和接插件，一般尺寸较大，如焊接时间不足，容易造成"冷焊"。这种焊件一般是和多股导线连接，焊前应对导线进行镀锡处理。操作方法如图5-16所示。

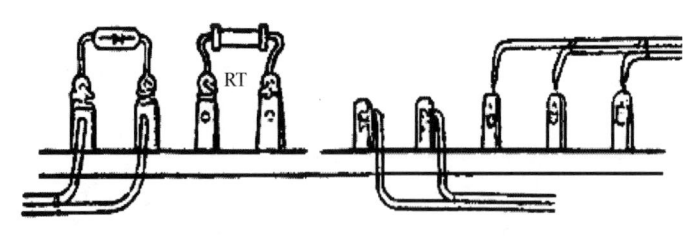

(a) 将导线插入接片的孔洞并绕在上面焊接　　(b) 将导线插入接线片并顺着接线片排线

图5-15　导线与焊片的焊接方法

图5-16(a)是往杯型孔内滴一滴焊剂，若孔较大，可用脱脂棉蘸焊剂在杯内均匀擦一层。

图5-16(b)是烙铁加热并将焊锡溶化，靠浸润作用流满内孔。

图5-16(c)是将导线垂直插入到焊件底部，移开烙铁并保持到凝固，注意导线不可动。

固5-16(d)是完全凝固后立即套上套管。

5. 线把的扎法　在电子设备中，将焊好的导线扎起来，叫扎线把，如图5-17所示，这样做，能使仪器内部整齐美观，又便于检查。

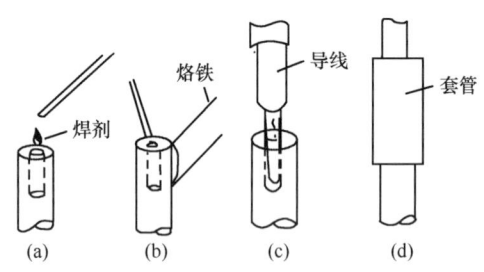

图5-16　杯型接线柱焊接方法

扎线把的要求如下：

(1) 节距要均匀，一般节距为8~10cm，尼龙丝打结处应放在走线的下面。

(2) 导线排列要整齐、清晰。从始端一直到终端的导线要扎在上面，中间出线一般要从下面或两侧面引出，走线最短的放最下边，不许从表面引出。

(3) 尼龙丝的松紧度要适当，不要太松或太紧。

(4) 导线要平直，导线拐弯处要弯好后再扎线。

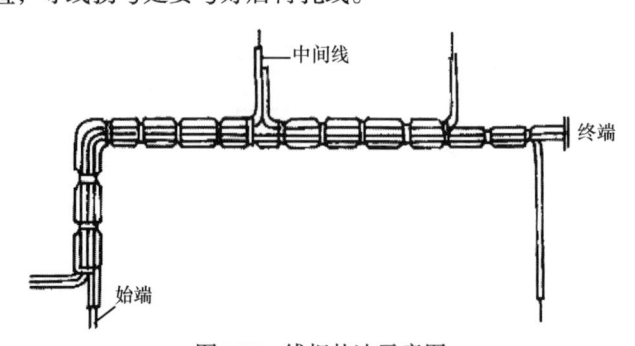

图5-17　线把扎法示意图

第八节　工业生产中的锡焊技术

随着电子产品高速发展，以提高工效，降低成本，保证质量为目的机械化、自动化锡焊技术(主要是印制电路板的锡焊)不断发展，特别是电子产品向微型化发展，单靠人的技能已无法满足焊接要求。工业生产中的锡焊技术浸焊、波峰焊、再流焊。

一、浸焊与波峰焊

1. 浸焊　浸焊是将安装好的印制板浸入熔化状态的焊料液，一次完成印制板上焊接。焊点以外不需连接的部分通过在印制板上涂阻焊剂来实现。

图5-18所示为现在小批量生产中仍在使用的浸焊设备示意图。夹持式由操作者掌握浸入时间，通过调整夹持装置可调节浸入角度，针床式又进一步可以控制浸焊时间，浸入及托起速度。这两种浸焊设置都可自动恒温，一般还配置预热及涂助焊剂的设备。

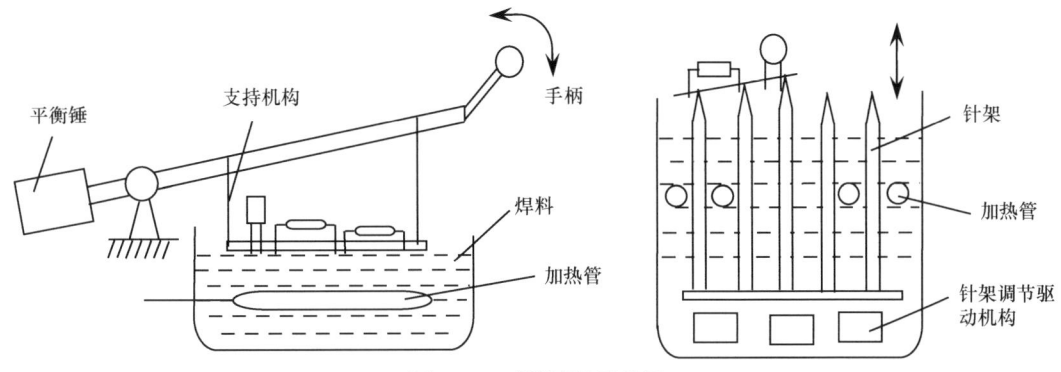

图5-18 两种浸焊示意图

2. 波峰焊 波峰焊适于大批量生产。图5-19为波峰焊示意图，波峰由机械或电磁泵产生并可控制，印制板由传送带以一定速度和倾斜度通过波峰，完成焊接。图5-20所示为两种目前主要波峰焊机示意图。

波峰焊注意的问题：

(1) 助焊剂选择。
(2) 预热温度选择。
(3) 传送倾斜度选择。
(4) 传送速度选择。
(5) 锡焊温度选择。
(6) 波峰高度及形状选择，有双峰、Ω峰、喷射峰、气泡峰等。
(7) 冷却方式及速度选择，有自然冷却、风冷、汽冷的选择。

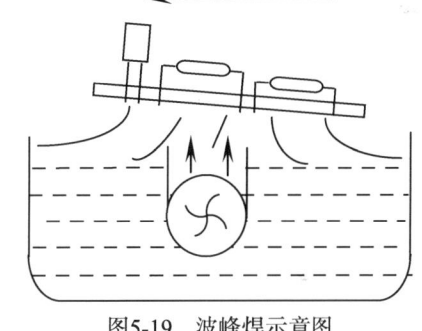

图5-19 波峰焊示意图

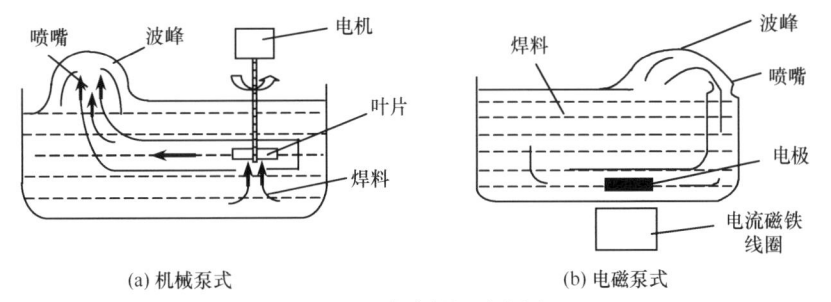

(a) 机械泵式　(b) 电磁泵式

图5-20 波峰焊机示意图

二、电子焊接技术的发展

现代电子焊接技术，有以下几个主要特色：

1. 焊件微型化 由于现代电子产品不断向微型化发展，促使微型焊件焊接技术的发展。印制电路板：最小导线间距已小于0.1mm，最小线宽达0.06mm，最小孔径0.08mm。微电子器件：

轴向尺寸最小达0.01mm，厚度0.01mm。

2. 焊接方法多样化

(1) 锡焊：除了波峰焊向自动化，智能化发展；再流焊技术日臻完善，发展迅速。其他焊接方法也随着微组装技术不断涌现，目前已用于生产实践的就有丝球焊、TAB焊、倒装焊、真空焊等。

(2) 特种焊接：锡焊以外的焊接方法，主要有高频焊、超声焊、电子束焊、激光焊、摩擦焊、爆炸焊、扩散焊等。

(3) 无铅焊接：由于铅是有害金属，人们已在探讨非铅焊料实现锡焊。目前已成功用于代替铅的有铟(In)、铋(Bi)以及镓基汞齐等。

(4) 无加热焊接：用导电黏接剂将焊件黏起来，如同普通黏合剂粘接物品一样。

3. 设计生产计算机化 现代计算机及相关工业技术的发展，使制造业中从对各个工序的自动控制发展到集中控制，即从设计、试验到制造，从原材料筛选、测试到整件装配检测，由计算机系统进行控制，组成计算机集成制造系统(CIMS)。焊接中的温度，焊剂浓度，印制板的倾斜及速度，冷却速度等均由计算机智能系统自动选择。

当然这种高效率、高质量的制造业是以高投入、大规模为前提条件的。

4. 生产过程绿色化 绿色是环境保护的象征。目前电子焊接中使用的焊剂，焊料及焊接过程，焊后清洗不可避免地影响环境和人们的健康。

绿色化进程主要在以下两个方面：

(1) 使用无铅焊料。尽管由于经济上的原因尚未达到产业化，但技术、材料的进步正在向此方向努力。

(2) 免清洗技术。使用免洗焊膏，焊接后不用清洗，避免污染环境。

第六章 表面贴装技术

表面贴装技术(SMT)是第四代电子装配技术。进入21世纪，为了适应信息产品日益追求小型化、高性能、高密度的发展趋势，电子元器件纷纷由传统穿孔式脚位零件逐渐演变为间距小、体积小的轻、薄、短小型表面贴装元器件。由于表面贴装技术的产品具有体积小、重量轻、可靠性高、成本低等一系列优点，已经成为当今电子产品生产中最先进的组装技术，并在国防、军事、工业自动化、通信、计算机、民用电子产品等领域都得到了广泛的应用。

第一节 表面贴装元器件

表面贴装元器件又叫做片状元器件。表面贴装元器件只存在电极而没有引线，故可以把元器件直接焊接在印制电路扳上。表面贴装元器件可以分为表面贴装元件(SMC)和表面贴装器件(SMD)两大类。表面贴装元器件具有体积小、耗电少、可靠性高、频率特性好，以及规格齐全、便于设计、生产和安装等优点。目前已经在通信、计算机、家电等电子产品和设备中广泛的应用开来，并存在逐步取代绝大多数穿孔式安装的元器件的形势。

一、片状电阻器

片状电阻器的种类和外形已经被标准化了，它可以分为圆柱形贴片电阻器和矩形片状电阻器两种。

1. 圆柱形贴片电阻器 即金属电极无引脚端面元件(metal electtrode face bonding type)，简称MELF电阻器。圆柱形贴片电阻器主要分为高性能金属膜ERO型、碳膜ERD型及跨接用的0Ω电阻器三种类型。圆柱形贴片电阻器与片式电阻器相比，它具有无方向性和正反面性，装配密度高，包装使用方便，固定到印制板上有较强的抗弯曲能力，尤其是三次谐波失真和噪声电平都非常的低，因此在高挡音响的电路产品中是经常可以看到。

(1) 圆柱形贴片电阻器结构和外形。

圆柱形电阻器的结构和外形如图6-1、图6-2所示，其外部尺寸如表6-1所示。

图6-1 圆柱形电阻器的结构　　图6-2 圆柱形电阻器的外形

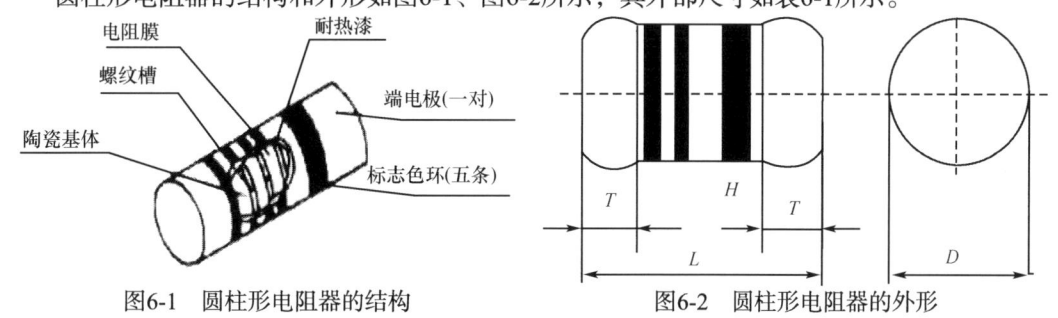

表6-1 圆柱形电阻器的外形尺寸

型号	尺寸/mm			
	L	D	T	H
ERD-21TL ERD-21TLO ERO-21L	2.0 +0.1 −0.05	1.25±0.05	≥0.3	≤0.07

续表

型号	尺寸/mm			
	L	D	T	H
ERD-10TL(RD41B2B) ERD-10TLO(CC-12) ERD-10L(RN41C2B)	+0.15 3.0 -0.10	+0.05 1.40 -0.10	≥0.5	≤0.1
ERD-25TL(RD41B2E) ERD-25TLO(CC-25) ERD-25L(RN41C2E)	+0.10 5.9 -0.15	+0.05 2.20 -0.10	≥0.6	≤0.15

(2) 圆柱形贴片电阻器的规格及额定阻值代号表示法。

圆柱形贴片电阻器采用色环表示法来表示其阻值，其表示方法与一般的插装电阻器的表示方法相同。其中ERD型碳膜电阻器一般采用三条色环来表示其阻值，偏差为J(±5%)，其中第一条和第二条色环表示其阻值的有效数字，而第三条色环则表示为有效数字后所带的零的个数；ERD型金属膜电一般采用用五条色环来表示其阻值，它的前三条色环都表示其阻值的有效数字，第四条色环则表示有效数字后面所带零的个数，而第五条色环就表示偏差了。

2. 矩形片状电阻器

(1) 矩形片状电阻器外形和结构：如图6-3所示，其尺寸如表6-2所示。

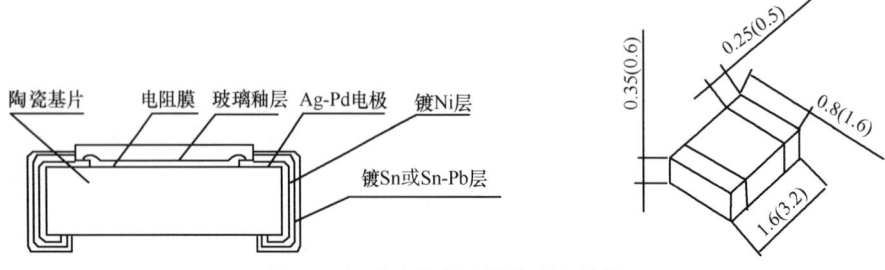

图6-3 矩形片状电阻器外形和结构

表6-2 矩形片状电阻器外形尺寸

尺寸号	长(L)(mm)	宽(W)(mm)	高(H)(mm)	端头宽度(T)(mm)
RC0201	0.6±0.03	0.3±0.03	0.3±0.03	0.15~0.18
RC0402	1.0±0.03	0.5±0.03	0.3±0.03	0.3±0.03
RC0603	1.56±0.03	0.8±0.03	0.4±0.03	0.3±0.03
RC0805	1.8~2.2	1.0~1.4	0.3~0.7	0.3~0.6
RC1206	3.0~3.4	1.4~1.8	0.4~0.7	0.4~0.7
RC1210	3.0~3.4	2.3~2.7	0.4~0.7	0.4~0.7

注：表中电阻尺寸为IPC标准。

(2) 矩形片状电阻器的规格及额定阻值代号表示法。

矩形片状电阻器的额定功率与外形尺寸有关，外形尺寸大的也大，见表6-3所示。

表6-3 矩形片状电阻器的额定功率与外形尺寸

外形规格/mm	1005	1608	2125	3216	3225	5025	6432
额定功率/W	1/16	1/16	1/10	1/8	1/4	1/2	1
最大工作电压/V	50	50	150	200	200	200	200

矩形片状电阻器的阻值误差一般有：±1%、±2%、±5%几种，其中以阻值误差为±5%的矩形片状电阻器最为常见。

±5%误差的片状电阻器一般其额定值用三位数字标印在电阻器上，如342、511、893、750等。这三位数字当中，前两位数字表示该片状电阻器阻值的有效数字，第三位表示有效数字后面零的个数，例如：342表示3.4kΩ，511表示510Ω，893表示89kΩ，750表示75Ω。如果阻值小于10Ω的，可以用字母R与二位数字组合表示，如6R4即为6.4Ω，4R8为4.8Ω，R71为0.71Ω。

±5%误差的E24系列的有效数字有：10、11、12、13、15、16、18、20、22、24、27、30、33、36、39、43、47、51、56、62、68、75、82、91共有24个。

±1%误差的E96系列的有效数字是三位数。

其中1608和1005两种型号的外形比较小，而且阻值代号没有在电阻器上标印，所以在选择和使用时要非常注意，不能混淆。

特别提示：矩形片状电阻器一般能接受的焊接温度是(235±5)℃，焊接的时间是(3±1)s，在进行安装的时候应该把黑色的一面朝上。

二、表面贴装电容器

在所有表面贴装电容器中，有大约80%左右的是多层片状瓷介电容器，还有一些则是铝和钽的电解电容器，此外，云母电容器和有机薄膜电容器也有出现，但不常见。

1. 多层片状瓷介电容器　结构如图6-4所示。除了少数大容量的电容器以外，多层片状瓷介电容器一般都会是下面六种标准尺寸：

高（H）/mm：0.8、1.25、1.25、1.25、1.75、1.75
长（L）/mm：1.6、2.0、3.2、3.2、4.5、5.7
宽（W）/mm：0.8、1.25、1.6、2.5、3.2、5.0

多层片状瓷介电容器的表示方法到目前为止还没有一个统一的标准，而其焊接的时间和温度与片状电阻器是相同的。

此外，片状瓷介电容器还有其他一些常见类型，如大容量型、高压型、高精度型和微调型等。这些片状瓷介电容器在滤波、调谐、耦合等电路中都有着广泛的应用。

2. 表面贴装钽电解电容器　表面贴装钽电解电容器可以分为圆柱形钽电解电容器和矩形钽电解电容器两种。圆柱形钽电容采用环氧树脂封装，内部由阳极和固体半导体阴极组成。矩形钽电解电容器又分树脂膜压型、裸片状和端幅型等。图6-5为一种矩形钽电解电容器的外形。

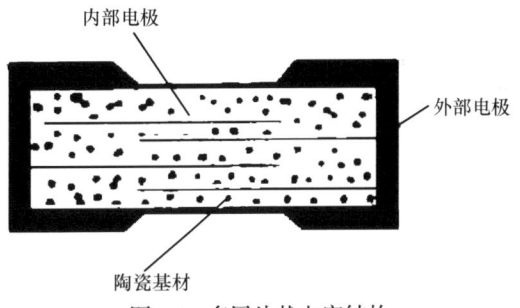

图6-4　多层片状电容结构

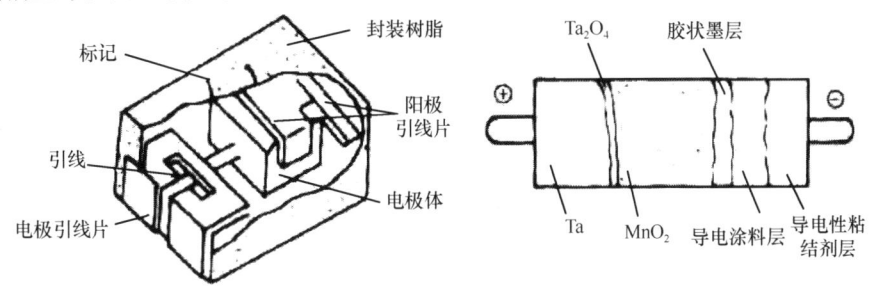

(a) 结构图　　　(b) 结构模型
图6-5　矩形组电解电容器外形及结构

三、其他表面贴装元件及参数

其他几种表面贴装元件有电位器、电感器、滤波器、开关和连接器等。其中连接器还有边缘连接器、条形连接器、扁平电缆连接器等形式。

四、表面贴装半导体器件

1. 二极管　二极管可分为片状和圆柱形两种，圆柱形二极管通常用于稳压、开关和一些通用二极管。其功耗为0.5~1W，靠近色带的为负极，相反，远离色带的为正极，一般通过二极管电流为150mA，耐压为50V。

2. 三极管　三极管一般常见的有小功率三极管、大功率三极管、场效应管和高频晶体管等几种。

小功率三极管一般采用SOT-23、SOT-89进行封装，其电流为1~700mA，功率为100~300mW。大功率三极一般采用T-252进行封装，功率为32~50W，集电极有两个脚，在进行焊接时可任选一个脚。场效应管和高频晶体管则一般采用SOT-143进行封装。

表面贴装元器件的品种较多，发展迅速，除以上介绍的以外，还有机电元件、复合元件、片状电感、敏感元件等。此外，近几年来又开发出了TAB带载自动焊等产品。

第二节　表面贴装技术简介

一、表面贴装用的印制板

表面贴装用的印制板(SMB)，表面贴装元件(SMC)和表面贴装器件(SMD)贴装方式的特点，与普通印制电路板(PCB)在基板要求、设计规范和检测方法上都有很大差异。现我们以表面贴装用的印制板(SMB)为例来介绍其特点，以区别普通的PCB。

1. 布线密度高　随着表面贴装用的印制板的引线间不断缩小，表面贴装用的印制板普遍要求双线通过2.45mm的网络，有时甚至要求三线，并有向五线发展的趋势。

2. 孔径小　在表面贴装用的印制板上，孔已经不再用于插装元件，而只是起到穿过作用，所以孔径也在不断减小。孔径的减小和表面贴装用的印制板的布线密度要相匹配，所以孔径的减小会使制造的难度增大。

3. 电气性能高　在高频、高速信号传输的电路中，电路工作频率不断向更高频段发展，对表面贴装用的印制板的阻抗特性、介电常数和表面绝缘等提出了更高的要求。

4. 基板质量高　表面贴装用的印制板的基板必须在绝缘介电特性、机械特性、尺寸稳定性及高温特性上满足安装质量和电气性能的要求；一般的PCB板采用的环氧玻璃布板仅能适应一般单、双面板上安装密度不高的表面贴装用的印制板。高密度多层板应采用聚四氟乙烯、聚酰亚胺、氧化铝陶瓷等高性能基板。

二、表面贴装工艺

1. 基本形式　随着表面贴装技术迅猛的发展，而电子产品呈现出的多样性和复杂性，从目前和相当时期内未来的发展看，通孔安装技术还不能完全被取代。当前市场上实际产品中绝大部分都还是两种方式混合体。

(1) 单面板单面全贴装：在单面电路基板的一面全部贴装表面贴装元件。这种贴装方式比较简单，常用于厚膜电路，装表面贴装元件种类、数量不多，电路较为简单，由于只在基板的一面贴装，所以装配密度很小。

(2) 单面板双面贴插混装：单面印制板的一面贴装表面贴装元件，另一面插装通孔插装组件，全部在基板的一面进行焊接。由于表面贴装元件的品种规格尚不齐全，从工艺与产品的过渡和配套成本等方面的综合考虑，目前绝大部分产品都是采用这种形式，较典型的产品有音响设备、电子调谐器和录像机等。而这些产品的装配空间很充裕，还有一部分元件需要在调试过程中进行调整。在这种贴装方式下，印制板的两面都被充分地利用上了，所以装配密度很高。在生产中，如果采用自动插件，则为先插后贴；如果采用手工插装通孔插装组件，则是先贴后插。

(3) 双面板单面贴插混装：在这种贴装方式下，所有元器件都贴装在印制板的一面，其装配密度自然不高。

(4) 双面板双面全贴装：在双面(或多层)电路基板的两面全部贴装表面贴装元件。在这种贴装方式下的装配密度自然很高，但由于表面贴装元件价格贵而且生产的成本普遍较高，所以目前只应用于笔记本电脑和一体化摄录像机等装配空间有限而附加值较高的中高端产品中。随着目前表面贴装元件价格的逐步下降，这种贴装方式在生产中的比例也将会有明显的上升趋势。

除以上几种贴装方式以外，还有的产品则采用在两块单面板中间用表面贴装元件作对穿连接而形成双面板，然后再用双面贴插混装。其特点是装配密度会非常高，而贴装的工艺会更复杂。

2. 表面贴装基本工艺 表面贴装技术有以下两种基本方式。

(1) 再流焊：再流焊工艺流程如图6-6所示。先将焊膏涂到焊盘上，再将片状模塑料放到表面贴装用的印制板上，然后进行再流焊，最后清洗并检测。

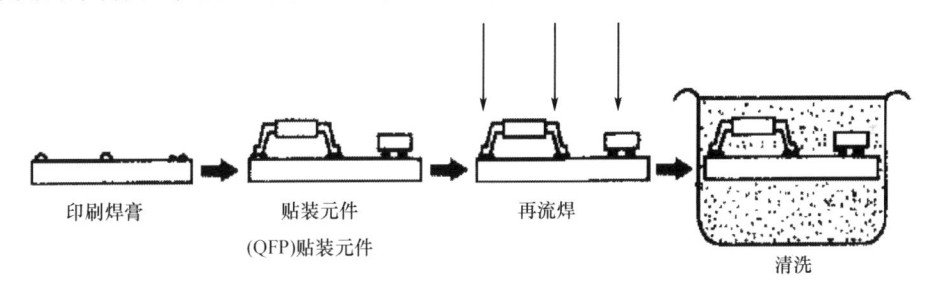

图6-6 再流焊工艺流程

(2) 波峰焊：波峰焊工艺流程如图6-7所示。首先将胶水点到印制板上面元件中心的位置，再将表面贴装元件放到印制板上，然后使用相应固化装置将表面贴装元件固定在印制板上，再将表面贴装用的印制板送入波峰焊机，最后进行清洗和检测。波峰焊适合大批量的生产。对贴片精度要求很高，生产过程自动化程度要求也很高。

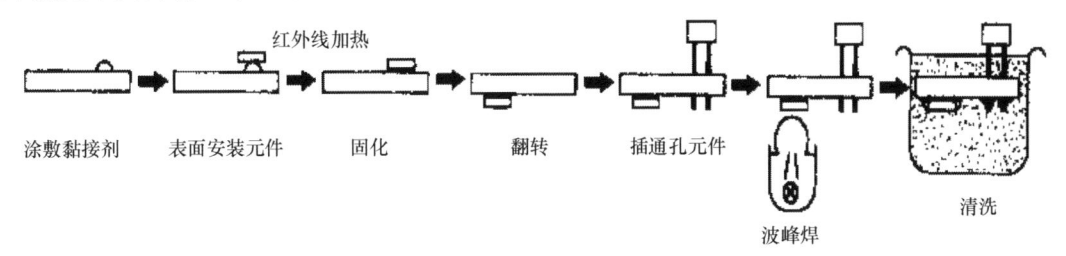

图6-7 波峰焊工艺流程

3. 表面贴装设备 主要有三大类：贴片设备、涂布设备和焊接设备。表面贴装技术的生产线如图6-8所示。

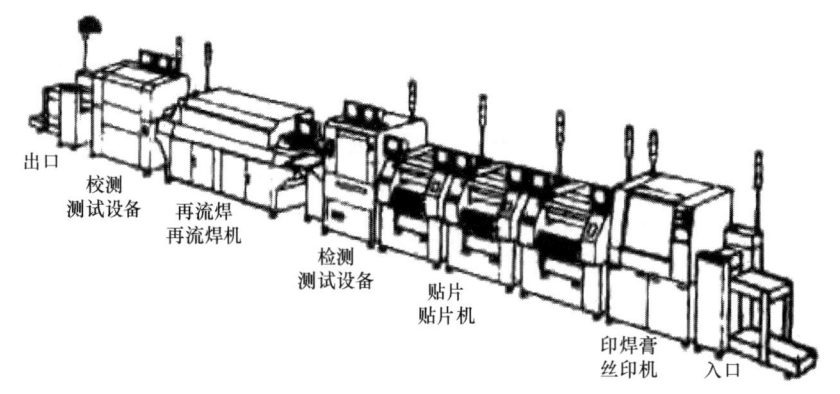

图6-8 表面贴装技术生产线示意图

(1) 涂布设备：焊膏印刷机(图6-9)的主要作用是贴片胶。贴片胶是表面贴装技术中的特种胶黏剂，有时还被称为"胶水"。其作用就是保证元器件能非常牢固地粘在印制板上，使表面贴装元件在焊接时不会产生脱落现象。当焊接完成后，虽然其功能会随之失去，但其仍然会留在印制板上。贴片胶不仅具有黏合强度好的特性，而且还具有非常好的电气性能。在实际生产中普遍采用点胶机分配贴片胶。

贴片胶的工艺流程为固化前储存、固化和固化后清洗。

1) 固化前储存：贴片胶以单组形式储存，为了适应生产的快速和使用的方便对贴片胶的要求是寿命长、性能稳定和质量一致。由于贴装元器件都很小，在印制板上通常用丝印、压力点胶等方法将贴片胶涂布在两焊盘的中心处。因而对涂布的要求是不拉丝、无拖尾、大小一致、光滑饱满。在贴片时要求贴片胶有足够的初黏力，使元器件不会出现位移。

2) 固化：当印制板送入固化炉中进行加热固化时，其温度要求在140℃下快速固化，使其无挥发性气体放出，无气泡出现和阻燃，否则会对焊盘造成污染。

3) 固化后清洗：由于贴片胶有优良的电气性能，在固化后会仍残留在元器件上。因此在清洗时对贴片胶的要求是抗潮湿、抗腐蚀、耐溶剂、化学性稳定。

(2) 贴片设备：即自动贴装机其功能就是把元器件从包装中取出并相应地放到印制板上。贴装机的外形和结构如图6-10和图6-11所示。

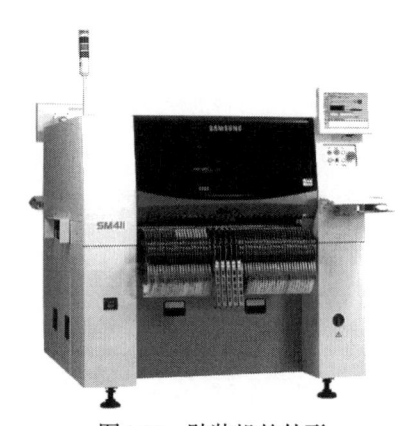

图6-9 焊膏印刷机　　图6-10 贴装机的外形

贴装机的结构：

1) 基座：用来安装和支撑贴装机的全部部件。
2) 送料器：放置各种包装形式的元器件。

3) 印制电路板传输装置：大多数采用导轨传输，也有工作台传输。

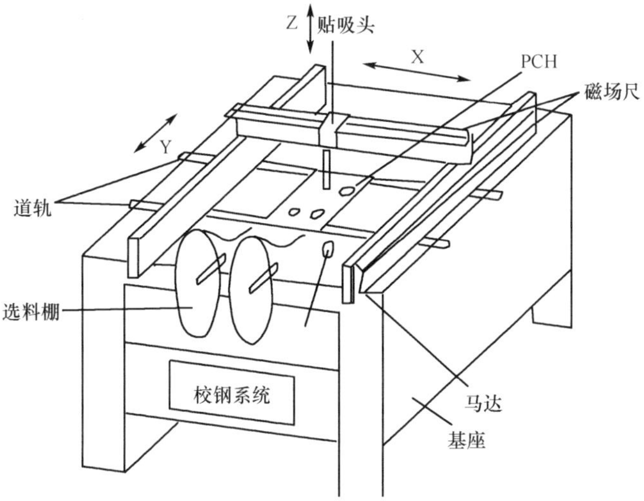

图6-11 贴装机的结构

4) 贴吸头：拾取和贴放元器件。

5) 对中系统：对中方式有机械对中和光学列中两种。光学对中又包括激光、全视觉和激光与视觉叠加。

6) 贴装头的X、Y铀定位传输装置：分机械丝杠传输、磁尺和光栅传输。

7) 贴装工具：拾放元器件。

8) 计算机控制系统：指挥中心。

对贴装元器件的要求很多，首先其类型、型号、标称值等必须符合要求，其次焊端或引脚要能侵入焊膏，还要和焊盘图形对齐并且居中。

(3) 焊接设备：它是表面贴装技术的核心，决定了产品质量的关键。目前主流有两种形式：波峰焊和再流焊。波峰焊的波峰是由机械或电磁泵产生并控制的，印制板以一定的倾斜度通过传送带经过波峰进行焊接。再流焊即回流焊是表面贴装技术的主要焊接方法，其中以汽相再流焊和红外再流焊最为广泛。汽相再流焊是利用液体气化来提供焊接热量，其优点是焊接均匀并且对任何的元器件都适用，但其材料价格昂贵且易造成污染。红外再流焊又叫红炉，加热分为三段式(温度逐级递增)，其优点是性价比高、加热速度可调，但容易对基板造成损伤。

第七章　印制电路板

印制电路板，简称PCB(printed circuit board)。印制电路板由绝缘基板和印制电路组成的。用来代替以往装置电子元器件的底盘，并实现电子元器件之间的相互连接。印制电路板是电子设备中的重要组成部分，被广泛地应用于医疗电子电器、仪器仪表和计算机等各种电子设备中。

第一节　印制电路板的基础知识

印制电路板最早使用的是单面纸基覆铜板。而随着电子产品的发展，尤其是电子计算机的出现，对印制板技术提出了高密度、高可靠、多层化的要求。印制电路因为适应了电器电子产品发展不断地缩小体积、减轻重量、提高性能、降低成本。

早期的印制电路板的布线图形靠手工描绘；目前工业化生产的印制电路板采用机械绘图。近期更是采用计算机控制绘图法，从而提高了印制电路的精度、增加了产品的一致性、缩小了尺寸、适合于大批量工业化生产。

一、基本概念

印制电路板的主要材料是覆铜板，覆铜板是由基板、铜箔和黏合剂构成的。覆铜板加工后成为成印制电路板。一块合格的印制电路板包含有印制导线、焊盘、元件孔、过孔、安装孔、定位孔、元件面、焊接面、阻焊层和丝印层等。

1. **元件面**　印制电路板上用来安装元器件的一面称为元件面。
2. **焊接面**　印制电路板上用来焊接元器件引脚的一面称为焊接面。
3. **印制导线**　印制导线就是按照导电线路图样通过印刷法在基板上制成的细小铜箔导线。它是用来实现印制电路板上元器件的电路连接的。成品印制电路板上的印制导线上涂有一层绿色或棕色的阻焊剂，用来防止焊接、氧化和腐蚀。
4. **焊盘**　焊盘是通过对覆铜板进行处理而得到的用来焊接元器件或导线的铜箔。有的印制电路板的焊盘是铜箔本身再喷一层助焊剂形成的；有的则采用了浸银、浸锡或浸铅锡合金等措施。焊盘的大小和形状直接影响焊点的质量和印制电路板的美观。
5. **元件引线孔**　元器件的管脚引线从元件面穿过印制电路板到达焊接面焊盘中间的小孔为引线孔，也叫焊盘通孔。有的地方将它与周围的铜箔一起成为焊盘。
6. **安装孔**　安装孔是用于固定大型元器件、印制电路板的小孔，大小根据实际情况而定。
7. **定位孔**　定位孔是用于印制电路板的加工和检查定位的小孔，可用安装孔代替，一般采用三孔定位方式。
8. **过孔**　在双面印制电路板上将上下两层印制导线连接起来的小洞，其内部充满或涂有金属。有的过孔只起连接作用，有的可作为焊盘使用。过孔内涂金属的过程称为孔金属化。
9. **阻焊层**　印制电路板上的绿色或棕色层面即为阻焊层，它是绝缘的防护层。用以保护铜箔线不被氧化，同时还可以防止元器件被焊到不正确的地方。
10. **丝印层**　丝印层是阻焊层上印出文字或符号(多为白色)的这一层面。它是用来标识各元器件在印制电路板上的位置。因为采用的是丝印的方法，所以称为丝印层。

二、印制电路板的分类

印制电路板的种类很多，可按结构、基材类型、用途等分类。一般按结构和基材类型划分。

1. 根据结构分类

(1) 单面板：只在绝缘基板的一面覆铜，导线集中在其上。元器件集中在另一面。因为导线只出现在其中一面，所以称这种印刷电路板为单面板。因为单面板在设计线路上有许多严格的限制(因为只有一面，布线间不能交叉而必须绕独自的路径)，所以简单的电路才使用这类电路板。

(2) 双面板：在绝缘基板的两面都覆铜，电路板的两面都有布线。通过过孔使两面的导线能够联通。因为双面板的面积比单面板扩大一倍，且布线可以互相交错(可以绕到另一面)，因此双面板可以使用在比单面板更复杂的电路上。

(3) 多层板：多层板使用数片双面板，并在每层板间放进一层绝缘层后黏牢。电路板的层数代表有几层独立的布线层，通常层数为偶数，并且包含最外侧的两层。

2. 基材类型

(1) 柔性PCB板：柔性板是由柔性基材制成的印制电路板，其优点是可以弯曲，便于电器部件的组装。FPC在航天、军事、移动通信、手提电脑、计算机外设、PDA、数字相机等领域或产品上得到了广泛的应用。

(2) 刚性PCB板：是由纸基或玻璃布基，预浸酚醛或环氧树脂，表层一面或两面黏上覆铜箔再层压固化而成覆铜箔板材，我们就称它为刚性板。是由不易弯曲、具有一定强韧度的刚性基材制成的印刷电路板，其优点是可以为附着其上的电子元件提供一定的支撑。

(3) 刚柔结合PCB板(刚柔结合板)：刚柔结合板是指一块印刷电路板上包含一个或多个刚性区和柔性区，由刚性板和柔性板层压在一起组成。刚柔结合板的优点是既可以提供刚性印刷板的支撑作用，又具有柔性板的弯曲特性，能够满足三维组装的需求。

三、印制电路板的材料

所谓敷铜板就是把一定厚度的铜箔通过黏合剂热压在一定厚度的绝缘基板上。敷铜板板材通常按增强材料、黏合剂或板材特性分类。若以增强材料来区分、可分为有机纤维材料的纸质和无机纤维材料的玻璃布、玻璃毡等类；若以黏合剂来区分，可分为酚醛、环氧、聚四氟乙烯、聚酰亚胺等类；若以板材特性来区分，可分为刚性和柔性两类。铜箔的厚度系列为18、25、35、50、70、105(单位：μm)，误差不大于$\pm 5\mu m$，一般最常用的为$35\mu m$、$50\mu m$。

不同的电子设备，对敷铜板的板材要求也不同，否则，会影响电子设备的质量。下面介绍国内常用的几种敷铜板，供设计时选用。

1. 覆铜箔酚醛纸层压板　用于一般无线电及电子设备中。价格低廉、易吸水，但在恶劣环境下不宜使用。

2. 覆铜箔酚醛玻璃布层压板　用于温度、频率较高的电子及电器设备中。价格适中，可达到满意的电性能和机械性能要求。

3. 覆铜箔环氧玻璃布层压板　是孔金属化印制板常用的材料。具有较好的冲剪、钻孔性能，且基板透明度好，是电器性能和机械性能较好的材料，但价格较高。

4. 覆铜箔聚四氟乙烯层压板　具有良好的抗热性和电性能，用于耐高温、耐高压的电子设备中。

四、印制板对外连接方式的选择

通常印制板只是整机的一个组成部分,因此,存在印制板的对外连接问题,如印制板之间、印制板与板外元器件、印制板与面板之间等都需要相互连接。选择连接方式要根据整机的结构考虑,总的原则是连接可靠、安装、调试、维修方便。

1. 导线焊接方式 这种方式只需将导线与印制板板上对应的对外连接点与板外元器件或其他部件直接焊牢即可。这种方式优点是成本低,可靠性高、可避免因接触不良造成的故障,缺点是维修不够方便。本方式一般只适用于对外导线连接较少的场合。采用导线焊接方式应注意以下几点。

(1) 印制板的对外焊点尽可能引在板的边缘,并按一定尺寸排列,以利于焊接维修,避免因整机内部线乱而导致整机可靠性降低。

(2) 为提高导线与板上焊点的机械强度,引线应通过印制板上的穿线孔,再从线路板元件面穿过,焊在焊盘上,以免将焊盘或印制导线拽掉,如图7-1所示。

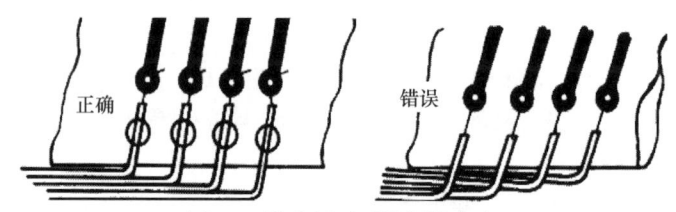

图7-1 线路板对引线焊接方式

(3) 将导线排列或捆扎整齐,通过线卡或其他紧固件将线与板固定,避免导线因移动而折断,方法如图7-2所示。

图7-2 引线与固定板

(4) 同一电气性质的导线最好用同一颜色的导线,以便于维修。如电源导线采用红色,地线导线采用黑色等。

2. 插接件连接 在较复杂的仪器设备中,经常采用接插件的连接方式。这种连接方式对复杂产品的批量生产提供了质量保证,并提供了极为方便的调试、维修条件,但因触点多,所以,可靠性差。在一台大型设备中,常用十几块甚至几十块印制板,在设备出现故障时,维修人员不必去寻找线路板上损坏的元件进行更换,而只需判断出出现故障的印制板,将其用备用件替换掉,从而缩短排除故障时间,提高设备的利用效率,是十分有效的。印制板上插座接触部分的外形尺寸、印制导线宽度,应符合插座的尺寸规定,要保证插头与插座完全匹配接触。典型的印制板插头如图7-3所示。

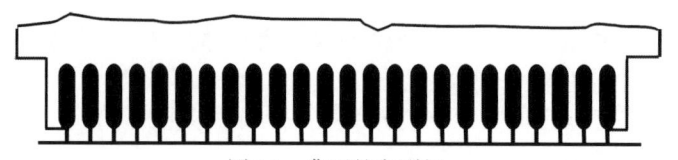

图7-3 典型的印刷板

第二节 印制电路板的排版设计

印制电路板的排版设计，是电子设备设计过程中一个非常重要的组成部分，排版设计得当与否，将直接影响着电子设备的质量。在印制电路板的排版设计中，我们要考虑诸多影响印制电路板质量的因素，如印制板上的干扰，元器件的安装与布局方式以及焊点和印制导线的类型等。在印制电路板的排版设计的方法上，人们用简单的电路通过手工设计和复杂的电路经过计算机辅助设计等加以实现。

一、印制电路板的设计规则

1. 元器件的布局

(1) 元器件的布局要求：保证电路功能和性能指标；满足工艺性、检测、维修等方面的要求；元器件排列整齐、疏密得当、样式美观。

(2) 元器件布局设原则：元器件布设决定了板面的整齐美观程度，也在一定程度上影响着整机的可靠性，布设中应遵循以下原则。①排列方式尽可能与原理图一致，布线方向与电路图走线方向一致。②元器件不要占满板面，四周应留边5~10mm，以便于安装固定。③元器件在整个板面疏密一致，布设均匀。④元器件的布设不可上下交叉，相邻元器件间保持一定间距，并留出安全电压间隙200V/mm。⑤元件安装高度尽量矮，以提高稳定性和防止相邻元件碰撞。⑥根据在整机中安装状态确定元器件轴向位置，为提高元件在板上稳定性，使元件轴向在整机内处于竖立状态。⑦元件两端跨距应稍大于元件轴向尺寸，弯脚对应留出距离，防止齐根弯曲损坏元件。⑧布局的元器件应有利于发热元件的散热。⑨高频时要考虑元器件之间的分布参数，一般电路应尽可能使元器件平行排列。⑩高低压之间要隔离，隔离距离与承受的耐压有关。

(3) 元器件的布局顺序：先放置占用面积较大的元器件；先集成电路后分立元件；先主后次，当多块集成电路时，应先放置主电路。

(4) 常用元器件的布局方法：对于可调元器件，应布局在印制电路板上便于调节的地方；质量超过15g的元器件应当采用支架；大功率器件最好装在整机的机箱底板上；热敏元器件应远离发热元器件；对于管状元器件一般采用平放(PCB尺寸不大时可采用竖放)；元器件竖放时，两个焊盘的间距一般为0.1~0.2mm；集成电路要确定定位槽的放置位置。

2. 元器件的安装方式

元器件在印制板上的固定方式分为卧式和立式两种，如图7-4所示。

(1) 立式固定：占用面积小，适合于要求排列紧凑密集的产品。采用立式固定的元器件体积，要求小型、轻巧，过大、过重会由于机械强度差，易倒伏，造成元器件间的碰撞，而降低整机可靠性。

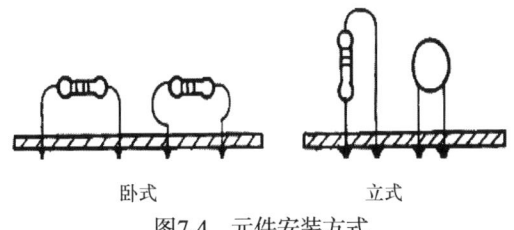

图7-4 元件安装方式

(2) 卧式固定：与立式相比，具有机械稳定性好、排列整齐等特点，但占用面积较大。

立式和卧式在印制板设计中，可根据实际情况，灵活选用，但总的原则是抗震性好、安装维修方便、排列疏密均匀、充分利用印制导线的布设。

(3) 大型元器件的固定：体积大、质量重的大型元器件一般最好不要安装在印制板上，因这些元器件不仅占据了印制板的大量面积和空间，而且在固定这些元器件时，往往使印制板变形而造成一些不良影响。对必须安装在板上的大型元件，装焊时应采取固定措施，否则长期震动引线极易折断。

3. 元器件排列格式 元器件在印制板上的排列格式可分为不规则和规则两种。选用时可根据电路实际情况灵活掌握。

(1) 不规则排列：如图7-5所示，元件轴线方向彼此不一致，在板上的排列顺序也无一定规则。这种排列方式一般元件以立式固定为主，此种方式看起来杂乱无章，但印制导线布设方便，印制导线短而少，可减少线路板的分布参数，抑制干扰，特别对高额干扰极为有利。

图7-5 不规则排列　　　　　　　图7-6 规则排列

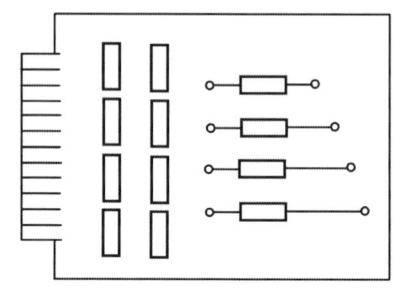

(2) 规则排列：元器件轴线方向一致，并与板的四边垂直或平行如图7-6所示。一般元件卧式固定以规则排列为主，这种方式排列规范，整齐美观，便于安装、调试、维修，但布线时受方向、位置的限制而变得复杂些。这种排列方式常用于板面宽松，元器件种类少、数量多的低频电路中。

4. 焊盘的设计 焊盘也叫连接盘。在印制电路中起到固定元器件和连接印制导线的作用。

(1) 焊盘的形状：焊盘的种类有圆形、方形、椭圆形、长方形、卵圆形、切割圆形、岛形等。

图7-7 圆形焊盘

圆形焊盘如图7-7所示，该焊盘与穿线孔为一同心圆。外径一般为2~3倍孔径。孔径大于引线0.2~0.3mm。设计时，如板尺寸允许，焊盘尽量大，以免焊盘在焊接过程中脱落。而且，同一块板上，一般情况下焊盘尺寸取一致，不仅美观，而且加工工艺方便。圆形焊盘使用最为广泛，尤其在规则排列的单面和双面板设计中。

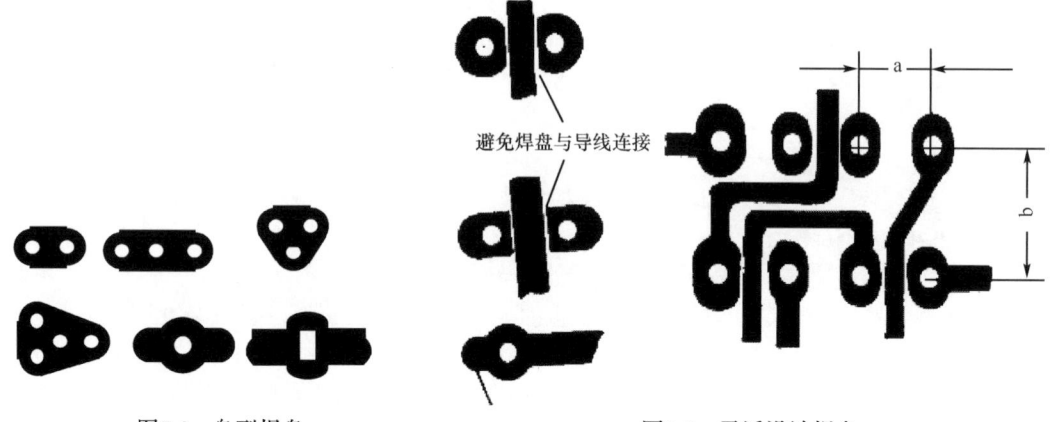

图7-8 岛型焊盘　　　　　　　图7-9 灵活设计焊盘

岛形焊盘如图7-8所示。各岛形焊盘之间的连线合为一体，犹如水上小岛，故称岛形焊盘，常用在元件不规则排列中，可在一定程度上起抑制干扰的作用，并能提高焊盘与印制导线的抗剥强度。

椭圆形、卵圆形、切割圆形焊盘如图7-9所示。都是为了使印制导线容易从相邻焊盘间经过而从圆形焊盘变形经拉长或拉长切割而成的，同时，在焊盘设计时可根据实际情况作些灵活的修改。

泪滴式焊盘常用于高频焊盘中。在焊盘连接的走线较细时常被采用，防止焊盘起皮、走线与焊盘断开。

多边形焊盘用于区别外径接近而孔径不同的焊盘，便于加工和装配。

开口型焊盘用于波峰焊后使手工补焊的焊盘孔不被焊锡封死。

方形焊盘用于印制电路板上元器件大而少且印制导线简单。在手工自制印制电路板时采用方形焊盘易于实现。

(2) 焊盘的尺寸：焊盘的尺寸与钻孔孔径、最小孔环宽度等因素有关。为保证焊盘上基板连接的可靠性，应尽量增大焊盘尺寸，但同时还要考虑布线密度。一般对于双列直插式集成电路的焊盘尺寸为$\phi 1.5 \sim \phi 1.6mm$，相邻的焊盘之间可穿过0.3~0.4mm宽的印制导线。一般焊盘的环宽不小于0.3mm，焊盘的尺寸不小于$\phi 1.3mm$。

(3) 焊盘孔位和孔径：焊盘孔位一般必须在印制电路网络线的交点位置上。焊盘孔径由元器件引线截面尺寸所决定。孔径与元器件引线间的间隙，非金属化孔可小些，孔径大于引线0.15mm左右，金属化孔径间隙还要考虑孔壁的平均厚度因素，一般取0.2mm左右。

5. 印制导线的设计　印制导线由于本身可能承受附加的机械应力，以及局部高电压引起的放电作用，因此，尽可能避免出现尖角或锐角拐弯，一般优先选用和避免采用的印制导线形状，如图7-10所示。

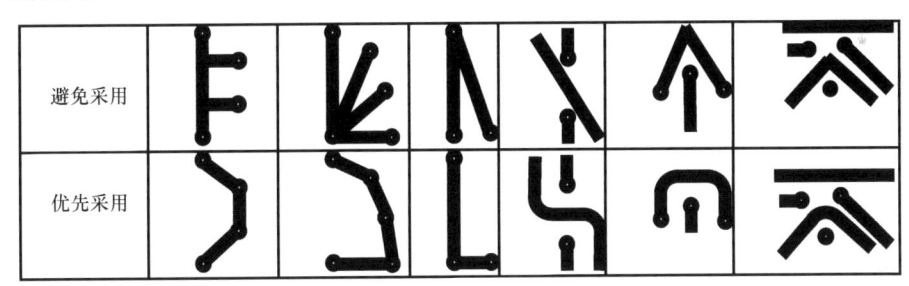

图7-10　印刷导线的形状

印制导线的宽度要考虑承受电流、蚀刻过程中的侧蚀、板上的抗剥强度，以及与焊盘的协调等因素，一般导线宽度在0.3~1.5mm。对于电源线和接地线，由于载流量大的缘故，一般取1.5~2mm。在一些对电路要求高的场合，导线宽度还应作适当的调整。

印制导线间的距离考虑安全间隙电压为200V/mm，最小间隙不要小于0.3mm，否则有可能引起相邻导线间的电压击穿或飞弧。在板面允许的情况下，印制导线宽度与间隙一般不小于1mm。

二、印制电路板中的干扰及抑制

干扰现象在整机调试和工作中经常出现、其原因是多方面的，除外界因素造成干扰外，印制板布线不合理，元器件安装位置不当等都可能造成干扰。这些干扰，在排版设计中如事先重视，则完全可以避免。否则，严重的会引起设计失败。下面对印制板上常见的几种干扰及其抑制办法作简单的介绍。

1. 地线的共阻抗干扰及抑制　　几乎所有电路都存在一个自身的接地点表示为零电位。当多个回路共用一段地线时，导线存在一定的阻抗。此阻抗当流经较大电流时或流经回路的电流频率较高时，都会造成干扰。因此要采取以下措施：

(1) 一点接地：在印制电路的地线布设中，首先考虑各级的内部接地，同级电路的几个接地点要尽量集中，称为一点接地，避免其他回路的交流信号窜入本级或本级中的交流信号窜入其他回路。

同级电路中的接地处理好后，要布好整个印制板上的地线，防止各级之间的干扰，下面介绍几种接地方式。

(2) 并联分路式：将印制板上几部分地线分别通过各自地线汇总到线路的总接地点。在实际设计中，印制电路的公共地线一般设在印制板的边缘，并较一般导线宽，各级电路就近并联接地。但如周围有强磁场，公共地线不能构成封闭回路，以免引起电磁感应。

(3) 大面积覆盖接地：在高频电路中，可采用扩大印制板的地线面积来减少地线中的感抗，同时，可对电场干扰起屏蔽作用。如图7-11(b)所示的一高频信号的印制板。

(a) 并联分路式接地　　(b) 大面积覆盖接地

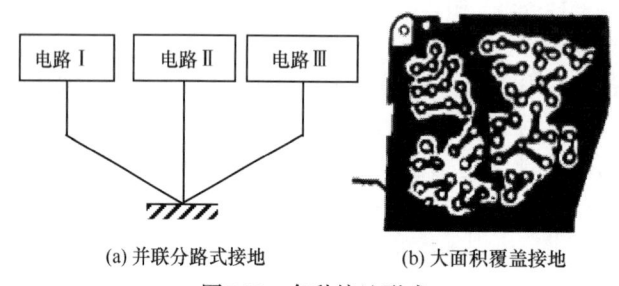

图7-11　各种接地形式

(4) 地线的分线：在一块印制板上，如布设模拟地线和数字地线，则两种地线要分开，供电也要分开，以抑制相互干扰。

2. 电源干扰抑制　　电子仪器的供电绝大多数是由于交流市电通过降压，整流，稳压后获得。电源的质量好坏直接影响整机的技术指标。而电源的质量除原理本身外，工艺布线和印制板设计不合理，都会产生干扰，特别是交流电源的干扰。直流电源的布线不合理，也会引起干扰。布线时。电流线不要走平行大环形线；电源线与信号线不要太近，并避免平行。

3. 磁场干扰及对策　　印制板的特点是元器件安装紧凑，连接密集。但如设计不当，会给整机带来分布参数造成干扰，元器件相互之间的磁场干扰等。

分布参数造成干扰主要由于印制导线间的寄生耦合而产生相互耦合的等效电感和电容。布设时，对不同回路的信号线尽量避免平行，双面板上的两面印制线尽量做到不平行布设。在必要的场合下，可通过采用屏蔽的办法来减少干扰。

元器件间的磁场干扰主要是由于扬声器、电磁铁、永磁式仪表、变压器、继电器等产生的恒磁场和交变磁场，对周围元件、印制导线产生干扰。布设时，尽量减少磁力线对印制导线的切割，两磁性元件相互垂直以减少相互耦合，对干扰源进行屏蔽。

4. 热干扰及抑制　　热干扰是由于发热元件的影响而造成温度敏感器件的工作特性变化以致整个电路电性能发生变化而产生的干扰。布设时，要找出发热元件与温度敏感元件，使热源处于较好的散热状态，使热源尽量不安装在印制板上。如必须安排在印制板上时，要配制足够的散热片，防止温升过高对周围元器件产生热传导或辐射。

第三节　计算机辅助设计印制电路

用计算机对印制电路进行辅助设计，是目前印制电路板底图设计的主要工具，利用计算机绘制底图，不仅可以使底图更整洁、标准，而且能够解决手工布线印制导线不能过细和较窄的间隙不易布线等问题，同时可彻底解决双面焊盘严格的一一对应问题，并且通过绘图仪很方便地将黑白图绘制出来，还可通过磁盘对印制底图作永久性的保存。

一、Protel99电路设计简介

Protel99是目前印制电路设计应用中最为广泛的软件之一，现在的Protel已发展到Protel99及ProtelDXP版。它工作在Windows环境下，是个完整的全方位电路设计系统，它包含了电原理图绘制、模拟电路与数字电路混合信号仿真、多层印刷电路板设计(包含印刷电路板自动布线)、可编程逻辑器件设计、图表生成、电路表格生成、支持宏操作等功能，同时还兼容一些其他设计软件的文件格式。使用多层印制电路板的自动布线，可实现高密度PCB的100%布通率。

印制电路的设计过程：首先设计(绘制)电路原理图，然后由电路原理图文件生成网络表。网络表是由电路原理图(Sch)生成印制电路图(PCB)的桥梁和纽带，在PCB设计系统中，根据网络表文件自动完成元器件之间的连接并确定元器件的封装形式，经自动布局、布线后完成印制电路的设计工作。

在Protel99中还设有文件编辑器(Document Folder)、表格编辑器(Spread Sheet Document)、文字编辑器(Text Document)、波形编辑器(Waveform Document)。它是一个编辑功能强大、设计灵活的应用软件。本节主要介绍利用Protel99，从电路原理图设计开始，到印制电路板图设计完成的方法与步骤。

二、电路原理图设计

1. 启动 Protel99　直接双击Windows 桌面上Protel99的图标来启动应用程序，或直接单击Windows【开始】菜单中的Protel99图标。

(1) 创建一个新的设计文件：执行菜单命令【File】/【New】，出现【New Design Database】(创建设计数据文件)对话框。选择【Location】标签，在"Design Database Name"(数据文件名)窗口中输入文件名，单击【Browse…】按钮选择文件的存储位置，Protel99默认文件名为"My Design.ddb"。选择【Password】(密码)标签设置密码。单击【OK】按钮进入设计数据库文件主窗口。

(2) 打开数据库文件夹：在设计数据库文件主窗口中双击文件夹Documents图标，打开数据库文件夹。也可以在设计管理器窗口中单击My Design.ddb下的文件夹打开数据库文件夹。

2. 启动原理图编辑器(Schematic Document)

(1) 执行菜单命令【File】/【New】进入选择文件类型【New Document】对话框。

(2) 在文件类型对话框中单击原理图编辑器Schematic Document图标，选中原理图编辑器图标，单击【OK】按钮，或双击原理图编辑器图标即可完成新的原理图文件的创建。

(3) 双击工作窗口中的原理图文件图标Sheet即可启动原理图编辑器。

3. 原理图绘制

(1) 设置图纸尺寸：绘制电路原理图时，首先要设置图纸尺寸及相关数据。如图纸的尺寸、方向、标题栏、边框底色、文件信息等。

执行菜单命令Design/Options，出现设置或更改图纸属性对话框，单击Sheet Uptions标签。

Standard Style(标准图纸格式)：根据电路大小设置。

Options(设定图纸方向)：Landscape(横向)，Portrait(竖向)。

Title Block(设置图纸标题栏)：Standard(标准型)，ANSI(美国国家标准协会模式)。若显示标题栏，单击Title Block选项前的复选框为(√)。

Show Refrence Zones(设置显示参考边框)：选中此项可以显示参考图纸边框，复制框为(√)。

Shoe Border(设置显示图纸边框)：选中此项可以显示图纸边框，复制框为(√)。

Show Template Graphics(设置显示图纸模板图形)：选中此项可以显示图纸模板图形，复制框为(√)。

Border Color(设置图纸边框颜色)：默认值为黑色。

Sheet Color(设置工作表颜色)：默认值为淡黄色。

Grids(设置图纸栅格)：首先选中相应的复选框，然后在文本框中输入所要设定的值。在该对话框中所有设定值的单位均为1/100英寸。1/1000英寸=0.0254mm=1mil(密尔)。

Snap On(锁定栅格)：此项设置将影响光标的移动，光标在移动的过程中，将以设定值为移动的基本单位，设定值为10，即100mil。

Visible(可视栅格)：此项设置图纸上实际显示的栅格距离，设定值为10，即100mil。

Electrical Gird(设置自动寻找电气节点)：选中该项时，系统在绘制导线时以Grid栏中的设定值为半径，以箭头光标为圆心，向周围搜索电气节点。如果找到了，此范围内最近的节点就会把光标移至该节点上，并在该节点上显示出一个圆点。Enable前的复制框为(√)，然后在Grid Range后的文本框中输入要设定的值，如"8"等。

Change System Font(更改系统字体)：单击Change System Font按钮，出现更改系统对话框，选择字体字号。

Custom System(自定义图纸格式)：选中Use Custom System前的复制框为(√)，然后在选项后的文本框中输入相应的值。

Custom Width(定义图纸宽度)：最大值6500，单位为1/100英寸。

Custom Height(定义图纸高度)：最大值6500，单位为1/100英寸。

X Ref Region Count(X 轴方向参考边框划分的等级个数)。

Y Ref Region Count(Y 轴方向参考边框划分的等级个数)。

Margin Width(边框宽度)。

单击对话框顶部的Oranization标签可打开设置文件信息对话框。

Oranization(设置公司或单位名称)。

Address(设置公司或单位地址)。

Sheet(No设置原理图编号，Total设置该项目原理图的数量)。

Document(设置文件其他信息)，其中包括Title(原理图的标题)、No(原理图的编号)、Revision(原理图的版本号)。

(2) 装入元件库：绘制一张原理图首先要把有关的元器件放置到工作平面上，在放置元器件之前，必须知道各个元器件所在的元件库，并把相应的元件库装入到原理图管理浏览器中。原理图元件库中装有各种元器件的电路符号，如果在原理图元件库中没有所需的电路符号，这时就需要在原理图元件编辑器中设计电路符号。

装入元件库的具体步骤：

1) 打开原理图管理浏览器。在工作窗口为原理图编辑器窗口的状态下，单击设计管理器上部的Browse Sch标签，即可打开原理图管理浏览器窗口。

2) 装入原理图所需的元件库。单击原理图管理器窗口中Add/Remove…按钮，出现一对话框，该对话框用来装入所需的元件库或移出不需要的元件库。

3) 单击所需的库文件，然后单击Add按钮或双击所需的库文件，被选中的库文件即出现在Selected Files列表框中，重复上述操作可添加不同的库文件，然后单击【OK】按钮，就可以将列表中的文件装入原理图浏览器中，该元件库文件所包含的所有元件就会出现在原理图管理器中。

4) 若想移出某个已经接入的库文件，只要在Selected Files列表框中选中该文件，然后单击Remove按钮。

5) 自己设计的特殊电路符号也要按上述方法装入原理图浏览器中。

6) 原理图所用元器件的库文件路径为(若Protel99装在C盘时)C：\Program Files\Design Explorer99\Library\Sch。

Sch原理图元件库中提供了6万多种元器件，又根据不同种类和厂家分别存在不同的库文件中。Miscellaneous Devices库文件和Protell DOS Schematic Libraries库文件中有常用的各种元器件，如电阻器、电容器、二极管、三极管、逻辑运算符号、各种运算放大器、TTL电路等。

(3) 在图纸中放置元件：元件库装入后，在原理图浏览器Browse Sch的两个窗口中分别可以看到库文件名和电路符号的名称。首先在上部窗口中单击选择电路符号所在的库文件名，该库文件中的所有电路符号名称显示在下部窗口中。双击电路符号名称，出现十字光标并拖到鼠标，确定放置位置，单击鼠标电路符号即被放置在图纸中，或单击选中电路符号名称后，按Place按钮，电路符号显示在光标处，拖到鼠标确定放置位置，单击鼠标，电路符号即被放置在图纸中，或双击电路符号名称，拖到鼠标，完成电路符号的放置。

也可以在窗口中的Filter对话框中，直接输入电路符号名称，然后在上部窗口中选中库文件名，完成上述操作。

4. 画面管理与基本操作

(1) 设计管理器Design Manager窗口的打开、关闭和切换：执行菜单命令View/Design Manager可打开或关闭设计管理器，也可在主工具栏中单击设计管理器打开、关闭按钮(主工具栏中第1个按钮)。通常情况下，设计管理器窗口为项目浏览器(Explorer)和当前运行的编辑器的浏览器所公用，通过标签进行切换，如启动原理图编辑器时，设计管理器窗口为项目浏览器(Explorer)和原理图浏览器(Browse Sch)。

(2) 工作窗口的打开、关闭和切换：工作窗口也称为设计窗口。Protel99的工作窗口除包括项目管理器窗口外还可以为多个编辑器所公用。各个工作窗口之间的切换时通过单击工作窗口上部相应的标签来实现的。当在各个工作窗口之间进行切换时，其左侧的设计管理器窗口也随之相应地改变，同时主窗口中的菜单栏也会发生相应的变化。

(3) 工具条的打开与关闭：Protel99为原理图、印制电路图的设计、修改提供了常用工具，这些工具可根据设计对象的不同选择使用，各工具条打开、关闭的方法为，执行菜单命令View视图/Toolbars工具条，在选项菜单中选择所需的工具，再次进行上述操作可关闭工具条。

1) 主工具条(Main Tools)，是画面管理的主要工具，电路设计时不易关闭。

2) 连线工具条(Writing Tools)，原理图设计(或绘制)时用此工具。该工具具有电气性能，如画线工具相当于导线，可使元器件电气连接。可在主工具条中打开或关闭。

3) 绘图工具条(Drawing Tools)，可在原理图编辑状态下绘制图形，添加字符或文挡。画线工具没有电气意义。可在主工具条中打开或关闭。

4) 电源及接地符号工具条(Power Objects)。

5) 常用器件工具条(Digital Objects)。

6) 可编程逻辑器件工具条(PLD Tools)。

7) 模拟仿真信号源工具栏(Simulation Sources)。

(4) 绘制区域的放大、缩小与刷新。

1) 放大：执行菜单命令View/Zoom In，或单击主工具条的"放大"按钮。在设计窗口中按PageUp键以光标指示为中心放大。

2) 缩小：执行菜单命令View/Zoom Out，或单击主工具条的"缩小"按钮。在设计窗口中按PageDown键以光标指示为中心缩小。

3) 刷新画面：设计时会发现在滚动画面、移动元件、自动布线等操作后，有时会出现画面显示残留的斑点、线段或图形，虽然并不影响电路的正确性，但不美观。

执行菜单命令View/Refresh，或按End键就可以进行画面刷新。

(5) 导线绘制：打开绘制工具条，单击绘制线段工具，拖到鼠标至线段的起始点，单击鼠标左键，继续拖到鼠标至线段的终止点，单击鼠标左键后再单击鼠标右键，即完成了线段的绘制。再次单击鼠标右键退出线段绘制状态。若绘制折线请在折点处单击鼠标左键。

(6) 导线和元器件的删除与移动。

1) 删除：单击要删除的对象，按Delete键。或按住鼠标左键拖到，选中对象，按主工具条上的剪切工具，出现十字光标，移至要删除的对象上单击即可。

2) 取消选中：单击主工具条中的取消选中目标工具(第13个工具)。

3) 移动和转动：将光标指向要调整的对象，按住鼠标左键不放拖到鼠标，对象即被移动。或按住鼠标左键拖动，选中对象(可分另选多个对象)，被选中的对象变为黄色或出现黄框，将光标指向任一被选中的对象按住鼠标左键不放拖到鼠标，被选中的对象将整体移动。在上述两种选中方式中，按住鼠标左键不放，按空格键对象旋转，按X键对象在X轴向上翻转，按Y键对象在Y轴向上翻转。

其他编辑状态的画面管理和基本操作与上述基本相同。

5. 设计电路符号 虽然Protel99提供了大量的电路符号，但是很多电路符号是按元器件的型号给出的，如晶体管的电路符号就有近千个，有些电路符号元件库中没有提供。另外在原理图绘制时，为了更清楚地表达原理，一个元件的电路符号要根据原理图的需要拆开绘制在不同的位置上，如波段开关、继电器等。所以遇到这种情况，就需要自己设计电路符号。

(1) 执行菜单命令File/New进入选择文件类型New Document对话框。

(2) 在文件类型对话框中单击原理图元件库编辑器(Schematic Library Document)图标，选中原理图元件库编辑器图标，单击OK按钮或双击该图标，即可完成原理图元件库文件的创建。

(3) 双击工作窗口中的原理图元件库图标(Schlibl)即可启动原理图元件库编辑器。此时左侧的设计管理器(Design Manager)变为项目浏览器(Explorer)和原理图元件库浏览器(Browse Schlib)。

(4) 使用原理图元件库编辑器提供的工具在工作窗口绘制电路符号。注意：所绘制的电路符号应在窗口内坐标原点附近(看屏幕左下角状态栏坐标显示)。绘制好的电路符号要按前面介绍的方法装入自己设计的特殊电路符号，也要按上述方法装入原理图浏览器中。也可以按原理图元件库浏览器窗口中的Place按钮，将设计好的电路符号直接放在原理图中。

6. 定义属性 原理图绘制完后，要对元器件属性进行定义。定义方法是双击元器件，在出现的Part对话框中，选择Attributes标签，对以下各项进行定义。

"Lib Ref"中显示为该元件在元件库中的电路符号(或元件型号)，不必修改。

"Footprint"写入该元件的封装形式。如电阻器的封装为"AXIAL-0.4"。

"Designator"写入元件名及序号。如原理图中第一个电阻器为"R1"。

"Part"写入元件型号。如电阻器的标称值"5.1k"。

后两项"Sheet"和"Part"可根据情况改写或不写。

元件属性定义也可以在将元件放入图纸前进行,方法是在双击原理图浏览器(Browse Sch)窗口中电路符号名称出现十字光标后,按Tab键,出现上述对话框。同类元件的序号将按着此次的写入顺序排列。

7. 电气规则检查 该步骤主要是对所绘制的原理图进行规则方面的检查,可以按着指定的物理特性和逻辑特性进行,如元件标号重复、网络标号或电源没有连接等,元件的封装及型号不在此检查范围内。

在原理图编辑状态,执行菜单命令Tools/ERC…(电气规则检查),在Setup Electrical Rule Check对话框中选择Setup标签,默认各项设置按OK键,在设计窗口中(Sheet1 ERC标签下显示错误信息及具体位置,切换到原理图编辑状态时,在所绘制的图纸中有错误指示。

8. 创建网络表 网络表是由电路原理图自动生成印制电路图的桥梁和纽带。在PCB设计系统中,印制电路图根据网络表文件自动完成元器件之间的电气连接,并根据元器件的封装形式,自动给出元器件在板中的形状大小。

执行菜单命令Design/Create Netlist…(创建网络表),在出现的对话框中,选择Preferences标签,在"Output Format"下拉菜单中选择"Protel",其他按默认设置。单击OK按钮,在主窗口中"Sheet1 NET"标签下显示网络文件内容。

在网络表文件中,方括号内列出了在原理图设计时所定义的元器件名称序号、封装形式、标称值(或型号)。圆括号内列出了元器件引脚之间的连接关系,在生成印制电路图时按此连接关系连线。网络表中的内容将在印制电路图中体现。

三、印制电路图设计

印制电路图(PCB)是生产印制电路板的依据,在设计过程中,虽然软件有自动布局和自动布线功能,要想使电路达到工艺及电气要求,还需要认真调整元器件的布局,修改印制导线的走向,避免各种干扰的出现。这也是印制电路设计过程中工作量较大的部分。原理图设计(绘制)完后,即可进入印制电路图的设计。

1. 启动印制电路板设计编辑器(PCB Document)

(1) 执行菜单命令File/New…,进入选择文件类型New Document对话框。

(2) 在文件类型对话框中单击印制电路图编辑器(PCB Document)图标,选中印制电路板设计编辑器图标,单击OK按钮,或双击印制电路编辑器图标即可完成新的印制电路板设计文件(.ddb)的创建。

2. 工作层面设置 为了印制电路板制作加工的需要,Protel99在电路设计功能上提供了不同的层面,其中有信号层16个(顶层、底层及14个中间信号层)、内部电源/接地层4个、机械层4个、钻孔图及钻孔位置层1个、阻焊层2个(顶层与底层)、锡膏防护层2个(顶层与底层)、丝网印制层2个(顶层与底层),以及禁止布线层、设置多层面、连接层、DRC错误层、可视栅格层(2个)、焊盘层、过孔层等39个层面。设计时可根据不同的印制电路板选择不同的层面。单面电路板的设计,若需要丝印的话,只需使用机械层(Mech)、禁止布线层(Botton)、网印刷层(Silkscreen)。网印层在工作窗口中的标签为(Tover)。

电路设计完成后可根据需要分别打印输出各个层面图,也可将选定的打印在一张图纸上。执行菜单命令Design/Options…选项,出现Document Options对话框,单击Layers标签进入工作层面设置对话框,选择所需的层面,使复选框出现"√"。

3. 确定印制电路板的尺寸　首先在PCB设计窗口内画出所设计的印制电路板的大小，以及固定孔、安装孔的大小及位置。

(1) 执行菜单命令View/Status Bar打开状态栏，在屏幕的左下角可显示光标在设计窗口中的位置(英制mil)。执行菜单命令View/Toggle Units(公英制转换)将坐标单位变为公制(mm)。

(2) 设置原点，执行菜单命令Edit/Origin(原点)/Set(设置)，光标变为十字光标，在设计窗口内的适当位置单击，光标所指处即为坐标原点。屏幕左下角的状态栏显示为X：0mm, Y：0mm。

执行菜单命令View/Toolbars/Placement Tools，打开防止工具，选择设置原点工具，在设计窗口内适当位置单击，原点即被设定。按Ctrl+End键可自动找到原点。

(3) 在设计窗口中画出板的外形尺寸。板的大小尺寸应设计在机械层，单击设计窗口下的Mech标签，切换到机械层。打开放置工具，单击画线工具，在设计窗口内单击确定线段的起始点，拖到鼠标至线段终止点单击。电路板的外形尺寸边框是由线段构成的，最好在所设原点开始画线。线的宽度可进行设置，双击线段在出现的对话框只能够可对线宽(Width)、层面(Layer)及线段的起始点(Srart)、终止点(End)坐标进行设置。也可以在单击画线工具后，按Tab键进行设置。手工设计印制电路图的导线绘制也使用该工具，但要注意选择层面。

4. 确定自动布局区域　印制电路板上的元器件布设一般情况下不要紧靠板的边缘，更不可超出板外。所以在自动布局时，给它规定一个区域，使元器件自动布设在规定的区域内。方法是将工作窗口切换到禁止布线局，单击工作窗口下的Keep Out标签，在印制电路板的边框内，用画线工具画出一个区域，方法与画边框相同。

5. 装入PCB元件库　在PCB管理浏览器Browse PCB窗口中Browse选项的下拉列表框中选择Libraries选项，执行菜单命令Design/Add/Remove Libraries或单击PCB浏览器Browse PCB中的Add/Remove Libraries按钮，在出现的PCB Libraries对话框按PCB元件库所在路径找到库文件，将所需的封装文件装入PCB管理浏览器中。封装库文件的路径为(若Protel99装在C盘时)C：\Program Files\Design Explorer99\Library\PCB\Generic\Footprints。

6. 利用网络表文件装入网络表和元件　在PCB编辑状态执行菜单命令Design/Netlist，出现网络宏对话框，单击Browse按钮即可进入选择网络表文件对话框，在对话框中选中所需的网络表文件(Sheet1.NET)，单击OK按钮，所有网络宏都显示在对话框中。网络宏正确时，对话框中的"Status"显示为"Allmacros validated"，单击Execute按钮，即以网络宏显示的信息将元器件装入PCB图中。

7. 自动布局及手工调整　此时元器件重叠显示在印制电路板规定的区域中间，必须进行布局设计，布局的方法有自动布局和手动布局。手动布局是将光标移至元器件上，按住鼠标左键拖到元器件至适当位置。自动布局是利用软件按随即方式将元器件均匀布设。因为布局的随机性，元器件的放置位置并没有考虑连线最短、干扰最小的布线原则，所以还需要进行手工调整。自动布线操作为：①执行菜单命令Tools/Auto Place…出现元件自动布局对话框，选择Statistical Placer项，其他设置默认，单击OK按钮，开始自动布局。②布局结束后出现提示对话框，单击OK按钮。③关闭元件自动布局窗口，用鼠标右键单击设计窗口的Place标签，在出现的菜单中单击Close按钮，又出现提示用户更新的PCB对话框，单击Y(是)按钮。

单击设计窗口上的"PCB"标签，切换到PCB状态，将看到自动布局后的电路。元器件引脚之间用直线连接可交叉，只代表元器件之间的连接关系，并不是最终的印制导线。此电路还应手动进行调整，调整时元器件的连接关系不变。

8. 自动布线　经手工调整后的电路可进行自动布线，生产不交叉的印制导线，布线能否成功，与元器件的摆放位置有很大关系。

(1) 设置自动布线参数：执行菜单命令Design/Rules…，出现设置布线参数对话框，在Routing

标签下的"Rule Classes"选项列表框中对布线参数进行设置。自动布线参数包括布线层面、布线优先级、导线宽度、布线的拐角模式、过孔类型及尺寸等。根据要求设置各项后，自动布线将按着设置参数进行。

"Rule Classes"选项列表框中的各项设置：Clearance Constraint 设置安全间距；Routing Corners 设置布线的拐角模式；Routing Layers 设置布线工作层面；Routing Priority 设置布线优先级；Routing Topplogy 设置布线拓扑结构；Routing Via Style设置过孔形式；Width Constraint 设置布线宽度。

1) 布线工作层面的设置：选中列表框中的"Routing Layers"选项，单击Properties…按钮，或双击Routing Layers选项，进入布线工作层面设置对话框。

布线范围(Rule Scope)设定为Whole Board(整个印制板)；布线属性(Rule Attributes)用于设定布线层面和各个层面的布线方向。T(Top Layer)代表顶层，B(Botton Layer)代表底层，1~14代表中间层。单面印制电路板顶层及中间层不布线，将T及中间层设为Not Used，底层布线B设为Any，单击OK按钮确定。

2) 布线宽度设置：选中列表框中的"Width Constraint"选项，单击Properties…按钮，或双击Width Constraint选项，进入布线宽度设置对话框。

布线范围(Rule Scope)仍为Whole Board(整个印制板)；布线属性(Rule Attributes)中的最小宽度(Minimum Width)、最大宽度(Maximum Width)按电路要求设置，单击OK按钮确定。

其他各项的设置可参考工作层面及布线宽度的设置。

(2) 自动布线：各项设定完成后可进行自动布线，布线结束后若出现短路交叉，应重新调整元器件的位置再进行布线，直到没有短路交叉为止。

执行菜单命令Auto Routing/All，程序开始对整个电路板进行布线，布线完成后单击End按钮刷新画面。

一块设计精良的印制电路板，需要经过反复的修改、调整、布线，必要时可采用手工布线进行修改。

第四节 印刷电路板的制作工艺

随着电子工业的发展，特别是微电子工业的飞速发展，使集成电路的应用日益广泛，随之而来的是对印制板制造工艺和精度提出了更高的要求。目前国内不少厂家都可制造线宽在0.2~0.3mm的高密度印制板。国内应用最广泛的还是单、双面印制板，本节重点介绍这类板的制造工艺，包括工厂制作和手工制作。

一、制作过程中的基本环节

印制板的制造工艺随印制板的类型和要求而不同，但在不同的工艺流程中，下面的七个基本环节是必需的。

1. 绘制照相底图 照相底图的绘制方法已在上节介绍过了，作为厂家第一道工序即为设计者送来的底图进行检查，修改，以保证加工质量。现在由于计算机绘制底图的应用，常将画好的底图拷贝在软盘上，告诉厂家底图的文件名，让厂家通过绘图仪将底图绘出。

2. 照相制版 用绘好的底图照相制版，版面尺寸通过调整相机焦距准确达到印制板尺寸，相版要求反差大，无砂眼。制版过程与普通照相大体相同，相版干燥后需修版，对相版上砂眼修补，对不要的用小刀刮掉。

双面板的照相版应保证正反面次照相的焦距一致,确保两面图形尺寸的吻合。

3. 图形转移　把照相版上的印制电路图形转移到覆铜板上,称为图形转移。方法有丝网转移、光化学法等。

(1) 丝网漏印:如图7-12所示,虽是一种古老的工艺,但由于具有操作简单、生产效率高、质量稳定和成本低廉等优点,所以,广泛用于印制板制造,现由于该法在工艺、材料、设备上都有突破,能印制出0.2mm的导线。缺点是精度比光化学法差,要求工人具有熟练操作技术。丝网漏印技术包括丝网的准备,丝网图形的制作和漏印三部分。

(2) 直接感光法(光化学法之一):包括覆铜板表面处理、上胶、曝光、显影、固膜和修版的顺序过程。这里的上胶过程是指在覆铜板表面均匀涂上的一层感光胶。曝光的目的使光线透过的地方感光胶发生化学反应,而显影的结果使未感光胶溶解,脱落,留下感光部分。固膜是为了使感光胶牢固地粘连在印制板上并烘干。

(3) 光敏干膜法(光化学法之二):它与直接感光法的主要区别是来自感光材料。它的感光材料是一种薄膜类物质,由聚酯薄膜、感光胶膜、聚乙烯薄膜三层材料组成,感光胶膜夹在中间,如图7-13所示。

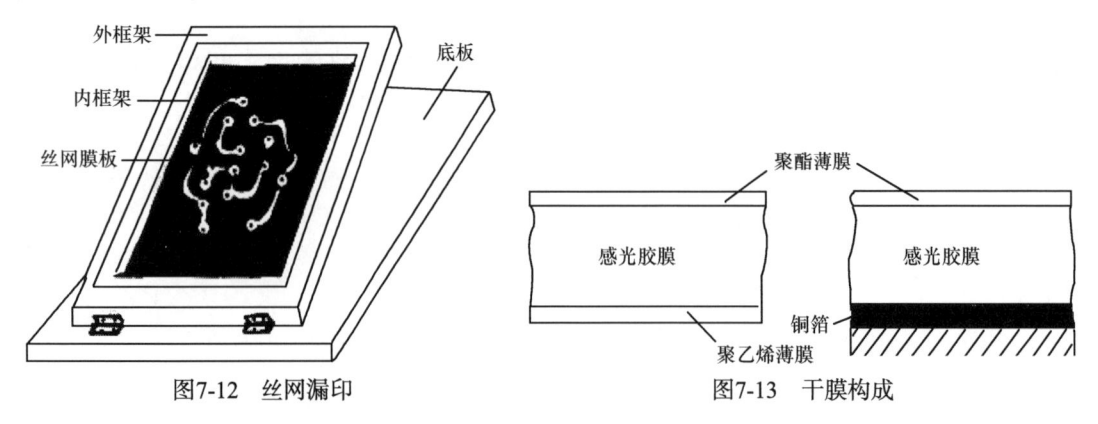

图7-12　丝网漏印　　　　图7-13　干膜构成

贴膜前,将聚乙烯保护膜揭掉,使感光胶膜贴于覆铜板上,曝光后,将聚酯薄膜揭掉后再进行显影,其余过程与直接感光法类同。

4. 蚀刻　蚀刻也称烂板,是制造印制电路板的必不可少的重要工艺步骤。它利用化学方法去除板上不需要的铜箔,留下焊盘、印制导线及符号等。常用的蚀刻溶液有三氯化铁、酸性氯化铜、碱性氯化铜、硫酸-过氧化氢等。

三氯化铁蚀刻液适用于丝网漏印油墨抗蚀剂和液体感光胶抗蚀层印制板的蚀刻。用它蚀刻的特点是工艺稳定,操作方便,价格便宜。但是,由于它再生困难、污染严重、废水处理困难而正在被淘汰,只适于在实验室中少量加工较为方便。影响三氯化铁蚀刻时间的因素有浓度和温度、溶铜量(铜在蚀刻液中溶入的量)、盐酸的加入量以及适当的搅拌方式。

酸性氯化铜近年来正代替三氯化铁蚀刻液,它具有回收的再生方法简单、减少污染、操作方便等特点。酸性氯化铜蚀刻液的配方一般除氯化铜外还有提供氯离子的成分:氯化钠、盐酸和氯化铵。影响氯化铜蚀刻时间的因素有氯离子浓度、溶液中铜含量以及溶液温度等。

碱性氯化铜适用于金、镍、铅-锡合金等电镀层作抗蚀涂层的印制板蚀刻。它的特点是蚀刻速度快也容易控制,维护方便(通过补充氨水或氨气维持pH),以及成本低等。它的蚀刻度也受铜离子浓度、氨水浓度、氯化铵浓度以及温度的影响。

硫酸-过氧化氢是一种新的蚀刻液,它的蚀刻特点是蚀刻速度快,溶铜量大,铜的回收方便,勿须废水处理等。影响蚀刻的因素有过氧化氢的浓度、硫酸和铜离子的浓度、稳定剂(使溶液稳定、蚀刻速率均匀一致)、催化剂(Ag^+、Hg^+、Pd^{2+}等)和温度等。

蚀刻的方式主要由浸入式、泡沫式、泼溅式和喷淋式等，分别选用于不同的蚀刻液蚀刻，目前，工业生产中用的最多的是喷淋式蚀刻。

5. 金属化孔 孔金属化是双面板和多层板的孔与孔间、孔与导线间导通的最可靠方法、是印制板质量好坏的关键，它采用将铜沉积在贯通两面导线或焊盘的孔壁上，使原来非金属的孔壁金属化。

孔金属化过程中需经过的环节有钻孔、孔壁处理、化学沉铜和电镀铜加厚。孔壁处理的目的使孔壁上沉淀一层作为化学沉铜的结晶核心的催化剂金属。化学沉铜的目的使印制板表面和孔壁产生一薄层附着力差的导电铜层。最后的电镀铜使孔壁加厚并附着牢固。

6. 金属涂敷 为提高印制电路的导电性、可焊性、耐磨性、装饰性，延长印制板的使用寿命，提高电气可靠性，可在印制板的铜箔上涂敷一层金属。金属镀层的材料可分为金、银、锡、铅锡合金等，

涂敷的方法分电镀和化学镀两种。

(1) 电镀法使镀层致密、牢固、厚度均匀可控，但设备复杂，成本高，一般用于要求高的印制板和镀层，如插头部分镀金等。

(2) 化学镀设备简单、操作方便、成本低，但镀层厚度有限，牢固性差，一般只适用于改善可焊性的表面涂敷。

目前大部分采用镀锡和镀铅锡合金的方法来改善可焊性，它具有可焊性好、抗腐蚀能力强，长时间放置不变色等优点。

7. 涂助焊剂与阻焊剂 印制板经表面金属涂敷后，根据不同的需要可进行助焊和阻焊处理。涂助焊剂的目的，既可起保护镀层不氧化的作用，又可提高可焊性。

为了保护版面，确保焊接的正确性，在一定的要求下在板面上加阻焊剂，但必须使焊盘裸露。

印制板加工除上述七个基本环节外，还有其他加工工艺，可根据实际情况添加，如为了装焊方便，而在元件层印有文字标记、元件序号等。

二、印制板的生产工艺

印制板的生产过程都需上述七环节，但不同的印制板具有不同的工艺流程。

1. 单面板生产流程 生产流程：敷铜板下料→表面去油处理→上胶→曝光→显影→固膜→修版→蚀刻→去保护膜→钻孔→成形→表面涂敷→助焊剂→检验。

单面板工艺简单，质量易于保证，但在焊接之前，还要进行检验。

2. 双面板生产流程 双面板与单面板生产的主要区别是增加了孔金属化工艺。由于孔金属化工艺的多样性，导致双面板制作工艺的多样性，但总的概括分为先电镀后腐蚀和先腐蚀后电镀两类。先电镀的有板面电镀法、图形电镀法、反镀漆膜法；先腐蚀的有堵孔法和漆膜法。这里只简单介绍常用的较为先进的图形电镀法工艺流程。

生产流程：下料→钻孔→化学沉铜→电镀铜加厚(不到预定厚度)→贴干膜→图形转移(曝光、显影)→二次电镀加厚→镀铅锡合金→去保护膜→腐蚀→镀金(插头部分)→成型热熔→印制阻焊剂及文字符号→检验。

第五节 手工自制印制电路板

在电子产品样机尚未设计定型的试验阶段，或当爱好者进行业余制作的时候，经常只需要

制作一、两块供分析测试使用的印制电路板。按照正规的工艺步骤，要绘制出黑白底图以后，再送到专业制板厂去加工。这样制出的板子当然是高质量的，但往往因加工周期太长而耽误时间，并且，从经济费用考虑也不大合算。因此，掌握几种在非专业条件下手工自制印制电路板的简单方法是必要的。

一、漆 图 法

用漆图法自制印制电路板的主要步骤如图7-14所示。

下料 → 拓图 → 打孔 → 描漆图 → 腐蚀 → 去漆膜 → 清洗 → 涂助焊剂

图7-14 漆图法自制印制板工艺流程

各步骤的简单说明如下。

1. 下料 按板面的实际设计尺寸剪裁覆铜板(可用小钢锯条沿边线锯开)，去掉四周毛刺。

2. 拓图 用复写纸将已设计好的印制板布线草图拓印在覆铜板的铜箔面上。印制导线用单线、焊盘用小圆点表示。拓制双面板时，为保证两面定位准确，板与草图均应有3个以上孔距尽量大的定位孔。

3. 打孔 拓图后，对照草图检查覆铜板上画的焊盘与导线是否有遗漏。然后在板上打出样冲眼，按样冲眼的定位，用小型台式钻床打出焊盘上的通孔。打孔过程中，注意钻床应取高转速，钻头要刃磨锋利，进刀不宜太快，以免将铜箔挤出毛刺；并注意保持导线图形清晰，避免被弄模糊。清除孔的毛刺时不要用砂纸。

4. 调漆 在描图之前应先把所用的漆调配好。通常可以用稀料调配调和漆，也可以用酒精泡虫胶漆片，并配入一些甲基紫使描图颜色清晰。要注意漆的稀稠适宜，以免描不上或是流淌，画焊盘的漆应比画线条用的稍稠一些。

5. 描漆图 按照拓好的图形，用漆描好焊盘及导线。应该先描焊盘，可以用比焊盘外径稍细的硬导线或细木棍蘸漆点画，注意与钻好的孔同心，大小尽量均匀。然后用鸭嘴笔与直尺描绘导线，注意直尺不要将未干的图形蹭坏，可将直尺两端垫高架起。双面板应把两面图形描好。

6. 腐蚀 腐蚀前应检查图形质量，修整线条、焊盘。腐蚀液一般使用三氯化铁水溶液，可以从化工商店购买三氯化铁粉剂自己配制，浓度在28%~42%。将覆铜板全部浸入腐蚀液，把没有被漆膜覆盖的铜箔腐蚀掉。

为了加快腐蚀反应速度，可以用软毛排笔轻轻刷扫板面，但不要用力过猛，避免把漆膜刮掉。在冬季，也可以对腐蚀溶液适当加温，但温度也不宜过高，以防将漆膜泡掉。

待完全腐蚀以后，取出板子用水清洗。

7. 去漆膜 用热水浸泡后，可将板面的漆膜剥掉，未擦净处可用稀料清洗。

8. 清洗 漆膜去除干净以后，用碎布蘸着去污粉在板面上反复擦拭，去掉铜箔的氧化膜，使线条及焊盘露出铜的光亮本色。注意应按某一固定方向擦拭，这样可使铜箔反光方向一致，看起来更加美观。擦拭后用清水冲洗、晾干。

9. 涂助焊剂 把已经配好的松香酒精溶液立即涂在洗净晾干的印制电路板上，作为助焊剂。助焊剂可使板面受到保护，提高可焊性。

二、贴 图 法

在用漆图法自制印制电路板的过程中，图形靠描漆或其他抗蚀涂料描绘而成，虽然简单易行，但描绘质量很难保证，往往是焊盘大小不均，印制导线粗细不匀。近年来，电子器材商店已有一种薄膜图形出售，这种具有抗蚀能力的薄膜厚度只有几微米，图形种类有几十种，都是印制电路板上常见的图形，有各种焊盘、接插件、集成电路引线和各种符号等。

这些图形贴在一块透明的塑料软片上，使用时可用刀尖把图形从软片上挑下来，转贴到覆铜板上。焊盘和图形贴好后，再用各种宽度的抗蚀胶带连接焊盘，构成印制导线。整个图形贴好以后即可进行腐蚀。用这种方法制作的印制板效果极好，与照相制版所做的板子几乎没有质量的差别。这种图形贴膜为新产品的印制板制作开辟了新的途径。

三、铜箔粘贴法

这是手工制作印制电路板最简捷的方法，既不需要描绘图形，也不需要腐蚀。只要把各种所需的焊盘及一定宽度的导线粘贴在绝缘基板上，就可以得到一块印制电路扳。具体方法与图形贴膜法很类似，只不过所用的贴膜不是抗蚀薄膜，而是用铜箔制成的各种电路图形。铜箔背面涂有压敏胶，使用时只要用力挤压，就可以把铜箔图形牢固地粘贴在绝缘板材上。目前，我国已有一些电子器材商店出售这种铜箔图形，但因价格较高，使用并不广泛。

四、刀　刻　法

对于一些电路比较简单，线条较少的印制板，可以用刀刻法来制作。在进行布局排版设计时，要求导线形状尽量简单，一般把焊盘与导线合为一体，形成多块矩形。由于平行的矩形图形具有较大的分布电容，所以刀刻法制板不适合高频电路。

刻刀可以用废的锋钢锯条自己磨制，要求刀尖既硬且韧。制作时，按照拓好的图形，用刻刀沿钢尺刻划铜箔，使刀到深度把铜箔划透。然后，把不要保留的铜箔的边角用刀尖挑起，再用钳子夹住把它们撕下来。

第八章 制作实例

本章选作了七个项目制作，使学生得到实际的训练，增加动手能力和理论联系实践的能力。

实验四 电子小钳工

【实验目的】 使学生熟悉常用工具的使用并制作大功率三极管的散热片。

【实验仪器及工具】 钻、丝锥、锯、锤、台钳、钢板尺、卡尺、热溶胶枪、电烙铁、电位器等。

【实验原理及步骤】

一、常用工具的使用方法

1. 螺丝刀 螺丝刀又称旋凿或起子，它是一种紧固或拆卸螺钉的工具。螺丝刀的式样和规格很多，按头部开头不同可分为一字形和十字形两种，如图8-1所示。

一字形螺丝刀常用的规格有50mm、150mm和200mm等规格，电工必备的是50mm和150mm两种。十字形螺丝刀专供紧固或拆卸十字槽的螺钉，常用规格有4个：Ⅰ号适用于螺钉直径为2~2.5mm，Ⅱ号为3~5mm，Ⅲ号为6~8mm，Ⅳ号为10~12mm；按握柄材料不同又可分为木柄和塑料柄两种。

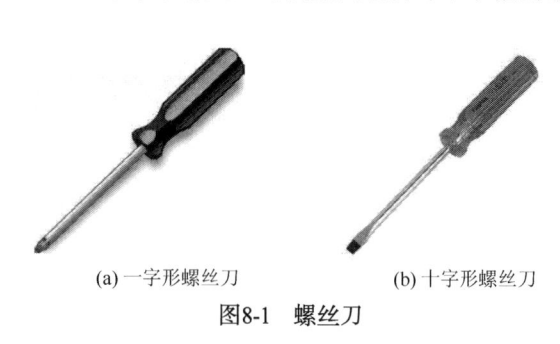

使用螺丝刀紧固或拆卸带电的螺钉时，手不得触及螺丝刀的金属杆，以免发生触电事故。为了避免螺丝刀的金属杆触及皮肤，或触及邻近的带电体，应在金属杆上串套绝缘管。

(a) 一字形螺丝刀　　(b) 十字形螺丝刀

图8-1　螺丝刀

2. 钢丝钳 钢丝钳又分铁柄和绝缘柄两种，绝缘柄为电工用钢丝钳，常用的规格有150mm、175mm和200mm三种。

电工钢丝钳的构造如图8-2所示。电工钢丝钳由钳头和钳柄两部分组成，钳头有钳口、齿口、刀口和铡口四部分组成。用途很多，钳口和来弯绞或钳夹导线线头；齿口用来紧固或起松螺母；刀口用来剪切导线或剖削软导线绝缘层；铡口用来铡切电线线益，钢丝或铅丝等较硬金属。

使用电工钢丝钳的安全知识：

(1) 使用电工钢丝钳以前，必须检查绝缘柄的绝缘是否完好。绝缘如果损坏，进行带电作业时会发生触电事故。

(2) 用电工钢丝钳剪切带电导线时，不得用刀口同时剪切相线和零线，以免发生短路故障。

3. 尖嘴钳 尖嘴钳的头部尖细，适用于在狭小的工作空间操作。尖嘴钳也有铁柄和绝缘柄两种，绝缘柄的耐压为500V，其外形如图8-3 所示。带有刃口的尖嘴钳能剪断细小金属丝，尖嘴钳能夹持较小螺钉、垫圈、导线等元件。

4. 断线钳 断线钳又称斜口钳，钳柄有铁柄，管柄和绝缘柄3种形式，其中电工用的绝缘柄断线钳的外形如图8-4所示，其耐压为1000V。断线钳是专供剪断较粗的金属丝、线材及电线电缆等用。

图8-2 钢丝钳的结构　　图8-3 尖嘴钳的结构　　图8-4 断线钳的结构

5. 剥线钳 剥线钳是用于剥削小直径导线绝缘层的专用工具，其外形如图8-5所示。它的手柄是绝缘的，耐压为500V。

剥线钳的使用时将要剥削的绝缘长度用标尺定好以后，即可把导线放入相应的刃口中，选择大小应比导线直径稍大，将钳柄一握，导线的绝缘层即被割断并自动弹出。

6. 电工刀 电工刀是用来剖削电线线头，切割木台缺口，削制木枕的专用工具。

电工刀使用时，应将刀口朝外剖削，剖削导线绝缘层时，应使刀面与导线成较小的锐角，以免割伤导线，如图8-6所示。

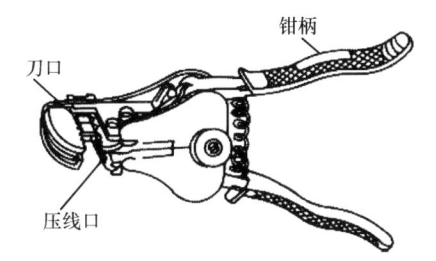

图8-5 剥线钳的结构　　图8-6 剖削电线的方法

使用电工刀的安全知识：

(1) 电工刀使用时应注意避免伤手。

(2) 电工刀用毕，随即将刀身折进刀柄。

(3) 电工刀刀柄是无绝缘保护的，不能在带电导线或器材上剖削，以免触电。

7. 活扳手 活扳手又称活络扳头，是用来紧固和起松螺母的一种专用工具。活络扳手的构造和规格如图8-7所示。

活络扳手由头部和柄部组成，头部由活扳唇、扳口、蜗轮和轴销等构成，如图8-7所示，旋动蜗轮可调节扳口的大小。规格是以长度×最大开口宽度(单位：mm)来表示，电工常用的活络扳手有150mm×19mm，200mm×24mm，250mm×30mm和300mm×36mm四种。

8. 电工用凿 电工用凿按用途不同有麻线凿和长凿等。

(1) 麻线凿：麻线凿也叫圆榫凿，用来凿打混凝土结构建筑物的木榫孔，电工常用的麻线凿有16号和18号2种，16号可凿直径8mm的木榫孔，18号可凿直径约6mm的木榫孔，凿孔时要用左手握住麻线凿，并要不断地转动凿子，使灰沙碎石及时排出。

(2) 小扁凿：小扁凿是用来凿打砖墙上的方形木榫孔。电工常用的是凿扣宽约12mm的小扁凿。

(3) 长凿：长凿是用来凿穿墙孔的。用来凿打混凝土穿墙孔的长凿是由中碳圆钢制成，用来打穿墙孔的长凿是由无缝钢管制成。长凿直径分为19mm、25mm和30mm，其长度通常有300mm、400mm和500mm等多种，使用它时应不断旋转，及时排出碎屑。

9. 冲击钻 冲击钻的外形如图8-8所示。作为普通电钻用时把调节开关调到标记为"钻"

的位置，即可作为电钻使用。

图8-7　活络扳手构造　　　　　　图8-8　冲击钻

作为冲击钻用：用时把调节开头调到标记为"锤"的位置，即可用来冲打砌块和砖墙等建筑材料的木榫孔和导线穿墙孔，可冲打直径为6~16mm的圆孔。

10. 验电器　验电器是检验导线和电气设备是否带电的一种电工常用工具，分低压验电器和高压验电器两种。低压验电器又称测电笔，有钢笔式和螺丝刀式两种，如图8-9所示。

(a) 笔式试电笔

(b) 螺丝刀式试电笔

图8-9　电笔外形及结构　　　　　　图8-10　电笔的握法

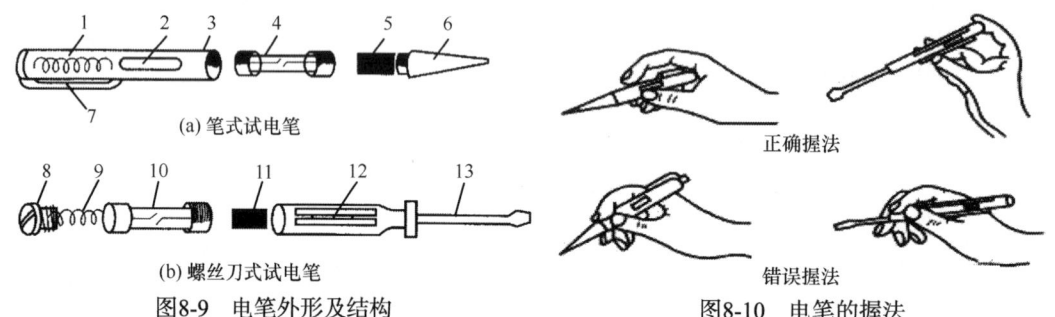

钢笔式低压验电器由氖管、电阻、弹簧、笔身和笔尖等组成，如图8-9所示。低压验电器使用时，必须按照图8-10所示的正确握笔方法，以手指触及笔尾的金属体，使氖管小窗背光朝向自己，当用电笔测试带电体时，电流经带电体、电笔、人体到大地形成通电回路，只要带电体与大地之间电位差超过60V时，电笔中的氖管就发光。低压验电器检测电压的范围为60~500V。

11. 热熔胶　热熔胶顾名思义具有加热到一定温度后熔化的特点。熔化后的胶体具有良好的流动性及黏接性，胶液冷却后固化成半透明胶体，既具有黏附性和韧性，又有良好电气绝缘和防潮性能。同时热熔胶固化后还可通过再次加热软化，使热熔胶具有可逆的性能。

热熔胶一般以胶棒形式提供。通过热熔胶枪使胶棒送进和熔化。热熔胶枪如图8-11所示，主要由进胶机构、加热腔及枪身三部分组成。其中加热腔由PTC发热元件对胶棒加热、使胶棒变成液体由枪口流出。

热熔胶枪采用220V交流供电，功率约40W。

用热熔胶进行胶接时，将胶棒插入胶枪尾部进料口，接通电源后连续扣动扳机，胶棒在加热腔熔化从枪口喷流到胶接部位，自然冷却后胶体固化形成胶接。

图8-11　热熔胶枪

热熔胶接不仅可用于电子产品各种接头的黏接固定，还可用于某些部件的灌封及其他需要固定、连接的场合。

图8-12 发热元件的安装

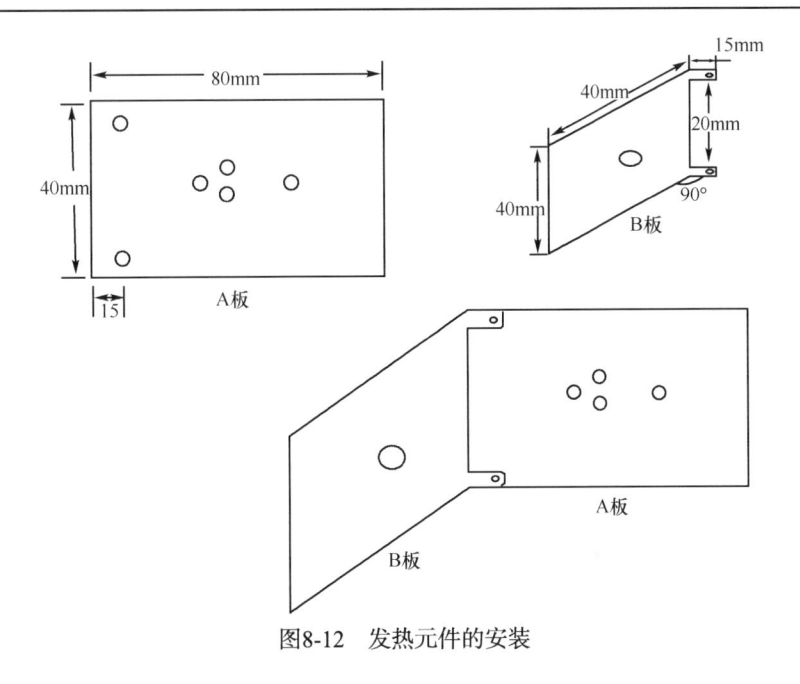

二、大功率元件的安装

电子元件中大功率的元件，因发热大，常常需安装散热片。散热片的形状也是多种多样，图8-12所示的散热片，是由A、B两铁板连接而成。A板上安装大功率三极管3AD11或3DD15。该元件外壳是集电极，而散热片是和主机的地相通，故它们之间不能短路，需用导热，但不导电的材料隔离开，实际操作中是用云母片。但我们这里由于不通电，用塑料片来模仿，这一点请注意。

B板上安装电位器，A、B板的连接是采用手工顶丝后，上锣杆的办法，主要是锻炼学生使用丝锥和掌握这种操作技术。

安装完再进行导线的连接，按图8-13。注意三极管的e、b脚根部应套上绝缘套管，焊接三极管不能时间太长，以免损坏三极管。

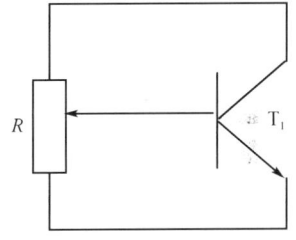

图8-13 发热元件的安装

实验五 印刷电路板的制作

【**实验目的**】 掌握印刷电路板的手工制作流程。

【**实验仪器**】 计算机、打印机、热转印机、转印纸、覆铜板和三氯化铁器等。

【**实验原理及步骤**】 在维修电子仪器中，有时需维修人员制作电路板，来代替已损坏的电路。制作电路板的方法很多，有大批量生产流程，有手工生产的流程。我们这里只介绍手工制作电路板的方法。其电路板制作工艺流程如图8-14所示。

(1) 制作电路首先要选好需制作的电路。请同学们根据自己的爱好选择其中的一种。

(2) 利用计算机的画图软件画图。大小应和实际电路板一样，在画印制电路板时，不是简单地将元器件之间用印制导线连接就行了，而是要考虑电路的特点和要求。如高频电路对低频电路的影响，各元器件之间是否产生有害的干扰，以及传热等方面的影响。

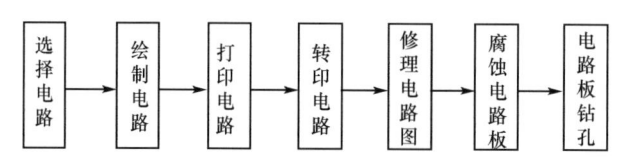

图8-14 电路板制作工艺流程

(3) 因为有热转印的过程,所以画出的图还要反转一下。
(4) 把画完的图打在热转印纸上,最好用喷墨打印机。
(5) 利用热转印机把图转到覆铜板上。
(6) 修板,可利用记号笔修补断线或缺损图形,使图形质量提高。
(7) 腐蚀(烂板)。印制电路板的腐蚀液通常用三氯化铁溶液。固体三氯化铁其吸湿性很强,存放时必须放在密封的塑料瓶或玻璃瓶中。它有极强的腐蚀性,在使用过程中应避免溅到皮肤或衣服上。

配制腐蚀液可取1份三氯化铁固体与2份水混合(重量比),放在搪瓷或塑料盘中,加热至40℃,最高不宜超过50℃,然后将印制好的敷铜板放入溶液中浸没,并不时搅动液体使之流动,以加速其腐蚀。夹取印制板可用竹夹子,不宜使用金属夹,并戴手套操作。

腐蚀过程是从印制板边缘开始,即从有线条和接点的地方周边逐渐腐蚀。腐蚀的时间最好短些,避免导线边缘被溶液浸入形成锯齿形,所以要经常观察腐蚀的进度。当腐蚀结束后应及时将印制板取出用清水冲洗干净,然后用细砂纸将电路板上的漆膜轻轻砂去,为了提高腐蚀速度,可以选用电解法,其步骤如下:

1) 在已覆膜的敷铜板上找一块较大面积的空白处,焊1~2根约20cm的焊锡丝,并在靠近铜箔处的焊锡丝上涂上一层酒精松香液以防腐蚀。将稳压电源的正极夹在焊锡丝上部。

2) 将一段焊锡丝绕在一根长10cm的铁棒(铁钉)上,并留下20cm长一段作连线,与稳压电源负极相连。

3) 将敷铜板浸没在三氯化铁溶液中,将负极铁棒放入盘中并注意不要和敷铜板相碰短路。

4) 将稳压电源的电压调节旋钮调至最低后,再接通电源,然后缓慢的调高电压。这时可看见负极板上有气泡产生,并伴有"吱吱"的响声。开始时由于接触面积较大,电解速度较快。随时间的延长,电流会逐渐减小,这时可适当提高电压。

5) 电解完毕后,取出电路板用清水洗净,用刀片将残余的铜斑除去后,再砂去漆膜。

(8) 清洗。腐蚀好的电路板取出用清水冲洗,将漆膜剥掉,未擦净处可用稀料清洗,用碎布蘸去污粉反复在板面上擦拭,去掉杂物露出铜的光亮本色,用水冲洗,晾干。

(9) 打孔。 晾干后的电路板,可根据设计孔的位置进行打孔工序,打孔时注意钻床转速应取高速,钻头应刃磨锋利,进刀不宜过快,以免将铜箔挤出毛刺,大多选用0.8mm或1mm的麻花钻头。由于钻头太细,容易折断钻头,特别是手扶印刷板移动时,钻头受横向力作用而折断,所以让钻头只露出3~4mm,可减少折断。

实验六 简易抢答器

【实验目的】
1. 掌握手工锡焊技术。
2. 学会简易电子电路的制作与调试。

【实验仪器】 万用表MF47型、电烙铁及焊料、焊剂、电子元件若干。

【实验原理及步骤】

1. 工作原理 图8-15为多路抢答器电路,主持人闭合S_1抢答开始。假定轻触钮开关K_3先按下,则可控硅SCR_3触发导通,指示灯L_3亮,振荡电路工作,扬声器发声表示持K_3按钮者获优先抢答权。由于D_1、D_2导通,使电路中A、B两点电位很接近,此时其他按钮再按下,已没有足够的触发电压使未导通的可控硅导通,即其他指示灯不会再亮。当主持人断开了K再闭合,即可进行下一轮抢答。

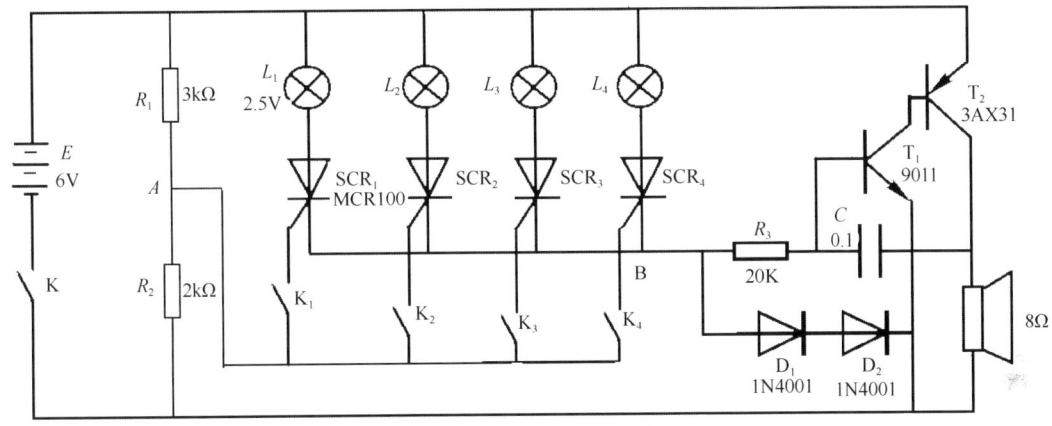

图8-15 简易抢答器电路

2. 安装、调试与检测 检查元器件装配无误后,接上6V电源,把电流表串接在开关K两端,开关应处于断开状态,测得电流约为1.25mA左右,用镊子短路可控硅阳极和阴极,扬声器发声,电流表读数约为160mA左右。

接通开关K,按下轻触开关,其中相对应的一只指示灯亮,扬声器发声。此时再按下其他轻触开关,其他指示灯不会再亮。

断开开关K,再闭合,检查其他指示灯应该不亮,表明电路正常。

3. 技能训练
(1) 用电流表测量扬声器响与不响两种状态时的整机电流值。
(2) 用电压表测量并记录A、B两点和可控硅、三极管各级在两种状态时的电压值。
(3) 测量扬声器响与不响两种状态时的可控硅阳极电流。
(4) 表测量可控硅触发电流。
(5) 用示波器测量扬声器的波形。

将上述测量结果填入表8-1中。

表8-1 测试结果数据

测试点 \ 结果	扬声器响	扬声器不响
A点电压(V)		
B点电压(V)		
可控硅阳极电流		
可控硅触发电流		
扬声器波形		
整机电流值		
T_2三个极电压		
T_1三个极电压		

4. 常见故障及原因

(1) 扬声器不响：主要是振荡器停振所造成。要检查T_1、T_2、C、R_3和扬声器。

(2) 轻触开关按下，指示灯不亮，扬声器也不响。先检查供电电压是否正常，然后检查轻触开关接触是否良好。可控硅阳极和阴极装反，指示灯损坏也会造成此故障。

实验七 简单锅炉缺水报警器

【实验目的】

1. 掌握锅炉缺水报警电路原理。
2. 学会简易电子电路的制作与调试。

【实验仪器】 万用表MF47型、电烙铁及焊料、焊剂、电子元件若干。

【实验原理及步骤】 简单锅炉缺水声光报警电路如图8-16所示。锅炉缺水声光报警电路，此电路当锅炉缺水时会发出声响和闪光两种报警信号，及时通知工作人员向锅炉里加水电子开关由水位探头和三极管T_1等元件组成；而音频自激振荡器是互补型的，由T_2和T_3组成。

1. **电路原理** 当锅炉水与探头相接触时，由于水含杂质能够导电，因此T_1的基极会通过R_1、探头和锅炉水获得正向偏压，使T_1处于饱和状态，T_2和T_3因得不到适当的基极电压处于截止状态，因而报警器不工作。一旦锅炉缺水，水位下降至探头电极以下，T_1因得不到正偏压而截止，T_2、T_3导通工作，扬声器Y发出报警声，与此同时，发光二极管点亮，催促工作人员赶快向锅炉加水。

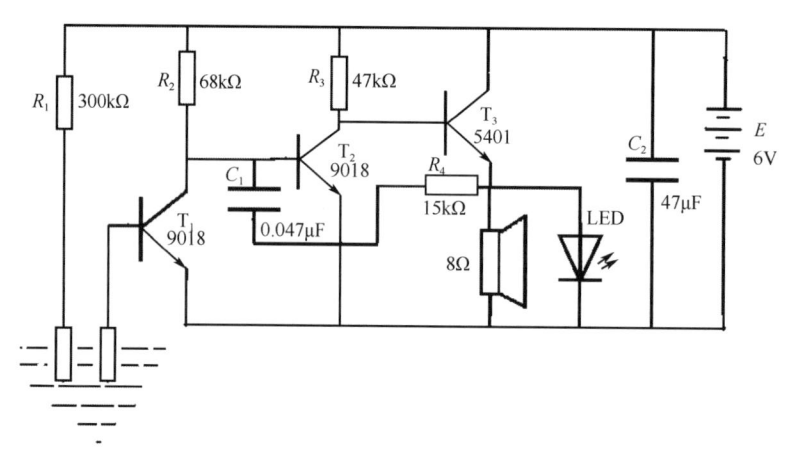

图8-16 简单锅炉缺水声光报警电路

2. **元件选择** 探头选用一定粗细的铜棒。三极管T_1和T_2选用3DG6、3DG201等NPN型硅三极管；T_3选用3CX200或5401等PNP型硅三极管，各管β值均要大于30以上。LED选用φ5mm红色发光二极管。R_1选用300kΩ，R_2选用68kΩ，R_3选用47kΩ；R_4选用15kΩ。C_1选用0.047μF，C_2选用47μF，Y选用2.5W、8Ω动圈式扬声器。电池选用6V叠层电池。

3. **制作与调试** 按图8-17和印板图8-18所示，将所有元件焊装在一印制电路板上。由于本电路简单，一般元器件无质量问题、焊装无误，无须调试即可正常工作。检查此电路工作是否正常的方法：一般只要将铜棒提离水面，若此时电路能进行声光报警，将铜棒沉入水中，若此时电路无声无光，则电路正常；反之电路不正常，最后将电路板与电池一起装入一塑料机壳中。

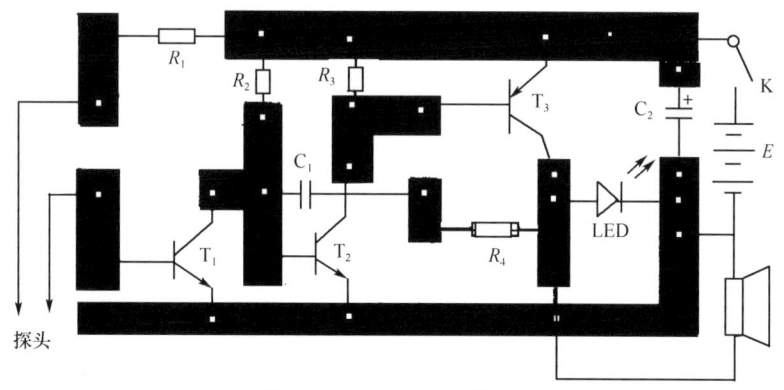

图8-17 简单锅炉缺水声光报警电路印板图

实验八 声光报警探测器

【实验目的】
1. 掌握声光报警探测器。
2. 学会简易电子电路的制作与调试。

【实验仪器】 万用表MF47型、电烙铁及焊料、焊剂、电子元件若干。

【实验原理及步骤】 此探测器可检测各种型号的彩电、录像机、组合音响的遥控发射器。并且有声光报警功能。它能以最快的速度，根据有无光信号输出，来判断遥控发射器有无故障。

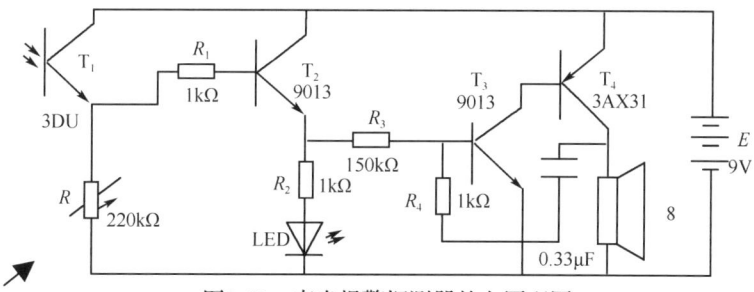

图8-18 声光报警探测器的电原理图

1. 工作原理 该装置的电原理见图8-18所示。当按下被测红外线遥控发射器的任一按钮时，从遥控发射器发射出红外线脉冲信号被红外线接收管T_1(3DU)所接收，其C、E极间电阻降低，使T_2导通，T_2发射极输出正电压信号，分成两路，一路使发光二极管LED点亮，另一路通过R_3使T_3与T_4构成的互补振荡器工作，喇叭发出"嘟嘟"的响声，从而实现了声光报警。

2. 元件的选择 T_1选用3DU系列任何型号的光敏三极管；T_2选用β值高的中功率NPN三极管，如9013等，发光二极管LED选用φ5mm红色高度发光二极管，扬声器选用2.5英寸8Ω动圈式扬声器；其他元件如图所示。

3. 制作与调试 按图8-18制作印制板、安装、焊接。用电流表串入电源电路中，检查安装是否有短路故障，然后去掉电流表进行调试。调节R使LED不发光；再将一只好的遥控发射器对准检测器3DU，按下任意一个按钮，发光二极管应点亮，同时喇叭应发出声响，否则应该调节R。调节R_4和C，即可改变音响效果。

实验九　电子听诊器

【实验目的】
1. 掌握电子听诊器电路原理。
2. 学会简易电子电路的制作与调试。

【实验仪器】 万用表MF47型、电烙铁及焊料、焊剂、电子元件若干。

【实验原理及步骤】 本文介绍的电子听诊器，利用声探头作探测，扬声器和发光二极管作显示，将探头检测到的心、肺和脉搏等声音，经声电转换为电信号，再经放大，直接由喇叭放出来并点燃发光二极管。因此，它不仅使用方法简单，而且有利于提高对病人的确诊率。当特殊病人需要做长期比较性检查时，还可以配合录音机将听诊的声音录下来，作为专题病例存挡，便于医疗科研工作。

1. 工作原理 电子听诊器电路原理如图8-19所示。当微型驻极体话筒和一个传统式听诊器组成的探头触及人的心、肺、脉搏等部位时，它就会将所接收到的声音信号转换成电信号，然后经由T_1组成的前置放大器放大，通过电位器R_2调节，再经T_2、T_3组成的复合管放大，直接由扬声器发出声音，通过插口输入录音机进行录音。当探测到有节奏的声音如脉搏时，发光二极管即可点亮，并随脉搏而闪动。

2. 元件选择 三极管T_1、T_2和T_4选用3DG201，T_3选用3AX81。要求T_1的$\beta \geqslant 60$，T_2、T_3的放大倍数$\beta \geqslant 40$，T_4的$\beta \geqslant 20$即可，除了T_4以外，要求其他管子的穿透电流越小越好。LED选用ϕ95mm红色发光二极管。扬声器Y选用2.5英寸80动圈式扬声器。电源选用6V叠层电池。变压器T选用一般半导体收音机的推挽输出变压器即可。其他元件如图所示。

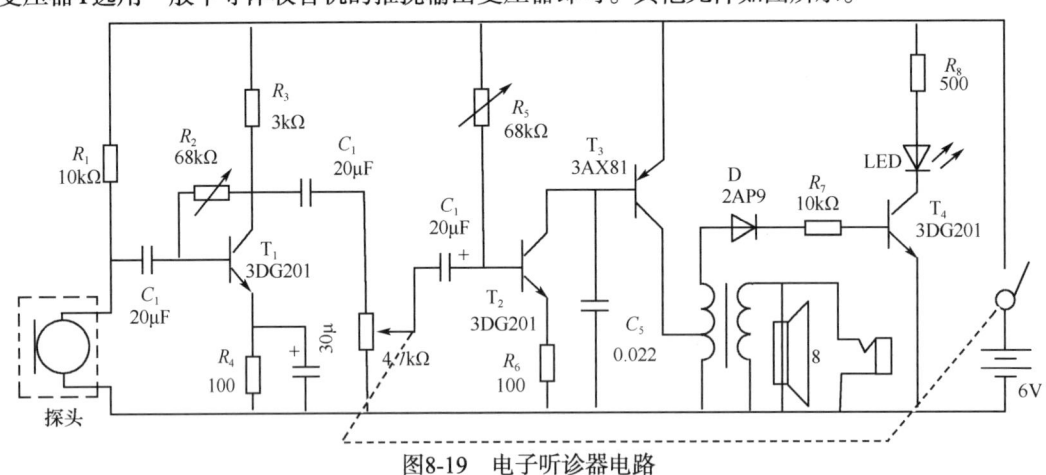

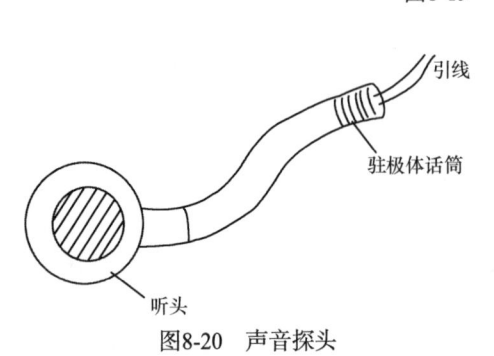

图8-19　电子听诊器电路

3. 制作与调试

(1) 声音探头的制作：声音探头示意图如图8-20所示，它是由一个微型驻极体话筒和一个传统式听诊器的听头组成。制作时将听诊器的胶管截去，留下约10cm左右，利用工具设法将断口拉大，将驻极体话筒塞进去即可。引线最好选用话筒线，由于话筒封装在胶管中，因此灵敏度是比较高的，对于外界声音干扰信号，几乎是没有反应的。

图8-20　声音探头

(2) 电子听诊器的制作与调试：按图8-19所示，将所有元件焊在一印制电路板上，焊装检查无误后即可进行调试。调整R_3和R_5，使I_{C_1}在μA级，I_{C_3}在6~8mA左右仪器即能工作。然后，除声音探头外，全部元件安装一个机壳内。

实验十　收音机的安装

【实验目的】　该实验是电子类的综合性实验，使学生进一步熟练焊接技术、安装技术、调试技术和检修方法等。

【实验仪器】　收音机套件、烙铁(20W)、万用表、信号源和示波器等。

【实验原理及步骤】

一、超外差式收音机原理简介

超外差式收音机是把收到的高频载波信号，都变成固定的中频载波频率，然后将中频信号进行放大、检波。由于中频频率较变换前低，而且频率是固定不变的，所以任何电台的信号都能得到相同的放大，另外，中频放大器比高频容易做得高。这种获得中频信号以后再加以放大称"超外差式"电路。

超外差收音机的方框如图8-21所示，图中天线将广播电台播发出来的高频信号调幅波接收来，经过变频级的把外来的高频波信号变换成一个固定中频465kHz的中频信号，即无论接收什么样的频率信号，经变频输出均是465kHz的调幅波，然后由中频放大变频后的中频信号，再经检波级检出音频信号，再送到低频放大级及低频功放，最后推动扬声器发出声音。

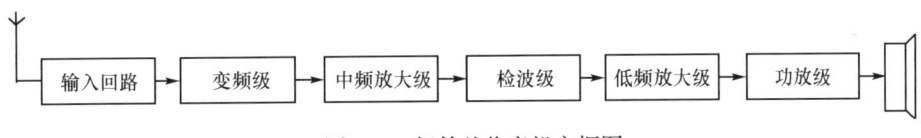

图8-21　超外差收音机方框图

(1) 输入回路：从天线到变频管基极间的电路称为输入电路。其作用是从各个电台发射的所有信号中选出我们所需要的信号，并将不要的信号拒之门外。

(2) 本机振荡电路：它是一个正弦振荡器，其振荡频率与电台信号频率差为456kHz，二个可调电容同时改变，这就是超外差式或收音机使用双连可变电容器的原因。本机振荡器的工作电流一般为0.5~1mA。

(3) 混频器：混频器是具有独立本振的混频电路。输入回路高频信号由基极注入，本机振荡信号由发射集注入，由混频管进行混频。

(4) 变频器：变频电路的晶体管同时完成振荡与混频任务的电路叫变频器，外接天线上感应的信号通过电感、电容组成的输入回路，选择所需要信号，再通过互感送到变频三极管的基极，组成本机振荡，输出中频信号经中频变压器选频送至中放级。混频管电流在0.4~0.6mA。

(5) 中频放大器：中频放大器的作用是放大经过变频后的中频信号，然后将放大的信号送到检波器。中频放大器要求增益高(以提高灵敏度)，选择性好，稳定性好。

(6) 检波和自动增益控制电路：

1) 检波器：检波器任务是将原来中频放大输出的中频调幅波的低频信号(即音频)取出来，

送入低频放大器。通常用二极管做检波元件,要求它正向特性好,反向电阻大,截止频率高,一般常用2AP型二极管做检波管。对中频载频滤除后,在负载电阻上得到音频信号,送入低放级继续放大,直流成分用来实现自动增益控制。

2) 自动增益控制电路(AGC电路):由于各电台的发射功率不同,所以在收听各电台时声音大小也不同。有时收到到同一电台时,声音时大时小。为使收音机对大小信号都能同样很好地接收,即在信号有强度变化时,也能维持一定的音量,需要加入自动增益控制(AGC)。因此,在超外差式收音机中,都采用自动增益控制电路。自动增益控制一般利用检波器输出直流成分加到被控制级的基极,来控制它的基极偏流,从而改变其增益的大小来实现自动增益控制,这种电路所需功率小,所以在超外差式收音机中广泛被采用。

(7) 低频放大电路:在超外差式收音机中,经检波后低频信号经过放大才能推动扬声器发出声音。低频放大电路不但要有足够的放大能力,而且失真小,噪声小,频率特性好,效率高。

二、调　整

1. 调整静态工作点　调整工作点常采用两种方法:测集电极电流法和测发射极电压法。测集电极电流的办法是在集电极和直流电源之间串进一个毫安表如图8-22所示,表的满度量程可以根据所测那级规定的电流大小来选择,如图8-23中变频级、第一中放级,可以用0~1mA量程的表,功放级可以用0~5mA量程的表等。图8-23所示是在电路板上测电流的方法。实际操作时注意测完后把焊开的缺口再连好。

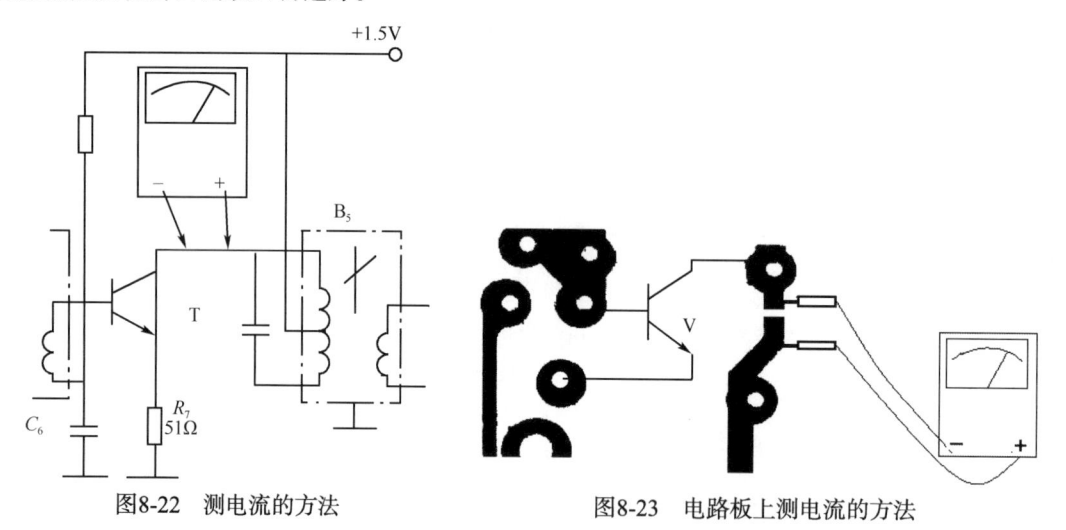

图8-22　测电流的方法　　　　图8-23　电路板上测电流的方法

调节偏置电阻一般用一个固定电阻再串上一个电位器,微微变动电位器阻值,观察电流表指示到该级规定的工作电流,拆下这个固定电阻和电位器量一下总阻值,再换接上相同总阻值的电阻,这一级就算调好了。这里的固定电阻起保护三极管的作用。调整时还要注意:

(1) 把双连全部旋入或者全部旋出,即测量时保持收音机无信号输入。

(2) 变频管起振时的电流比未起振时的电流略大些,通常指的是起振电流。电流调到规定的数值范围,电位器由固定电阻接上之后,把各级集电极电路连接好。旋动双连可变电容器,在中波段一般收到比较强的本地电台广播。

我们也可能遇到这样的情况,各级晶体管工作电流已经调整到规定的数值范围,旋动双连可变电容器,在中波段收听不到广播,即使加接外接天线或加大高频信号发生器的输出,收音机还不能收到电台或调制信号，这时收音机存在着故障，这些故障有的是导线接错、假焊或漏接所引起的，有的是元件变质或损坏所引起的等，对初装收音机的人来说，主要是由接错或漏接了导线和焊接上假焊或脱焊等引起的占多数。首先检查振荡器是否起振，用万用表最低直流电压一挡，接于BG$_1$发射极电阻的两端，用螺丝刀把双连的振荡连短接，如振荡正常的话，电压表的指针应有摆动，起振时电流大，不起振时电流小。

用手捏住普通螺丝刀的金属部分，分别碰触各级基极以人体感应的信号代替信号发生器，听扬声器的声音，如果扬声器有"喀喀"声说明是好的，如果碰触到那一级的基极发现扬声器没有"喀喀"声，毛病就出现在那一级了。进一步检查该级的接线和元件。

另一种常用测工作点的办法，是测发射极电阻R_e两端的电压U，如图8-24所示，来换算得电流$I = U / Re$。

上述两种测工作点的方法检测时都经常用到，前者直读方便，但是串接电流表要断开集电极连线，就要断开印刷电路极，通常设计印刷板时预先已断开，调整后再焊上。后者可以避免断开印刷电路板，但测得电压还要换算，不够直观。

工作电流必须调整在规定的范围内。不用电流表，仅仅用耳听播音声的大小来调整偏置

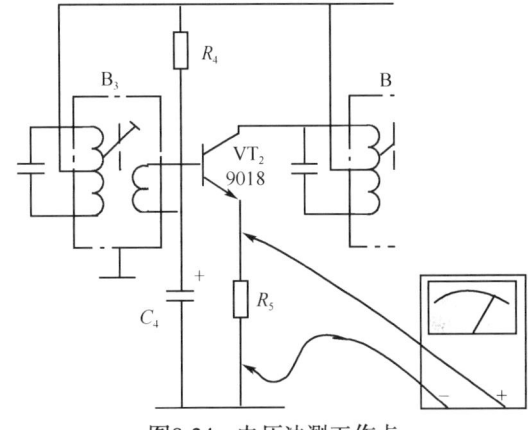

图8-24 电压法测工作点

电阻，也可以调响，但是这时电流往往偏高很多，使用时耗电太大。

2. 调整中频频率、调整频率范围和统调 工作电流调整好后，就可以进一步调整中频频率、调整频率范围和统调。这些工作在工厂中可以完全使用仪器进行精确地调整。在没有仪器的情况下也可以用广播电台的音声为依据来调试，经过耐心细致反复的调整也能获得。

(1) 调整中频频率：如果所用中频变压器是新的，一般出厂都已调整在中频频率465千周，这种情况下的调整工作就较简单。打开收音机随便收听一个电台，用螺丝刀把双连可变电容器本机振荡部分的定片对地短路，如果声音立刻停止或音量显著减弱，说明变频级和本机振荡部分都在工作，收到播音声是经过差频送到后面去，这时调中频变压器才有意义。如果短路本机振荡部分毫无影响，则说明通过中放级不是差频后的中频信号，而是串过去的，这时若调中频变压器反而越调越乱。经过短路试验证明变频、本振都在工作，然后一边听声音大小，一边调中频变压器电感的磁芯，先调最后一只中频变压器，然后从后向前顺序调节，调到声音最响为止。由于自动增益控制作用，以及当声音很响时，人耳对音响的变化不易分辨的缘故，收听本地电台当声音已经调到很响时，往往不易调得更精确，这时可改收外地电台或者转动磁性天线方向以减小输入信号，再调到声音最响为止。按上述从后向前的次序反复细调二、三遍就完成了。

调整中频变压器磁芯用的螺丝刀不要用铁制，以防止电磁感应。可采用塑料或竹条制成。

(2) 调整频率范围(对刻度)：在调整中最好配好拉线刻度盘，因为一般刻度盘与双连旋转角度已经对应好，这样就比较方便。

在550~700kH$_2$范围内选一个电台。例如选用640kH$_2$电台，再参考刻度盘将双连旋在刻度指针指在度盘640kH$_2$的这个位置，调振荡线圈的磁芯，使收到这个电台，并调到声音较大。这样，当双连全部旋进容量增至最大时接收频率必将低到525或530kH$_2$附近，低端刻度就对准了。

调整时若640kH$_2$电台在指针偏小于640kH$_2$刻度时出现，增大电感量(磁芯旋进)；反之；减小电感量(磁芯旋出)。

在1400~1600kH$_2$范围内选一个已知频率的电台。如选1500kH$_2$，再参考刻度盘将双连旋在刻度指针在度盘1500kH$_2$的这个位置，调节振荡回路中微调电容使收到这个电台，并调到声音较大。这样，当双连全旋出容量减至最小时接收频率必将高到1620~1640kH$_2$附近，高端刻度就对准了。

由于高、低端的频率刻度在调整中会互相影响，所以低端调电感磁芯、高端调电容的工作要反复调几次才能最后调准。

如果不用刻度盘也可以用一台产品收音机对比两者的双连旋出角度，进行调整。

三、统　　调

下面介绍不用仪器的统调办法。

如图8-25所示，利用调整频率范围时收听到的低端电台，调整磁棒线圈在磁棒上的位置，使声音最响，以达到低端统调。

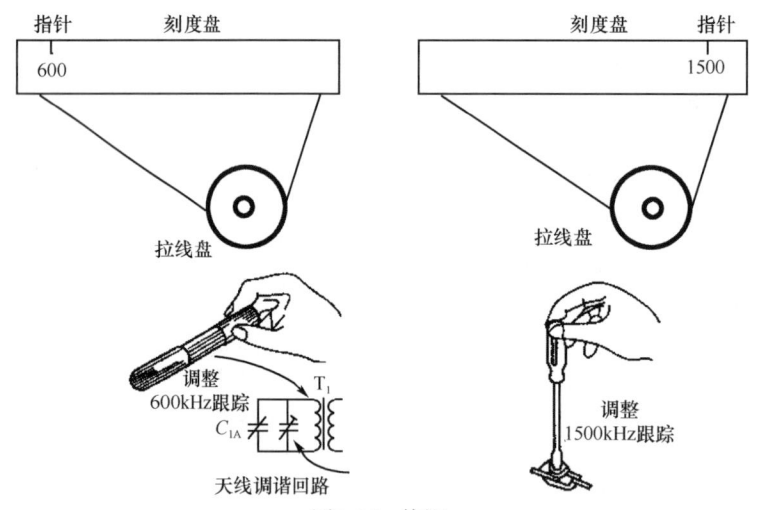

图8-25　统调

利用调整频率范围时收听到的高端电台，调节输入回路中的微调电容，使声音最响，使声音最响，以达到高端统调。

这时，也和对刻度一样，需要高、低端反复调整几次。

为了进一步检查是否统调好，我们可以采用电感测试棒来加以鉴别，电感量测试棒又叫铜铁棒，如图8-26所示。在长50~100mm绝缘管的一端嵌入铜棒或铝棒约20mm，另一端嵌入一条20mm的高频磁芯，也可以用折断了的磁棒代替，电感量测试棒就做成了。

图8-26　铜铁棒

检查时，收音机调到统调点，用铜铁棒铜端靠近输入线圈，如果收音机输出增加，则说明输入线圈电感量大了，应减少电感量，或者将线圈向磁棒外侧稍移，须重新进行调整。因为铜端靠近输入线圈时，铜端感应了高频电流形成涡流减小了输入线圈的电感量，而这时输出却增加，说明输入线圈电感量太大了，用铜铁棒磁端靠近输入线圈，如果收音机输出增加，则说输入线圈电感量不够，应增加电感量，或将磁性天线上线圈往磁棒中心稍移，须重新进行调整。

因为磁靠近输入线圈时增加了输入线圈的电感量，而这时输出却增加，说明输入线圈的电感量不够。用铜铁棒两端分别靠近输入线圈，如果收音机的输出都减小时，说明电感量正好，表示电路获得了统调。

四、使用通用仪器调整方法

下面介绍一些运用通用仪器，如高频信号发生器、电子管毫伏表、示波器等调整测试收音机的一般通用方法：

(1) 调整中频频率：调整中频频率的目的就是使几个中频调谐回路(中频变压器)的谐振频率都调整到固定的中频频率即465kH$_2$。

调整方法：按图8-27接上测量仪器，打开收音机，开大音量电位器；将收音机的双连可变电容器全部旋进，避开外来信号，把高频信号发生器放在465kH$_2$的位置上，而高频信号发生器的低频调制信号采用1000H$_2$或400H$_2$调幅度30%。带有低频调制的高频信号(465kH$_2$)通过0.01~0.047μF耦合电容由收音机第一级基极注入，高频信号由小到大的增加，以能听清楚为准。中频变压器的调整由第三中频变压器(B$_3$)开始逐级的向前进行，用塑料螺丝刀旋动中频变压器的磁帽，使电子管毫伏表获得输出最大，反复调整几次就可以了。另外调整时如果电路出现自激振荡时，必须重新调整中变压器和中和电容，中和电容器根据经验大约接2微微法左右。

图8-27 调整中频频率

(2) 调整频率范围(对刻度)：按图8-28所示接上测量仪器，把高频信号发生器输出的调幅信号接一环形天线，然后使环形天线平面垂直靠近磁棒，他们的距离以收音机能接收到为准，可以自由选择。开启收音机，将刻度盘指针校准确，当双连可变电容器全部旋进和旋出时，指针分别指在度盘525和1640kH$_2$的底线上，将高频信号发生器调到525kH$_2$，把双连可变电容器全部旋进，用塑料螺丝刀旋动振荡线图L的磁芯，使电子管毫伏表输出最大。若收音机的低端频率低于525kH$_2$时，振荡线圈磁芯向外旋，减小电感量；若低端频率高于525kH$_2$时，振荡线圈磁芯向里旋，增加电感量。然后将高频信号发生器调到1640kH$_2$，把双连可变电容器全部旋出，用塑料螺丝刀旋动并联在振荡连上的微调电容器，使电子管毫伏表输出最大。若收音机的高端频率高于1640kH$_2$时，可增大微调电容的容量；若高端频率低于1640kH$_2$时，可以减小微调电容的容量。这样由低端到高端反复调整几次，频率就校正好了。

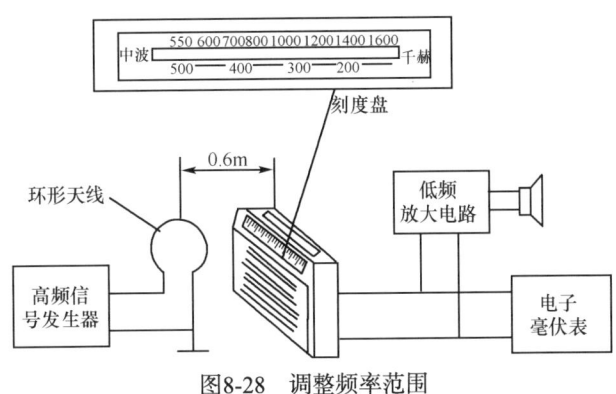

图8-28 调整频率范围

(3)统调：如图8-29所示把高频信号发生器输出的调幅信号，接一环形天线，然后使环形天线平面垂直靠近磁棒，场强不宜太强，用小信号调节较好。将高频信号发生器调到600kH$_2$，旋动双连可变电容器，使刻度盘指针对准600kH$_2$的刻度，改变磁棒上输入线圈位置，使电子管毫伏表输出最大，同理将高频信号发生器调到1500kH$_2$，旋动双连可变电容器，使刻度盘指针对准1500kH$_2$刻度，用塑料螺丝刀调节输入回路的微调电容，使电子管毫伏表输出最大，如此反复调整几次就行了。

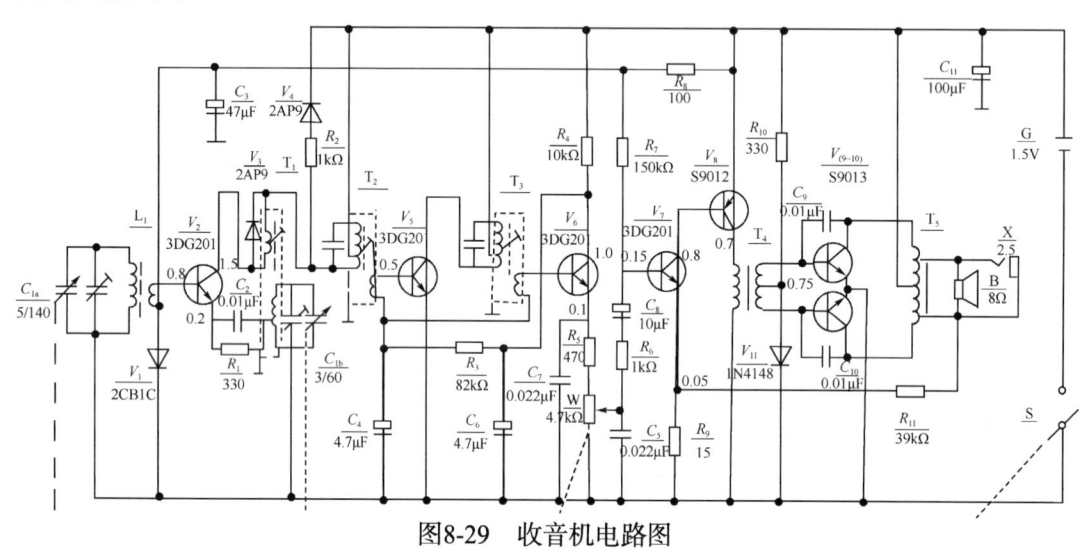

图8-29 收音机电路图

第九章 电子设备检修技术

第一节 电子设备故障诊断概述

电子仪器设备维修是一项理论与实践紧密结合的技术工作。既要熟悉仪器设备的基本原理，又要熟悉单元电路原理及其调试基本技能；既要掌握维修基本理论，又需掌握维修基本技能并积累维修经验。切忌盲目乱碰以图侥幸成功，不但忙了半天一无所得，反而会使故障越修越复杂。

电子设备是由具有特定功能的电子元件组合成的，其中每个元件都有自己特定的作用。如果某个元件损坏，电路的功能必将发生变化。我们将电路系统丧失规定功能的现象称为电路故障。电路功能的变化必然伴随电路参数的变化，根据电路参数变化来辨别电路故障的过程，称为电子线路故障诊断。故障诊断的过程，实际上就是从故障现象出发。通过反复测试，做出分析判断，逐步找出故障的过程。

一、电子设备故障分类

故障可以按不同的原则进行分类。对于电子设备来说，按故障的程度可以分成软故障和硬故障。软故障又称为渐变故障或部分故障，指元件参数超出容差范围而造成的故障。这时元件功能通常并没有完全丧失，而仅仅引起功能的变化。例如一个$5.6 k\Omega[(1\pm5)\%]$的电阻。其实测值为$6 k\Omega$；一个漏电流不许超过$10\mu A$的$6\mu F/12V$的电解电容器，实测漏电流为$150\mu A$，都可以认为是软故障，因为它们并没有导致电路功能的完全丧失。当然，软故障有时是可以容忍的，有时则是不许可的，特别是处于电路关键之处的元件。对软故障通常除了要判定故障元件之外，还应计算元件参数对标称值的偏离量。硬故障又称为突变故障或完全故障，例如，一个电阻阻值变得特别高以至开路；一个二极管阳极与阴极短路等。这样的故障往往引起电路功能的完全丧失。直流电平的剧烈变化等现象。对这种故障通常只要判定故障位置即可。

按故障存在的时间，又可分为永久性和间歇性故障。永久性故障是指一旦出现就长期存在的故障，在任何时刻进行检测均可检测到故障。间歇性故障是指在某种特定条件下才出现的或随机性的、存在时间短暂的故障。由于难以把握故障出现的规律与时机，这种故障不易检测。一般讲间歇性故障比永久性故障修理难度大。

按同时出现故障的数量又可分为单故障和多故障。若某一时刻仅有一个故障，称为单故障；若同时可能发生若干个故障，则称为多故障。通常诊断多故障比诊断单故障更为困难。

二、电子设备故障规律

研究电子设备的故障，就是研究故障出现的客观规律，分析电子电路发生故障的原因，以便进一步提高电子设备的可靠性和可维修性。每一台设备出现故障虽然是个随机事件，是偶然发生的，但是大量产品的故障却呈现出一定的规律性。从产品的寿命特征来分析，大量使用和试验结果表明，电子设备故障率曲线的特征是两端高，中间低，呈浴盆状，习惯称之为"浴盆曲线"，如图9-1所示。

从曲线上可以看出，电子设备的故障率随时间的发展变化大致可分为3个阶段：

(1) 早期故障期：早期故障出现在产品开始工作的初期，这一阶段称为早期故障期。在此阶段，故障率高，可靠性低，但随工作时间的增加而迅速下降。电子设备发生早期故障的原因主要是由于设计、制造工艺上的缺陷，或者是由于元件和材料的结构上的缺陷所致，或者是由于运输造成的插件松动等。

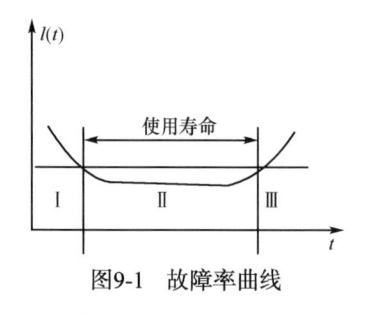

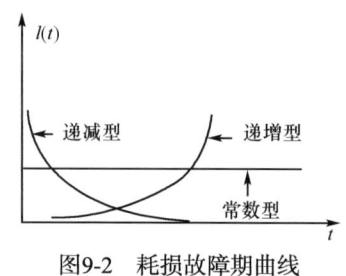

图9-1 故障率曲线

图9-2 耗损故障期曲线

(2) 偶然故障期：偶然故障出现在早期故障之后，此阶段是电子设备的正常工作期，其特点是故障率比早期故障率小得多，故障率几乎与时间无关，近似为一常数。通常所指的产品寿命就是指这一时期。这个时期的故障是由偶然不确定因素所引起的，故障发生的时间也是随机的，故称为偶然故障。

(3) 耗损故障期：耗损故障出现在产品的后期。此阶段特点刚好与早期故障期相反，故障率随工作时间增加而迅速上升。损耗故障是由于产品长期使用而产生的损耗、磨损、老化、疲劳等所引起的。它是由构成电子产品元器件的材料，长期化学、物理不可逆变化所造成的。对于实际电子产品不一定都出现上述3个阶段。有些电子设备故障率曲线是递增型、有些是递减型，而有些是常数型，宏观表现出来的是3种故障率曲线叠加而成的，如图9-2所示。

就被测对象与诊断装置的关系而言，有主动诊断与被动诊断之分。由诊断装置向被测试对象发出激励信号，同时测量被测试对象对激励的响应叫主动诊断。被测试对象本身可以发出信号，诊断装置只是采集这些信号的诊断叫被动诊断。按实施诊断时被测试对象是否工作，可分为在线诊断与离线诊断。按实施诊断时被测试对象的工作状态，可分为动态诊断与静态诊断。前者指诊断时对象处于动态过程中，后者是指诊断对象处于某种稳定状态。按被测试对象的性质来分，有数字电路故障诊断与模拟电路故障诊断(由于这两种电路有不同的特点，其诊断方法有很大的差异)。

三、电子设备故障初步诊断

故障诊断过程，实际上就是从故障现象出发，通过反复测试，做出分析判断，逐步找出故障的过程。对于一个复杂的系统来说，要在大量的元器件和线路中迅速、准确地找出故障是不容易的。首先，要通过对原理的分析，把系统分成不同功能的电路模块，通过逐一测量找出故障模块，然后再对故障模块内部加以测量，找出故障。这就是从一个系统或模块的预期功能出发通过实际测量，确定其功能是否正常来诊断它是否存在故障。然后逐层深入，进而找出故障原因并加以排除。电子电路故障诊断主要包含以下几个方面：

(1) 故障检测：故障检测是指为判断系统或设备是否有故障而进行的必要测试。电路功能的变化必然伴随着电路参数(电流、电压等)和元件参数的变化，所以电路参数的测试，是判断电路故障的基本工作。检测的顺序可以从输入到输出也可以从输出到输入。找到故障模块后，要对其产生故障的原因做进一步检查。

(2) 故障定位：故障定位是指确定故障的具体部位。故障定位又称为故障隔离或故障诊断。

通常做法是，把合适的信号或某个模块输出的信号引到其他模块上，然后，依次对每个模块进行测量，直至查到故障模块为止。

(3) 故障识别：对于某些检测对象，不仅要确定故障部位，还要求对故障作进一步的描述，称为故障辨识。它包括故障参数识别和故障影响分析。例如对电路故障的诊断，不仅要知道哪个元件出了故障，还要求知道元件参数的变化量。即使元件参数没有超出正常范围。知道了元件的实际数值，就可通过前后几次测量结果的比较，找出其变化规律以预测故障。

第二节 电子设备维修的一般程序

一、检查电器是否漏电

由于大多数仪器设备都是用交流电源来供电的，由于故障的原因使电器漏电。因此防止漏电是关系到维修人员安全的重要事情。如果仪器设备采用双芯电源插头且机壳又没有连接地线，若仪器设备内部电源变压器的一次绕组对机壳严重漏电，则机壳与地面之间可能有相当大的交流电压存在。这样，当操作人员的手触及机壳时，就会感到麻木，甚至发生触电的人身安全事故。

对于各种电子仪器设备，必须首先检查其漏电程度。漏电常用兆欧表检查，步骤如下：

电子仪器设备不插接交流电源，把电子仪器设备的电源开关置于"通"(ON)部位，然后用兆欧表检测仪器设备的电源插头对机壳之间的绝缘电阻。一般规定：测得的绝缘电阻不得低于500kΩ。检查电器插头与被测电子仪器设备的机壳是否短路，如果短路应该首先排除短路故障，再进行下一步的维修。

如缺少兆欧表，也可利用万用电表的高阻挡，进行漏电程度的检测。

二、仪器设备开机前注意事项

(1) 仪器设备开机通电前，应检查仪器设备的工作电压与电网的交流电压是否相符，检查仪器设备的电源电压变换装置的设置部位是否正确。通常仪器设备电压变换装置有110V、127V、220V三种电压部位。

(2) 在开机通电前，应检查仪器设备面板上各种开关、旋钮、度盘、接线柱、插口等有否松脱或滑位。仪器设备电源开关应扳置于"断"(OFF)部位。面板上的增益、输出、辉度、调制等控制旋钮，应依逆时针向左转到较小位置。防止仪器通电后可能出现的冲击现象，而造成某些损伤或失常。例如，示波器的辉度过强，会使示波管的荧光屏灼伤；增益过大，会使指示电表受到冲击等。在测量值未能估计的情况下，应把仪器的衰减或量程选择开关扳置于最大挡级，以免仪器过载受损。

(3) 在开机通电前，应检查电子仪器的接"地"是否良好。以免杂散电磁场感应而引起干扰。

(4) 仪器设备开机通电时，在设置有"高压""低压"两种开关的仪器设备，应先接通"低压"开关，预热5~10min后，再接通"高压"开关。对于使用单一电源开关的电子仪器设备，开机通电后最好也应预热5~10min左右，待电路工作稳定后再行使用。

(5) 在开机通电时，应注意观察电子仪器设备工作是否正常，即眼看、耳听、鼻闻、手摸，以检查有无异常现象，如有嗡嗡声、高压打火的僻拍声、糊味、冒烟等现象应立即切断电源。在未查明故障原因时不能再通电，以免扩大故障。

(6) 在开机通电时，如发现仪器设备的熔丝管烧断，应调换相同容量的熔丝管再行开机通电。如第二次又烧断熔丝管，应立即检查，找出原因。不应随便加大熔丝管的容量，绝不允许用铜线代替，进行第三次开机通电。

(7) 对于内部装有小型排气风扇的电子仪器设备，在开机通电时，应注意内部风扇是否运转正常。如发现风扇有碰触声或旋转缓慢，甚至不转动，应立即断电进行检修。

上述待修仪器设备开机时的注意事项，各种仪器设备均有使用说明书，维修时维修人员应阅读仪器使用说明书，严格按使用说明书中操作规程操作运行。

三、维修前的准备工作

要搞好电子仪器设备的维修工作，必须遵循一套科学的工作程序，才能事半功倍提高效率。通常把电子仪器设备维修前的工作归纳为以下十条，即①研究熟悉该电器的工作原理；②熟悉操作运行方法；③了解故障发生的背景；④初步直观检查；⑤修前定性测试；⑥拟定检测方案；⑦故障分析；⑧故障处理及电路调整；⑨校验；⑩填写检修记录等。

1. 研究仪器的工作原理 学习仪器基本工作原理是维修的前提。对于待修仪器设备，尤其对新接触的仪器设备应查阅仪器设备档案资料及有关参数资料，学习其工作原理。维修设备档案资料应包括：产品使用说明书、电路原理图、装配图等资料，产品检验书或合格证，维修手册、运行维修记录等。目前进口设备日益增多，一般不给电原理图等资料，给维修带来困难。

做好维修基础工作除研究仪器工作原理外，应搜集有关仪器设备维修文献资料，借鉴别人的维修方法，常常可以节省维修的时间。

做好维修资料收集工作如下：

(1) 仪器设备的电原理图。

(2) 研究印制电路板及各部分之间关系，测量并记录正常运行时各部分之间电参数、波形等。

(3) 查明仪器设备各元器件型号、主要元器件正常工作时各引脚测试参数或波形及元件的型号。

以上工作繁杂且费时，但对于维修工作却能起到事半功倍的作用。

在维修过程中对于通过初步检查，未能发现问题，但通过定性测试，确认是仪器设备内部电路有问题，就应认真研究待修仪器设备的电路结构框图、电路原理图和电路工作原理等。

研究工作原理首先要从电路结构框图上，搞懂待修仪器设备内部所包含的单元电路，这有助于判断发生故障的区域。其次要从电原理图中搞懂有关电路部分所包含元器件及其相互之间的关系，这有助于分析故障产生原因。

2. 熟悉操作运行规程 在检修仪器设备中，发现故障产生原因往往是由于使用不当，甚至是不懂使用方法违章操作所造成的。对修理者来说也必须认真对照被修仪器设备说明书，熟悉操作运行规程，才能进一步了解故障情况。可以说不会使用仪器设备，就不会修理仪器设备。

3. 了解故障情况 认真填写设备运行维修记录，是维修设备管理的重要工作。维修人员要从掌握故障情况入手，进行维修。因此在检修之前，要调阅仪器设备运行维修记录，并向操作运行人员了解仪器设备发生故障的过程及其出现故障现象，这对于分析故障产生原因很有帮助。

维修人员亦应负起督促操作运行人员认真填写运行维修记录的责任。

4. 初步检查 在检修电子仪器设备时，为了尽快查出故障原因，通常先初步检查仪器面板上的开关、旋钮、度盘、插口、接线柱、表头、探测器等有无松脱、滑位、断线、卡阻和接触不良等问题，然后打开仪器设备盖板，检查内部电路的电阻、电容、电感、电子管、晶体管、集成电路、石英晶体、电源变压器、熔丝管、电源线等有否烧焦、漏液、霉烂、松脱、虚焊、断路和接触不良、印制电路板插接是否牢靠等问题。这些明显的表面故障一经发现，应立即予以修整更新。

5. 修前定性测试 在修理电子仪器设备之前，必须先对待修仪器设备进行定性测试，即在开机通电的情况下，进行必要的操作运行，以确定被测仪器设备的主要功能和面板装置是否良好，对进一步观察和记录故障部位和性质很有帮助。

必须指出：当出现烧熔断器、跳火、冒烟、焦味等故障现象时，通电测试应慎重。如需通电测试，应采用逐步加压的方法，即电源交流电压采用调压器逐步升高，以免扩大仪器设备的故障。

6. 拟定检测方案 根据仪器设备的故障现象以及对仪器设备工作原理的研究，只能初步分析可能产生故障的部位和原因，要确定发生故障的确切部位和原因，必须拟定出检测方案，包括检测的内容、方法和所用测试仪器等，并进行测试点选择，以做到心中有数，有条不紊。这是仪器设备维修工作的重要程序。

四、故 障 分 析

根据各种检测所得的结果——数据、波形、反应等，进一步分析或确定发生故障的部位和原因。通过检测—分析、再检测—再分析，确定完好的部分和有问题部分。然后在有问题部分的电路中，查出损坏、变值的元器件和虚焊等故障。

对于故障原因的正确认识，只有在不断地分析检测结果的过程中完成，故障分析过程是由片面到全面，由个别到整体，由现象到实质的过程。这是检修电子仪器设备的各个程序中最为关键、且最为费时的环节。

维修人员对仪器设备正常运行时各部分参数应十分熟悉，对仪器设备说明书中或维修手册中故障现象及维修办法应十分了解，这对缩短维修周期大有裨益。

有一些仪器设备自带故障判断程序，只要正确运行程序，即可方便地确定故障部位予以修复。

五、故 障 处 理

故障处理阶段，维修人员可能要拆卸电子元器件和机械部件，为了安装准确快速，所以在每一部的操作要做好必要的标记和记录。尤其像波段开关、变压器等焊点多的情况或要外购元器件需较长时间的情况，更应注意做好标记。不注意作标记，装配、焊接时费时费力，甚至会弄错，带来不必要的麻烦。

电子仪器设备的故障，大都由元器件损坏、变值、虚焊、松脱，或个别接点接触不良等原因而引起的。通过检测查出故障后，就可进行故障处理，即进行必要的选配、更新、清洗、重焊、调整等维修工作，使仪器设备恢复正常的功能。

1. 故障处理注意事项

(1) 元器件的替换和代用：替换元器件时，规格型号要一致。替换的元器件要进行性能参数测试，经过仔细挑选测试。

没有同型号元器件可供替换时，可用性能相同元器件代替。找不到性能完全相同的元器件代用时，可采用性能相近、在电路中可完成相同功能的元器件代用。在替换方面有如下原则，耐压高的元器件可以代替耐压低的元器件，大电流的元器件可以代替小电流的元器件。不在紧急情况下不用此法，以防因考虑欠周，影响性能。维修人员应熟悉常用元器件国内外元器件代用原则，以提高维修效率。

(2) 工艺问题：生产厂家从元器件筛选、老化，到部件整机的装配、调试都是严格按照工艺规程进行的。修理中，应尽可能按照原工艺要求进行。严防虚焊，严禁用焊油助焊，不准将线头、焊渣落入机内，任何一点疏忽，都会带来不必要的麻烦或损失。

(3) 机械故障：电子仪器设备，常会发生机械故障，如磨损、变形、紧固件松动等，造成接触不良、机械传动失灵等，这些故障常可修复，需认真仔细对待。

对于医疗等电子设备，要与使用者密切配合，一起讨论。切忌盲目乱动，带来后患。

2．不能随意处理的故障 维修人员在以下情况下不能随意处理故障进行修理：

(1) 保修期内的设备不应随意拆、焊，以便核查责任。如医疗科研急需，需经有关部门批准后方可维修。

(2) 对设备工作原理一时难以搞清的复杂仪器设备，对工艺上有困难的仪器，特别是非标准零部件的故障不能轻易处理，应与生产厂家联系，请有关专业人员修理。

(3) 修理过程中应考虑经济效益。无论其损坏程度如何，但必须考虑到修理的任务和目的，必须全面衡量得失，在修理中花费材料、工时与使用价值间权衡。若修理中消耗过大，而修复后价值不大时，建议有关部门作报废处理。

第三节 故障检修二十法

电子电器修理技术是一门综合性很强的技术，它涉及电子线路工作原理、修理理论、操作技术和动手能力等诸方面，并要求能灵活运用各方面知识，指导修理。本节先介绍修理理论中的各种检查处理方法，共20种。这是检查电子设备故障常用的方法。

修理电器时关键是找出电路中的故障部位，即哪一只元器件发生了故障。在查找故障部位过程中，要用到各种方法，这些方法就是检查方法。这里介绍的检查方法有的能够直接将故障部位确定，有的则只能将故障范围缩小，并不能直接找出故障的具体位置。所以在修理过程中，并不是一步就能找出具体的故障位置，而是通过不断缩小故障范围，最后才能确定具体的故障位置。下面介绍20种检查方法。

一、直观检查法

所谓直观检查法，顾名思义，就是直接观察电子电器在静态、动态、故障状态下的具体现象，从而直接发现故障部位或原因，或进一步确定故障现象为下一步检查提供线索。直观检查法是一种能够通过观察直接发现故障的检查方法。

1．基本原理 直观检查法是一种最基本的检查方法，也是修理人员最先用的检查方法。凭借视觉、嗅觉和触觉，通过对故障机器的仔细观察，再与电子电器正常工作时的情况进行比较，从而缩小故障范围或直接查出故障部位。

2．实施方法 直观检查法实施过程按先简后繁、由表及里的原则，具体可分以下三步进行：

(1) 打开机壳之前的直观检查：这是处理过程中的第一步。主要查看电器外表上是否有伤痕、电池夹是否生锈、插件有无松动现象等。例如、电视机要观察光栅、图像、声音等是否有异常现象，如有可疑点，则进行进一步检查。

直观检查还可以对故障性质进行确定，对故障的具体现象可以进行亲身感受，以便为下一步的检查提供依据。

(2) 打开机壳之后的直观检查：打开机壳后，查看机内有无插头、引线脱落现象，有无元器件相碰、烧焦、断脚和元件脱落等现象，有无他人修理过等痕迹。机内的直观检查可以用手拨动一些元器件，以便进行充分的观察。

打开机壳后的直观检查一般是比较粗略的，主要是大体上观察机内有无明显的异常现象，不必对每一个元器件都进行仔细的直观检查。当然，如若在未打开机壳时的直观检查已经将故障的大致范围确定了，打开机壳后只要对所怀疑的电路部位进行较为详细的直观检查，对其他部位可以简单去检查。

(3) 通电检查：在上述两步检查无效后，可以进行通电状态下的直观检查。通电后，查看机内有无冒烟、打火等现象，用手接触三极管检查有无烫手的情况。若发现异常情况，应立即切断电源。

通过上述直观检查之后，可能已经发现了故障部位。如果没有发现故障你对机器的结构也有了进一步的了解，为下一步所要采取的检查步骤、措施提供了依据。

3. **特点**　直观检查法具有以下一些主要特点，了解这些特点对运用这一检查方法有益。

(1) 这是一种简易、方便、直观的检查方法，但要细心观察，不要走马观花。

(2) 直观检查法是最基本的检查方法。它贯穿在整个修理过程中，在修理的第一步就是用这种检查方法。

(3) 直观检查法能直接查出一些故障原因。但有时单独使用直观检查法收效是不理想的，与其他检查方法配合使用时效果才更好。使用这一检查法的经验要在实践中不断积累。

4. **适用范围**　直观检查法适用于检查各种类型的故障，但更适应于下列一些故障：

(1) 对于机械故障检查更为有效，因为机械机构比较直观。通过观察能够发现磨损、变形、错位、断裂和脱落等具体故障部位。

(2) 对于线路中的断线、冒烟、打火、保险丝熔断、开关触点表面氧化等故障能够直接发现。

(3) 对于视频设备的图像部分故障，能够直接确定故障的性质。如电视机的光栅故障、图像故障等。

5. **注意事项**　在运用直观检查法过程中要注意以下几点：

(1) 直观检查法常常要配合拨动一些元器件，但要特别注意在检查电源交流电路部分时要小心，注意人身安全，因这部分电路中存在220V的交流电。

(2) 在用手拨动元器件过程中，拨过的元器件要扶正，不要用力过猛，也不要将元器件搞得歪歪倒倒，以免使它们相碰，特别是一些金属外壳的电解电容不能碰到机器内部的金属部件上。否则很可能会引起新的故障。

(3) 对采用直观检查得出的结果有怀疑时，要及时运用其他方法配合，不可就此放过疑点。

(4) 对于有些转动的部件的拨动更要倍加小心，有些部件是根本不好滑动、摆动的，不要以为它们是可以活动而去硬拉它们，使之变形或错位，造成故障扩大。

(5) 直观检查法运用要灵活，不要什么部件、元器件都去仔细观察一番，要围绕故障现象有重点地对一些元器件进行直观检查，否则检查的工作量会很大。

(6) 直观检查法有其局限性，有时感觉到的不是故障根本原因，而是故障引起的一些现象和后果，更何况有些元器件的损坏变质和虚焊在外表无任何迹象，单凭直观检查法是无能为力的。

直观检查法是一种有效的检查方法，一定要在修理实践中学会它、掌握它、完善它。

二、通电观察法

1. **基本原理**　通电观察法就是在通电情况下凭感觉对故障部位及原因进行判断的方法。

2. **实施方法**　应用通电观察法时可以运用的逐步加压法可使用一个电功率约为500VA的调压器来供电，其测试线路的接法示意图如图9-3所示。

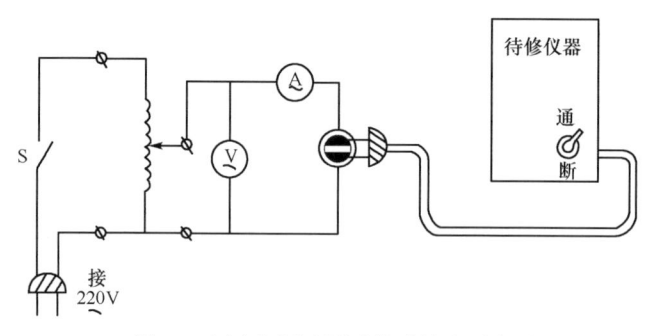

图9-3 逐步加压法测试线路接法示意图

在自耦变压器的输出端,串接一适当量程的交流电流表,并接一个适当量程交流电压表,用以测量加在待修仪器设备上的电流与电压。通电观察时,要打开仪器设备的外壳盖板,并把自耦变压器调到0V部位。然后将待修仪器设备插头插至与自耦变压器相连的插座上,将待修仪器设备的电源开关扳到"通"(ON)部位,再从0V开始逐步升高自耦变压器输出的交流电压值。此时既要观察待修仪器内部有无异常现象发生(如跳火、冒烟、臭味等),又要注意电流表的指示值。

如果在逐步加压的过程中,发现电子元器件有发红、跳火,或整流桥很烫或电解电容器有发烫、吱吱声,或电源变压器、电阻器有发烫、发黑、冒烟、跳火等现象时,应立即切断仪器设备的电源,并将自耦变压器的输出电压退回到0V,如看不清楚损坏器件的部位,可以再开机进行逐步加压的通电观察。

如果在加压不大的情况下(十几伏或几十伏),交流电流指示值已有明显增大,这表明仪器设备内部有短路故障存在。此时应将自耦变压器的输出电压调回到0V,然后分割仪器设备的整流电路,供电支路或隔离有疑问的插接式单元,再开机逐步加压测试。当有短路故障的电路或单元被分离时,电流指示应恢复正常,否则说明仪器设备的电源变压器有短路故障。

在逐步加压通电观察过程中,当自耦变压器输出的交流电压值接近仪器设备的额定工作电压时,电流的指示值未超过正常值,说明仪器内部无短路故障,此时可进一步进行各项定性测试的操作。

3. 适用范围 如果在不通电观察中未能发现问题,就应进一步采用"通电观察法"进行检查。通电观察法特别适用于检查跳火、冒烟、异味、烧熔丝等故障现象的部位与原因,为了防止故障的扩大,以及便于反复观察,通常采用逐步加压法来通电观察。

修前定性测试也是在通电观察的基础上进行的,进一步推测仪器设备存在故障问题的广度与深度,它不但有助于发现问题还能有助于对故障原因的判断与分析。

4. 注意事项

(1) 通电观察法所用交流电流表的量程应根据被修电子仪器设备功率选定。

(2) 在通电观察中查出损坏的元器件后,不能简单地更换,而应进一步对照被修仪器设备的电原理图,以分析元器件损坏的原因和可能波及的范围,然后一并排除所有的故障因素,才能通电试验。

(3) 对于有严格规定不能降压运行的仪器设备不能应用逐步加压法。

三、试听检查法

试听检查法是一个用得十分广泛的方法。凡是发出声音的电器或电子设备,在修理过程中都要使用这种检查方法，此法可以准确地判断故障性质、类型，甚至它能直接判断出具体的故障部位。在修理之前。通过试听来了解情况，决定对策。所以试听检查法贯穿整个修理过程中。

1. 基本原理　试听检查法是根据修理人员的听觉，通过试听机器发出的声音情况或音响效果判断故障。试听检查法通过试听声音有无、强弱，失真等情况推断故障类型、性质和部位。

2. 实施方法　试听检查法对各种电器的具体试听检查项目是不同的，对音响类电器的项目比较多，说明如下：

(1) 试听音响效果：用自己所熟悉的原声音乐、歌曲节目源重放。首先，在适当音量下听音乐中的高音、中音、低音成分是否平衡，高音是否明亮，低音是否丰满。有没有高音、低音不足等现象。

然后，试听乐曲背景是否干净，清晰度是否高。再是试听声音有无失真，原来熟悉的曲子是否有改变等现象。最后试听节目的动态范围，在试听小信号时应没有噪声感觉，试听大信号时无失真、机壳振动等现象。

对于立体声机器，还要试听立体声效果是否良好，应能分辨出左、右声道中不同的乐器声，应有声像的移动感。机器工作在立体声扩展状态时，立体声效果应该明显。

(2) 试听收音效果：这一试听项目主要是试听调频、调幅收音效果两个方面。试听调频波段主要是要求它的音响效果要好，调频立体声的音响效果则要更好。有的调频收音电路具有调谐静噪功能，即在调台过程无任何噪声，调到电台便出现电台播音。没有这一功能的机器，在选台过程中出现调谐噪声是正常的，只要收到电台后没有噪声即可。

(3) 试听音量大小：在修理声音轻故障时，需要试听音量的大小。这一试听包括试听最大音量、检查音量电位器控制特性和检查音量电位器噪声三项内容。

用高质量的节目源放音，电位器放在最大音量状态下，这是该机最大音量输出，这与该机器的输出功率指标有关。此时，根据输出功率指标试听输出是否达标，在达标情况下机壳的振动应很小，声音无严重失真，无较大噪声等异常响声。

试听检测音量电位器控制特性的方法是，随着均匀旋转音量控制器，声音逐渐成线性增强，不应有音量旋钮刚转动一点，音量就增大很多的现象。此外，音量控制器在最小位置时，扬声器中应无响声。如若在转动音量电位器时，扬声器出现"喀啦、喀啦"的响声，这是电位器转动噪声故障，应予清洗处理。

(4) 试听音调控制器特性和控制效果：试听时要用高、低音较丰富的节目源放音。试听低音效果时，改变低音控制器的提升、衰减量，此时低音输出应有明显变化。在低音提升最大时，机壳不应有振动。试听高音效果时，改变高音旋钮，应有高音输出的明显变化。

(5) 试听噪声：试听噪声应用广泛，它是检查噪声故障、啸叫故障的一个重要手段。试听包括试听最大噪声和检查噪声位置。

将音量电位器开至最大，高、低音提升至最大，不给机器送入信号，此时扬声器发出的噪声为最大噪声，此噪声大小根据输出功率的大小而不同，输出功率大噪声也大。最大噪声中不应存在啸叫声，即不应该存在某种有规律的单频叫声。

对于噪声大要进一步进行试听，以确定噪声部位，即闭合音量电位器后噪声仍然有或略有减小，说明噪声部位出在音量电位器以后的低放电路中，若是交流声则是滤波不好。若噪声大小随电位器转动而减小直至消失，说明噪声位置在音量电位器之前的电路中，若是交流声、汽船声，那是前置放大器退耦不好。噪声越大噪声位置越在前级，即噪声经过的放大环节愈多。

试听噪声的频率对判断故障原因是有用的。减小高音、提升低音对出现的噪声为低频噪声。提升高音、减小低音时出现中噪声为高频噪声。

在试听机械传动噪声时，要关闭音量电位器，这种传动噪声是由于机械机构中零部件的振动、摩擦、碰撞产生的，它并不是扬声器里发出的，这一点与前面所讲的电路噪声故障不同。

3. 特点 试听检查法具有以下一些特点：

(1) 这种检查方法应用十分广泛，几乎所有故障的检查都需要使用试听检查法。因为各种电路故障必是破坏了正常的声音效果，从而能够通过试听检查分析出故障原因和处理故障提供依据。

(2) 使用方便，无需其他工具。

(3) 对很多故障此法有较好效果。

(4) 这种检查方法可应用于检查故障的每个环节，在开始检查时的试听特别重要，试听是否准确关系到下一步修理决策是否正确。

(5) 常与其他检查方法配合使用。

4. 适用范围 试听检查法适用于发声类电器的故障，它在检查下列故障时更为有效：

(1) 声音时有时无故障。即一会儿机器工作正常，一会儿工作又不正常。

(2) 声音轻故障。

(3) 机械装置引起的重放失真故障，特别是轻度失真及变调失真故障。

(4) 放音噪声故障。

(5) 机械噪声故障。

5. 注意事项 试听检查法应用过程中要注意以下几点：

(1) 对于冒烟、有焦味、打火的故障，尽可能地不用试听检查法，以免进一步扩大故障范围。在没有其他更好办法时，可在严格注视机内有关部件、元器件的情况下。使用试听检查法，力求在通电瞬间发现打火、冒烟部位，以免扩大故障。

(2) 对于巨大爆破响声故障，说明有大电流冲击扬声器，最好不用或尽可能少用试听检查法，以免损坏扬声器及其他元器件。

(3) 对于已知是大电流故障的情况下，要少用试听检查法，必须使用时通电时间要短。

(4) 使用试听检查法随时要给机器接通电源进行试听，所以在拆卸机器过程中要尽可能地做到不断开引线，不拔下线路板上插头等。

(5) 试听重放失真故障时要耐心、准确。

四、信号注入法

信号注入法是一种检查电路某些故障十分有效的好方法。它利用人体感应信号作为注入的信号源，通过扬声器或屏幕有无响声反映或屏幕上有无杂波来判断故障部位的方法。

1. 基本原理 人体能感应许多信号，当用手握住起子去接触放大器输入端时，人身上的感应信号便被送入放大器电路中。当放大器工作在正常状态时，人身上的这些感应信号施加到放大器传输线路的热端时，如耦合电容一根引脚上，或三极管的基极、集电极、发射极上。放大器放大这些干扰信号后便加到扬声器，发出人身感应响声，或在屏幕上出现杂波干扰。当放大器电路出现故障后，就不能放大干扰信号了，扬声器就不发声或声小，屏幕上没有杂波或杂波少。根据扬声器发声正常、无声、声轻，屏幕的杂波有无、多少等各种情况，判断电路中的故障部位。

2. 实施方法 信号注入法的实施步骤和具体方法。检查视频电路的方法基本一样。只是通过观看屏幕的情况来判断故障部位。检查使放大器电路进入通电工作状态，但不给放大器输入信号。具体检查过程和方法如下：

手握起子断续接触电路输入引脚。在进行这一步检查，要开大音量电位器，若电路有故障，扬声器发声应不正常：声轻，表明电路增益不足；无声，表明干扰点到扬声器之间存在故障。如果干扰时扬声器响声很大，表明干扰点到以后电路工作正常，应继续向前级电路干扰检查。

3. **特点** 信号注入法具有下列一些特点：
(1) 检查无声和声音很轻故障十分有效。
(2) 操作方便，检查的结果能够说明问题。
(3) 在通电的情况下实施干扰检查，干扰时只用起子，无需其他仪表、工具。
(4) 以扬声器响声来判断故障部位，方便。
(5) 若有条件可在扬声器上接上毫伏表进行观察，比较直观。

4. **适用范围** 信号注入法主要适用于检查：一是无声故障，二是声音很轻故障，或是检查没有图像的故障。

5. **注意事项** 运用干扰检查法的注意事项：

(1) 对于彩色电视机的故障，切不可采用上述干扰方法，因为许多彩色电视机的线路板上是带较高电压，所以不能用手握住起子直接去接触线路板，可以采用测量电压的方式用表棒不断接触电路中的测试点。

(2) 所选择的电路中干扰点应该是放大器信号传输的热端，而不是冷端，如地线，如干扰耦合电容器的两根引脚，不能去干扰地线，若干扰到地线时，扬声器中无响声是正常的，操作不当会产生错误的判断。

(3) 信号注入法最好从后级向前级干扰检查，当然也可以从前向后干扰，但这样做不符合检查习惯。

(4) 当两个干扰点之间存在衰减或放大环节，但其衰减或放大的量又不大时，扬声器响声大小的变化量也不大，容易误判、漏判，此时要用其他检查方法解决。

(5) 当所检查的电路中存在放大环节时，干扰前级比干扰后级的响声大，当存在衰减环节时，则干扰后级比前级要响。分别干扰耦合电容的两根引脚时，两次响声应该一样响。

(6) 对于共发射极放大器电路，干扰基极时的响声应比干扰集电极时的响。对共集电极放大器电路，干扰基极时应比干扰发射极时的响，干扰集电极时无响声是正常的，要分清这两种放大器电路不同点。

(7) 干扰低放电路时，当干扰音量电位器动片或低放电路输入端耦合电容的两根引脚时，电位器应该开大，不能关死，记住这一点，以免误判。

(8) 干扰推挽功率放大器电路中的三极管基极时。只要电路中有一只三极管能够工作正常，扬声器中就会有响声出现，因响声只是比两只三极管都正常工作轻一些，凭耳朵听很难发现声音轻一点的现象，这时往往认为功放输出级电路工作正常。而将故障点放过。这是因为两只三极管的直流电路是并联的。其干扰信号输入耦合变压器的次级线圈加到了另一只三极管的基极，便容易出现上述错误的判断结果。

(9) 当采用负反馈式偏置电路时，干扰三极管基极的信号通过基极与集电极之的偏置电阻传输到下一级放大器电路，如图9-4所示，所以当该放大管不能工作时扬声器中也会有干扰响声，但响声低，不细心会放过这个环节。所以对这种偏置电路的放大器，一定要求干扰基极时的响声远大于干扰集电极时的响声，否则说明这一级放大器电路有问题。

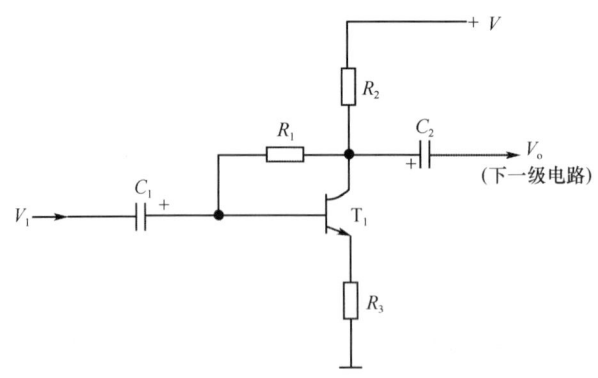

图9-4 基极与集电极有偏置电阻情况

(10) 当没有原理图而采用信号注入法时，可以只干扰三极管的基极、集电极，这对共发射极放大器电路来说是可行的，但对共集电极放大器电路不行。因为这种放大器电路的输出端是三极管的发射极而不是集电极。由于没有电原理图，不知道是什么类型放大器电路，所以在干扰集电极无声后，应再干扰发射极。若干扰发射极也无响声可判断这一干扰点之后的电路有故障。如图9-5所示是共集电极放大器电路，当干扰晶体管集电极时，就是干扰电源端，而电源端对交流而言是接地的，所以干扰集电极时不会有干扰信号输入放大器中，所以出现无声现象。

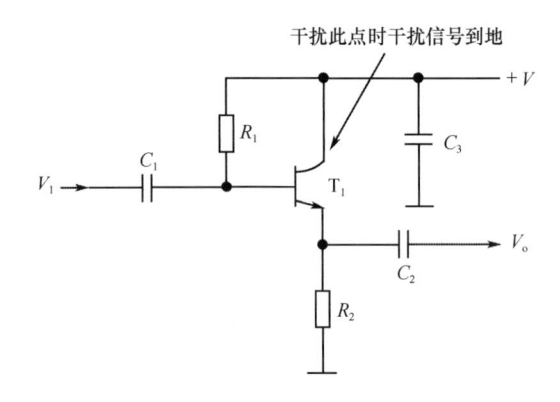

图9-5 共集电极放大器电路

五、短路检查法

短路检查法是使电路中某测试部位短接，不让信号从这一测试点通过被加到后级电路中，或是通过短接使某部分电路暂时停止工作，然后根据扬声器中的响声进行故障部位的判断，对于视频电路则是短路后通过观察图像来判断故障部位。

1. 基本原理 短路检查法主要用于修理噪声大故障，噪声大故障的特点是电路会自发地产生噪声。短路检查法通过对电路中一些测试点的短接，使这部分电路不工作。当使它们不能工作时，噪声也随之消失，扬声器中也就没有噪声出现了，这样通过短路检查便能发现产生噪声的部位。

2. 实施方法 这里以如图9-6所示多级放大器电路为例，介绍用短路检查法检查这一电路的噪声大故障。

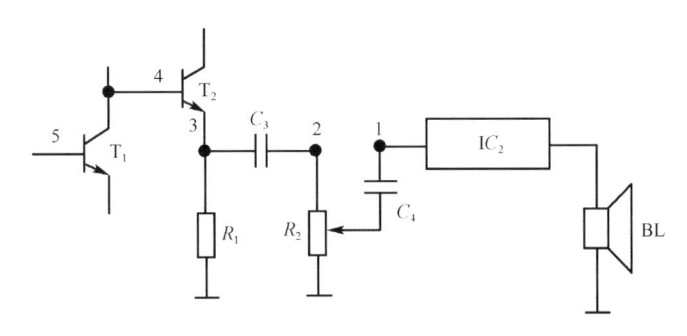

图9-6　短路法检修

短路检查法一般是将检测点对地短接，检查到三极管时是将基极与发射极之间短接。短接一般用镊子直接将电路短接，此时将直流和交流同时短接。在高电位对地短接时，对于音频放大器电路要用20μF以上的电解电容去短接，对于高频电路可以用容量很小的电容去短路。电容短路法由于电容的隔直作用，此时只是交流短接而不影响直流。短路检查法也是从后级向前级逐点短接检查。在检查时要给电路通电，使电路进入工作状态，但不给电路输入信号，这时只有噪声出现。具体操作过程如下：

(1) 将电路中的1点对地短接：对这一具体电路而言可以将音量电位器动片置于最小音量位置，此时扬声器中仍然有噪声说明集成音频功放电路存在噪声，重点检查对象是集成电路本身及外围电路元件、引线等。如若短接1点后噪声顿时消失，此时可向前级检查。

(2) 将电路中的2点对地短接：此时若噪声存在(只是减小或大大减小)，重点怀疑对象是耦合电容C_4及C_4两根引脚的铜箔线路开路。对2点的短接可以用镊子直接短接，因为有C_3隔开T_2管的发射极上的直流电。如若短接2点后噪声消失，进行下一测试点的检查。

(3) 将电路中的3点短接(此时音量电位器可以控制噪声大小)：若此时噪声存在，重点检查部位是3点与2点之间的这段电路。如若3点短接后噪声消失，说明3点之后的后级放大电路无噪声故障，继续向前检查。短接3点时要用隔直电容，否则T_2管发射极接地使T_1管电流增大许多。

(4) 对电路中的4点短接：此时应将三极管的基极和发射极之间用镊子直接短接，5点也是这样。若4点短接后噪声消失，而5点短接时噪声仍然存在，说明噪声故障出在T_2管所在放大器中。

3. 特点　短路检查法具有以下几个特点：

(1) 只适合于噪声故障的检查。对啸叫故障无能为力，因为啸叫故障产生于环路电路之中，当短接这一环路中的任一处时，都破坏了产生啸叫的条件而使叫声消失。

(2) 能够直接发现故障部位，或可以将故障部位缩小到很小的范围内。

(3) 使用方便，只用一把镊子或一只隔直电容器。

(4) 没有电原理图也能进行检查，此时只短接三极管的基极与发射极。

(5) 用镊子直接短接结果准确，用电解电容短接有时只能将噪声输出大大降低，但不能消失，有误判的可能。

(6) 被检查的电路处于通电的工作状态，短路结果能够立即反映出来，具有检查迅速的特点。

4. 适用范围　短路检查法只适用于检查电路类故障中的噪声大故障，适用于图像类的杂波大故障。

5. 注意事项　使用短路检查法应注意以下几点：

(1) 短路检查法一般只需要检查电位器之前或之后的电路，无须两部分都去检查。在运用短路法之前将音量关闭，若扬声器仍有噪声，说明故障部位在音量电位器之后电路中，只要短路检查音量电位器之后的低放电路。关闭音量后，噪声消失，说明故障在音量电位器之前的电路中，此时调节电位器，噪声大小受控制，只需要检查音量电位器之前的前置电路。

(2) 短路检查法也有简化形式，即只短路电路放大管的基极与发射极，当发现了具体部位后再进一步检查，可以提高检修速度。

(3) 在电路中高电位点对地短接检查时，不要用镊子进行短接，该用隔直电容对地短接交流通路，以保证电路中的直流高电位不变。所用隔直电容的容量大小与所检查电路的工作频率有关，能让噪声呈通路的电容即可。用电解电容去短接时应注意电解电容器的"+""-"极性，否则会击穿或发生爆炸。另外，采用电容短接时要注意噪声变化，因为电容不一定能够将所有噪声信号短接到地端，噪声有明显减小就行。

(4) 对电源电路(整流、滤流、稳压)切不可用短路法检查故障。

(5) 短路检查时可以在负载(如扬声器)上并接一只毫伏表，用来测量噪声电平的输出大小改变情况。

(6) 对于时有时无噪声故障的检查，短路点应用导线焊好，或焊上电解电容，然后再检查故障现象是否还存在。

(7) 短路法对啸叫故障无能为力，也不能用于检查失真、无声等故障。

(8) 短路检查法一般是从后级向前级检查。

六、信号寻迹检查法

信号寻迹检查法是利用信号寻迹器，查找信号流程踪迹的检查方法，这是一种采用仪器进行检查方法。

1. 基本原理　一个工作正常的放大器电路，在信号传输的各个环节都应该测到正常的信号。当电路发生故障时，根据故障部位的不同位置，在一部分测试点仍应测得正常信号，在另一部分电路中则测不到信号。信号寻迹法就是要查出电路在哪一个部位发生了正常信号的遗失、变形等。

信号寻迹法需要一台信号寻迹器。如图9-7所示是自制的寻迹器示意图，它只能用来检查音频放大器电路，不能检查收音机等中频、高频放大器电路。寻迹器中的放大器增益要足够大，这样才能检查前置放大器。寻迹器也可以用晶体管毫伏表代替，但此时不是听声音，而是看输出信号电平的大小变化。也可以用示波器作寻迹器，此时是看波形是否失真或信号在Y轴方向的幅度大小(这一大小说明了信号的大小)。

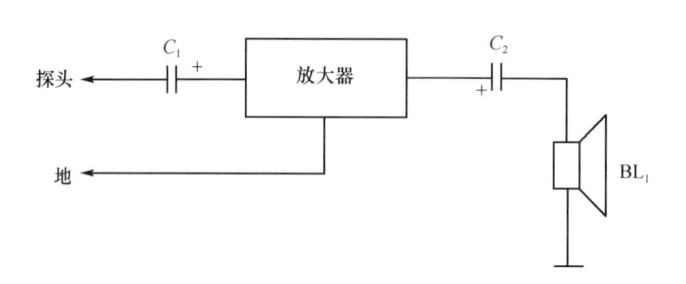

图9-7　寻迹器示意图

用信号寻迹检查法检查音频放大器电路无声、非线性失真故障时，还需要一个正弦波信号源，可以是音频信号发生器。对于视频放大器电路，要用专门的信号发生器。对于噪声大故障，无需信号源,噪声本身就是一个有用的"信号源",此时只需要寻迹器。

2. 实施方法 下面介绍信号寻迹法的具体操作过程。

(1) 检查放大器电路非线性失真故障:这里以检查如图9-8所示音频放大器电路的非线性失真故障为例,介绍信号寻迹法。

用音频信号发生器送出很小的正弦信号,地端引线接放大器电路的地端,信号输出引线接输入端耦合电容C_1,这样信号发生器的输出信号送入放大器电路中。

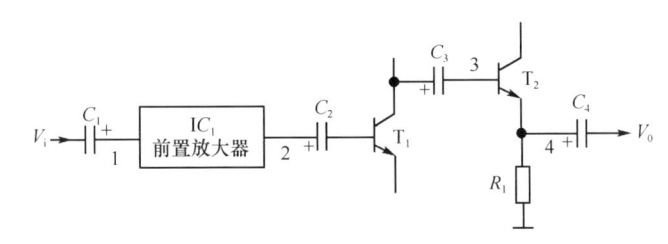

图9-8 用寻迹器查找故障方法

1) 寻迹器采用示波器,在电路中1点探测正弦信号,此时得到一个标准的正弦波形。

2) 寻迹器再移至电路中的2点,如若此时示波器上的波形失真了,此时应适当调整示波器输入信号衰减。说明信号经过前置放大器放大后失真,重点怀疑这一集成电路。若2点得到一个正常的波形,应检查下一个测试点。

3) 寻迹器再移至电路中的3点,此时若出现失真。说明2与3点之间的电路出了毛病,查C_2是否漏电、T_1管工作是否失常等。

4) 同样的方法检测电路中的各点,便能直接查到故障部位。

(2) 检查放大器电路无声故障:若检查这一电路的无声故障,应听寻迹器中扬声器的响声。如在2点测得有正弦信号响声,但移至3点后响声消失,说明信号中断问题出现在2点与3点之间的电路中,这是要重点检查的部位。同样的方法向后面的检测点检查。

(3) 检查放大器电路噪声大故障:当检查这一电路的噪声大故障时,不必输入正弦信号,通电让放大器工作,此时出现噪声大故障。寻迹器接在电路中的2点处,若存在噪声,说明噪声源在2点之前的电路中,应检查这部分电路。若2点处无噪声出现,寻迹器测试下一个点3点处,若也无噪声出现。寻迹器再接入4点处,若此时寻迹器中的扬声器发出噪声,说明故障部位出在3点与4点之间的电路中,重点检查T_2管放大器电路。

3. 特点 信号寻迹检查法具有以下几个特点:

(1) 采用示波器作寻迹器检查放大器电路的非失真故障是比较有效的方法。而且直观。

(2) 采用晶体管毫伏表作寻迹器,能从量的概念上判断故障部位,因为表上有dB挡,各级放大器之间的增益是分贝加法的关系。如前级放大器测得增益为10dB,后级测得为20dB,说明这两个测试点之间放大环节增益为30dB,利用这一点可以比较方便地检查声音轻故障。

(3) 采用寻迹器能听到声音反应,在没有专用寻迹器时要自制一台寻迹器,也可以用一台收音机的低放电路作为音频信号寻迹器。

(4) 信号寻迹法是干扰法的反作用过程。

(5) 信号寻迹法在查无声、失真故障时需要标准的正弦波信号源。

4. 适用范围 信号寻迹法主要适用于失真故障,此外还可以用于检查无声故障和噪声大故障。

5. 注意事项 运用信号寻迹法过程中应注意以下几点:

(1) 信号寻迹法对无声、声音轻、噪声大、失真故障的检查有良好的效果,不过由于操作比较麻烦和一般情况下没有专门仪器的原因,除检查非失真故障用这种检查方法外,其他场合一般不用。

(2) 使用时寻迹器探头一根是接地线的，另一根接信号传输线的热端，两根都接到热端或地端，将测不到正确的结果。另外，还要注意共集电极放大器和共发射极放大器电路中三极管的输出端是不同的。

(3) 在测量前置放大器时，寻迹器的增益应调整得较大。测试点在后级放大器电路中时，寻迹器增益可以调小些。

(4) 注意寻迹器、示波器、晶体管毫伏表的正确操作，否则会得到错误的结果，影响正确判断。

七、示波器检查法

通过示波器观察被检电路工作在动态时各被测点波形的形状、幅度、周期等来判断电路中各元器件是否损坏的方法称示波法。

如果采用其他方法均未能确定故障部位，通常采用示波法来解决问题。因用电压测量法测直流电压只能检测电路的静态、动态工作点是否正确，而波形法则能检查电路的动态功能是否正常，所以检测结果更为准确、可靠。

用示波法检查振荡电路时不需外加信号，而其他被测电路如放大、整形、变频、调制、检波等有源电路，脉冲数字电路则需把信号源的标准信号馈至输入端。这种方法在检查多级放大器的增益下降、波形失真，振荡电路，变频、调制、检波及脉冲数字电路时应用很广。

1. 基本原理 利用示波器能够直观显示放大器输出波形的特点。根据示波器上所显示信号波形的情况，判断故障部位。

(1) 使用示波器，从被修仪器设备的主振电路开始，依次向后边的单元电路推移，观察其信号波形是否正常。如哪一级单元电路没有输出波形或波形不正常，则可确定故障在这一级，对于复杂的多级电路，可采用"二分法"分段检测，以缩小测试范围，加快检查速度。

(2) 使用示波器观测有疑问电路的输入和输出信号的波形，如果有输入信号而无输出信号，或信号波形失真，则问题存在于被测电路中。

(3) 用扫频仪观测被测视频电路频率特性，与标准曲线相符说明被测电路正常，否则需维修调整

2. 实施方法 示波器检查法在检查音频放大器电路时需要一台音频信号发生器作为信号源。当检查电视机电路时需要电视信号发生器作为信号源。检查时，示波器接在某一级放大器电路的输出端。根据不同的检查项目，示波器的接线位置也是不同的。如图9-9所示是检查音频放大器电路时的示意图。

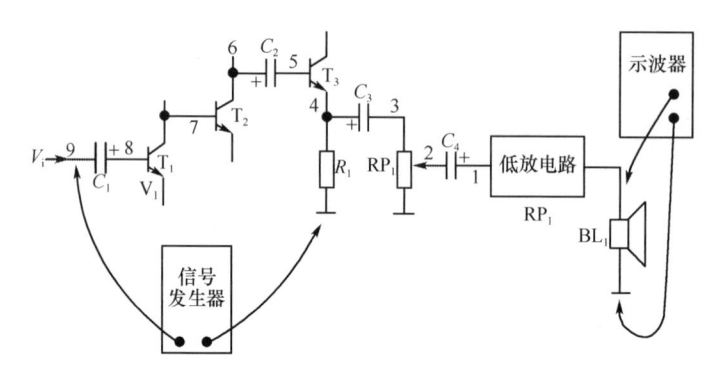

图9-9 检查音频放大器

(1) 检查无声或声音轻故障：示波器检查法主要是通过观察放大器电路输出端的输出波形来判断故障性质和部位。检查时给放大器电路通电，使之进入工作状态，在被检查电路的输入端送入标准测试信号。示波器接在某一级放大器电路的输出端，观察输出信号波形。为了查出具体是哪一级电路发生了故障，可将示波器逐点向前移动，见图中的各测试点，直至查出存在故障的放大级。如在4点没有测到信号波形或信号波形太弱，再测5点，信号波形显示正常，这说明故障出在4、5点之间的电路中。主要是T_3放大级电路。这一检查过程同信号寻迹法相同。

(2) 检查非线性失真故障：如图9-10所示是音频放大器电路中的13种信号失真波形，这里给出检查和处理方法。

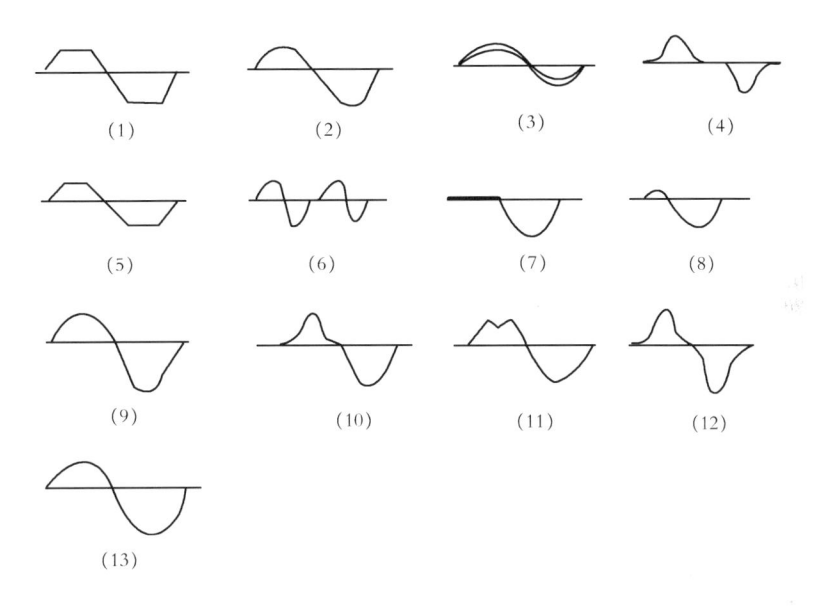

图9-10 13种失真波形

1) 纯阻性负载上的截止、饱和失真波形：这是非故障性的波形失真，可适当减小输入信号，使输出波形刚好不失真。再测此时的输出信号电压，然后计算输出功率，若计算结果基本上达到或接近机器的不失真输出功率指标，可以认为这不是故障，而是输入信号太大了。

当计算结果表明是放大器电路的输出功率不足时，要查失真原因。可用寻迹法查出故障出在哪级放大器电路中。

处理方法是更换三极管、提高放大器电路的直流工作电压等。

2) 削顶失真波形这是推动级三极管的静态直流工作电流没有调好，或某只放大管静态工作点不恰当。

处理方法是在监视失真波形的情况下，调整三极管的静态工作电流。

3) 双迹失真波形：这一失真主要出现在磁带录音机的放音和录音过程中，这是磁带的质量问题，与电路无关。

4) 交越失真波形：它出现在推挽放大器电路中。

处理方法是加大推挽三极管静态直流工作电流。

5) 梯形失真波形：它是某级放大器电路耦合电容太大，或某只三极管直流工作电流不正常造成的。

处理方法是减小级间耦合电容，或减小三极管静态直流工作电流。

6) 阻塞失真波形它是电路中的某个元器件失效、相碰、三极管特性不良所造成。
处理方法是用代替法、直观法查出具体故障部位。

7) 半波失真波形：它是推挽放大器电路中有一只三极管开路了。当某级放大器中的三极管没有直流偏置电流而输入信号较大时，也会出现类似失真，同时信号波形的前沿和后沿还有类似交越失真的特征。
处理方法用电流检查法查各级放大器的三极管直流工作电流。

8) 大小头失真波形：这种失真或是上半周幅度大，或是下半周幅度大。
处理方法是代替检查法检查各三极管，电流检查法查各三极管的直流工作电流。

9) 非线性非对称失真波形：这是多级放大器失真重叠而造成的，可用示波器检查各级放大器电路的输出信号波形。

10) 非线性对称失真波形：处理方法是减小推挽放大器电路三极管的静态直流工作电流。

11) 另一种非线性对称失真波形：这是推挽放大器电路两只三极管直流偏置电流一个大一个小所造成的。

12) 波形畸变：处理方法是更换扬声器。

13) 斜消波失真：这种失真发生在录音机中，应更换录放磁头。

(3) 检查电路噪声故障：示波器检查法检查噪声大故障时，不必给放大器输入标准测试信号，只需给它通电，使之工作。让它输出噪声波形。如图9-11所示是9种噪声波形示意图。下面给出它们的检查和处理方法。

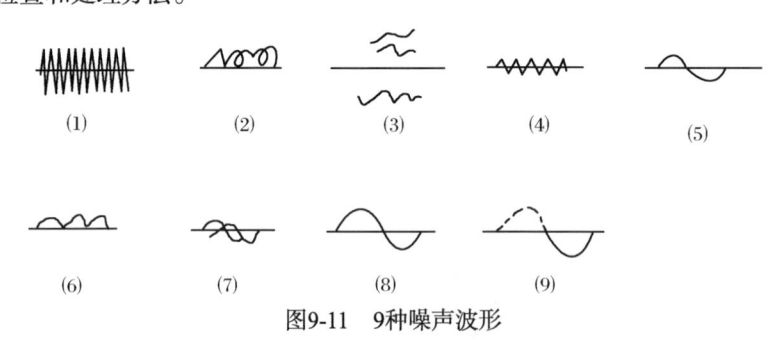

图9-11　9种噪声波形

1) 高频噪声波形：这一波形特点是在最大提升高音、最大衰减低音后，噪声输出大且幅度整齐，噪声输出大小受音量和高音电位器的控制。
这一噪声来自前级放大器电路。对录音机而言很可能是放音补偿电容开路。

2) 低频噪声波形：这一波形特点是受音量电位器控制。
对于录音机而言处理方法是更换电动机。

3) 杂乱噪声波形：这一波形特征是受音量电位器控制，关闭高音控制器后以低频噪声为主，出现了更加清晰的低频杂乱状噪声波形。
处理方法是用短路法查前级放大管，更换三极管。

4) 高频噪声波形：这一波形特征是不受音量、高音控制器的控制。
处理方法是用电流法查推挽放大器电路中三极管静态直流工作电流，减小电流。

5) 交流声波形：这一波形特征是不受音量电位器控制，或受的影响较小。
处理方法是检查整流、滤波电路，加大滤波电容。

6) 低频调制波形：这一波形特征是波形在示波器上滚动，不能稳定，这是不稳定的低频调制。
处理方法是检查退耦电容，减小电源变压器漏感。

7) 交流调制波形：这一波形特征是用电池供电时无此情况。

处理方法是查电源内阻大原因。加大滤波电容。

8) 高频寄生调制波形：这是叠加在音频信号上的波形。

处理方法是用电流法查各级三极管的静态直流工作电流，特别是末级三极管。另外，可以采用高频负反馈来抑制寄生调制。

9) 高频寄生调制的另一种形式波形：这种波形表现在音频信号上出现亮点，并中断信号的连续。

处理方法同上。

3. 特点 示波器检查法具有下列一些特点：

(1) 非常直观，能直接观察到故障信号的波形，易于掌握。

(2) 示波器检查法在寻迹检查法的配合下，可以进一步缩小故障范围。

(3) 为检查振荡器电路提供了强有力手段，能客观、醒目指示振荡器工作状态，比用其他方法检查更为有效和方便。

(4) 需要一台示波器及相应的信号源。

运用示波器检查法应注意以下几点：

(1) 应注意示波器输入阻抗对被测电路的影响，必要时应使用10∶1固定衰减探头进行检测。

(2) 要正确掌握示波器操作方法，信号源的输出信号电压大小调整要恰当，输入信号电压太大将会损坏放大器电路，造成额外故障。

(3) 应选用适当带宽和灵敏度的示波器，最好选用具有定量测试功能的示波器，即具有标准的增幅灵敏度、扫描速度、比较电压和时标信号等功能的示波器。

(4) 示波器Y轴方向幅度表征信号的大小。幅度大，信号强，反之则弱。当然，在不同的衰减下是不能相互比较的。

(5) 应注意被测电路中的直流电压对示波器输入端器件的影响。否则应采用串接隔直电容的方法。

八、接触检查法

所谓接触检查法是通过对所怀疑元器件的手感接触，来诊断故障部位，这是一个经验性比较强的检查方法。

1. 基本原理 接触检查法通过接触所怀疑的元器件、机械零部件时的手感，如烫手、振动、拉力大小、压力大小、平滑程度、转矩大小等情况，来判断所怀疑的元器件是否出了故障。

这种方法存在一个经验问题。如拉力多大为正常，多小则不正常；振动到什么程度可以判断其不正常等等。解决这一问题靠平时经验的积累，也可以采用对比同类型机器的手感来确定。

2. 实施方法 接触检查法的具体方法主要有以下几种：

(1) 拉力手感检查：这一接触检查主要是针对机械类故障的，例如对电动机传动皮带张力的检查，方法是沿皮带法线方向用手指拉一拉皮带，如图9-12所示，以感受皮带的张力大小。一般正常情况下，手指稍用力，皮带变形不大。具体多大，初次采用此法时可在工作正常的机器上试一试。

当皮带设在机壳的下面时，可用起子代替手指去试试皮带松紧。

拉力手感检查还适用于计数器传动带，收音机中调谐盘拉线等检查。

(2) 振动手感检查：这一接触检查主要用于对电动机的振动检查，如对录音机、录像机中的电动机检查。电动机振动会引起录放磁头振动，导致放音出现抖晃失真，此时用手摸摸录放磁头的工作表面，在放音状态下是否感觉到磁头在振动。另外，也可以直接接触电动机外壳、电动机皮带轮，检查它们是否存在振动。

一些振动幅度不大的部件，用肉眼观察是不易发现的，而用这种接触检查法便能方便、灵敏地发现故障位置。

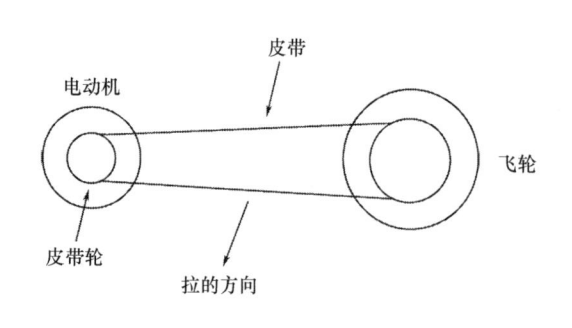

图9-12 传动皮带张力的检查

(3) 温度手感检查：这种接触检查法主要是用于检查电动机、功放管、功放集成电路，以及流过大电流元器件的温度。当用手接触到这些元器件时，如若发现有烫手现象便可以说明有大电流流过了这些元器件，说明故障就在这元器件所在的电路中。

电动机外壳烫手，那是转子擦定子；三极管、集成电路、电阻烫手，那是电流过大了；电源变压器烫手，那是次级负载存在短路故障。烫手的程度也反映了故障的程度。

(4) 阻力手感检查：这一接触检查主要用于机械故障的检查，对机械机构上一些平动件进行检查，用手指拨动这些平动件，根据受到阻力的大小来判断故障位置。此外，这一阻力手感检查还适合于转动件转动灵活性的检查，还可以用来检查压带轮对主导轴的压力。

阻力手感检查对机械故障的检查项目很多：开门机构、各按键操作时作用力、阻尼开门机构、压带轮转动性能、卷带轮和供带轮转动时阻尼等。

3. **特点** 接触检查法具有下列一些特点：
(1) 这种检查方法方便、直观、操作简单。
(2) 要求一定的经验基础，否则很难正确地确定故障部位。
(3) 在进行有些手感检查时，不能准确判断故障部位，需其他检查方法协助。
(4) 这种检查方法能够直接找出故障的具体部位。
(5) 对检查元器件发热故障效果最好。

4. **适用范围** 接触检查法主要适用机械类故障，对于电路中的过电流故障也有检查效果，但对于其他类型的故障，则不用这种检查方法。

5. **注意事项** 运用接触检查法过程中要注意以下几点：
(1) 检查元器件温度时，要用手指的背面去接触元器件，这样比较敏感。注意温度太高烫伤手指，所以第一次接触元器件时要倍加小心。
(2) 检查电源变压器时要注意人身安全，要在断电的情况下检查。另外要用手背迅速碰一下变压器外壳，以防止烫伤手指。
(3) 温度手感检查能够直接确定故障部位。当元器件的温度很高时，说明流过该元器件的电流很大，但该元器件还没有烧成开路。
(4) 在进行接触检查时，要注意安全，一般情况下要在断电后进行。

九、故障再生检查法

故障再生检查法是对有一些故障时有时无，所以设法让故障再生，以便发现更多的与故障相关的问题。

1. 基本原理 故障再生检查法的基本原理是：有意识地让故障重复发生，并设法让故障缓慢发生、变化、发展，以便提供充足的观察机会，在观察中寻找异常现象，力求直接发现故障原因。所以，故障再生检查法要在直观检查法的配合下进行。

2. 实施方法 故障再生检查法主要用于两类故障的检查，一是机械类故障，二是电子线路中由不稳定因素造成的故障。

(1) 机械类故障检查：检查机械类故障时，主要抓住在操作过程某个动作影响故障出现、消失的因素，也可以是为了反复观察某个机构的工作原理，可以反复使所要检查的机构动作，即使它们缓慢转动，在它们变化中观察它们的变化情况，如转动速度、有无振动和晃动、移动阻力和位移等。一次观察不行再来一次，这样反复让故障出现、消失，以便有充分的观察机会。

(2) 不稳定因素造成的故障检查：指的是电子线路故障，如时响时不响，机器一会儿工作正常一会儿不正常等由不稳定因素造成的故障。可以通过各种方式使故障出现、消失，让它们反复变化，以便找出哪些因素对故障出现、消失有影响。如拨动某元器件时故障出现，再拨一下故障又消失，那么这一元器件是重点检查对象，也有可能元器件本身存在接触不良的故障。

为了能使故障现象反复出现、变化，可以采用拨动元器件、拉拉引线、摇晃接插件、压压线路板、拍打一下机壳、拆下线路板等措施。

3. 特点 故障再生检查法具有以下一些特点：
(1) 需要用直观检查法的密切、熟练配合才能获得理想效果。
(2) 这种检查方法能够直接找出故障部位。
(3) 设法让故障现象分解、缓慢变化，给检查故障提供机会，以找出影响故障现象变化的关键因素。
(4) 具有一定的破坏性，有些故障出现次数太多会扩大元器件的损坏面。
(5) 能够将故障性质转化，即将不稳定的故障现象转化成稳定的故障，以方便检查。
(6) 在没有电路图的情况下也可以使用这一检查方法。

4. 适用范围 故障再生检查法主要适用于以下几种类型故障的检查：
(1) 机械类故障，特别是对机械机构工作原理不熟悉情况时的故障检修。
(2) 由不稳定因素造成的电子线路故障，如时响时不响、有时失真或有时噪声大故障等。

5. 注意事项 运用故障再生检查法注意事项：
(1) 对于一些打火、冒烟、发热、巨大爆破声故障，要慎重、小心地采用故障再生检查法，搞不好会扩大故障范围。不过，使用此法能够很快确定故障的具体部位。在通电时，要严密注视机内情况，一旦发现问题要立即切断电源开关。
(2) 在运用故障再生检查法转化故障性质时，要具体情况具体分析，不要损坏贵重元器件、零部件为前提。在转化过程中，动作不要过猛，尽可能不要使机械零部件变形、元器件损坏。
(3) 故障再生检查法并不适用于所有故障的检查，对于一些故障现象稳定的故障，不宜运用此法。

十、参照检查法

参照检查法是一种利用比较手段来判断故障部位的方法，此法对解决一些疑难杂症具有较好的检查效果。

1. 基本原理 参照检查法利用一个工作正常的同型号仪器、一套相同的机械机构、相近的电原理图、立体声音响设备的一个声道电路等参照物，运用比较、借鉴、对比等手段，查出具体的故障部位。

2. 实施方法　为了方便、高效地运用参照检查法，可以在以下几个方面运用。

(1) 图纸参照检查：对没有电原理图的电器进行修理，可以采用图纸参照法，这种参照可以有以下几种情况：

1) 利用同牌号相近系列电器的电原理图作为参考电路图。

2) 利用在线路板上的直观检查，查出功放电路是采用什么类型，集成电路是什么型号等，然后去找典型应用电路作为标准参考图。对于集成电路，可查集成电路手册中的典型应用电路，然后用这些电路图来指导修理。

(2) 实物参照检查：实物参照法可以包括以下几种方法：

1) 修理双声道音响设备的某一个声道故障，可以用另一个工作正常的声道作为标准参照物。例如，要知道输入三极管集电极上的直流电压大小，可在工作正常与不正常的两个声道输入三极管集电极上测量直流电压。两者相同说明输入管工作正常，两者不相同说明故障部位就在输入级电路中。

2) 利用另一台同型号机器作为标准参照物。

(3) 机械机构参照检查：检查机械机构故障时，可以另找一只工作正常的机芯进行参照。对比一下它们的相同和不同之处，对不同之处再作进一步的分析、检查。

(4) 装配参照检查：在拆卸机壳或机芯上一些部件时，装配发生了困难，例如某零部件不知如何装配，此时可参照另一个相同部件或机器，将正常的机芯小心拆下，观察它是如何装配的。

3. 特点　参照检查法具有以下一些特点：

(1) 具体参照检查的方法、内容是很多的，需要灵活、有选择地运用才能做到事半功倍。

(2) 这种检查方法能够直接查出故障部位。

(3) 需要有一定的修理资料基础，如各种电器原理图册、集成电路应用手册等。

(4) 运用此法中最重要的是进行比较，这是最大的特点。

(5) 这种检查法关键是要有一个标准的参照物。

4. 适用范围　参照检查主要适用以下情况使用：

(1) 没有原理图时的参照。

(2) 装配十分困难、复杂时的参照。

(3) 对机械故障无法下手时的参照。

(4) 立体声音响设备中只有一个声道出现故障时的参照。

5. 注意事项　在运用参照检查法过程中要注意以下几点：

避免盲目采用参照法，因为这样工作量很大，应在其他检查法初步判断后，对某一个比较具体的部位再运用参照法。

十一、替　代　法

替代法又称试换法，就是对于可疑的元器件、部件等用同类型的部分通过试换来查找故障的方法。

1. 基本原理　当对电路中的某个元器件产生怀疑时，可以运用质量可靠的元器件去替代它工作，如若替代后故障现象消失，说明怀疑属实，也就找到了故障部位。如若代替后故障现象仍然存在，说明所怀疑是错误的，同时也排除了所怀疑部位，缩小了故障范围。

通常先使用相同型号的元器件、印制电路板等暂时替代有疑问的元器件、印制电路板。代替检查法能检查任何一种故障，即使十分隐蔽的故障原因，只要通过的代替办法，最终是一定能够找到故障部位。但是，代替过程中的操作工作量大，代替过程中的频繁操作会损坏线路板等。所以代替检查法必须坚持简便、速效、创伤小为原则，要有选择地运用。

2. 实施方法　考虑到代替检查法操作过程的特殊性，可在下列几种情况下采用代替检查法。

(1) 并联元件的代替检查法：当怀疑某个元器件出现开路故障时，可在不拆下所怀疑元器件的情况下，用质量好的元器件直接并在所怀疑元器件上。如若怀疑属实，机器在代替后应恢复正常工作，否则怀疑不对。这样代替检查很方便，无需焊下元器件。

(2) 贵重元器件代替检查：为确定一些价格较贵的元器件是否出了问题，可先进行代替检查，在确定它们确有问题后再买新的，以免造成浪费。

(3) 操作方便的元器件代替检查：如果所需要代替检查的元器件、零部件暴露在外，具有足够的操作空间，方便拆卸，这种情况下可以考虑采用代替检查法，但对那些多引脚元器件不宜轻易采用此法。

(4) 某一部分电路的代替检查：在检查故障中，当怀疑故障出在某一级或几级放大器电路中时，可以将这一级或这几级电路作整体代替，而不是只代替某个元器件，通过这样的代替检查可以将故障范围缩小。

3. 特点　代替检查法有以下一些特点：

(1) 能够直接确定故障部位，这是它的最大优点。

(2) 需要一些部件、元器件的备件才能方便实施。

(3) 在有些场合下拆卸的工作量较大，比较麻烦。

4. 适用范围　代替检查适用于任何一种故障的检查，电路类或机械类故障，对疑难故障更为有效。

5. 注意事项　运用代替检查法过程中要注意以下几点：

(1) 对于多引脚元器件，如多引脚的集成电路、显像管等不要采用代替检查法，应采用其他方法确定故障。

(2) 坚决严禁大面积采用代替检查法，因大面积采用该法显然是盲目的，带有破坏性的。

(3) 在进行代替时，主要操作是对元器件的拆卸。拆卸元器件时要小心，操作不仔细会造成新的故障。在代替完毕后的元器件装配也要小心，否则留下新的故障部位，影响下一步的检查。

(4) 在替代前和替代过程中，都要切断仪器设备的电源。严禁带电进行操作，否则会损坏元器件和单元部件，甚至会发生人身伤害事故。

(5) 代替检查法若采用直接并联的方法，可在机器通电的情况下直接临时并上去，也可以在断电后用烙铁焊上。对需要焊下元器件的代替检查，一定要在断电下操作。

(6) 对于精密复杂的电子仪器设备的插入式部件或印制电路板，不能随便使用完好仪器设备上或备用插件件进行替代检测。通常应先对有疑问的插接件进行不通电观察和通电观察，如果没有明显异常现象，再取离替代。为慎重起见，有时反而是用有疑问插接件来替代完好的，以期故障重现；如果完好的仪器设备出现相同的故障现象，则说明问题确定存在于其中。

十二、电压检查法

电子线路出现故障时工作电压必然发生改变。电压检查法运用电压表查出电压异常情况，并根据电压的异动情况和电路工作原理做出推断，找出具体的故障原因。

1. 基本原理　这种检查方法的基本原理是通过检测电路某些测试点工作电压的情况判别产生故障的原因。

电路在正常工作时，各部分的工作电压值是一定的。当电路出现开路、短路、元器件性能参数变化等时，电压值必然会做相应的改变，电压检查法的任务是检测这一变化，并加以分析。

一般电压检查法主要是测量电路中的直流电压，必要时可以测量交流电压、信号电压大小等。

2. 实施方法

(1) 测量项目：各种电器中的电压测量项目是不同的，主要有以下几种电压类型：

1) 交流市电压，它为220V、50Hz。

2) 交流低电压，它为几伏~几十伏，50Hz，不同情况下是不同的。

3) 直流工作电压，在音响类设备中它是几伏至几十伏，在视频类设备中为几百伏，高压则上万伏。

4) 音频信号电压，它是几毫伏至几十伏。

检测上述几种电压，除电视机中的超高压之外，需要交流电压表、直流电压表和真空管毫伏表。

(2) 测量交流市电压：测量方法很简单，用万用表交流250V挡或500V挡，测电源变压器初级线圈两端，应为220V；若没有电源变压器，测电源插口两端的电压，应为220V。

(3) 测量交流低压：测量时用万用表的交流电压挡适当量程，测电源变压器次级线圈的两个输出端，若有多个次级线圈时先要找出所要测量的次级线圈，再进行测量。在交流市电电压输入正常的情况下，若没有低压输出，则绝大多数是电源变压器的初级线圈开路了，次级线圈因线径较粗断线的可能性很小。

(4) 测量直流工作电压：测量直流工作电压使用万用表的直流电压挡，测量项目很多：一是整机直流工作电压，二是电池电压，三是某一放大级电路的工作电压或某一单元电路工作电压，四是晶体管的各电极直流工作电压，五是集成电路各引脚工作电压，六是电动机的直流工作电压等。

测量直流工作电压时，用万用表直流电压适当量程，黑表棒接线路板地线，红表针分别接各所要测量点，整机电路中各关键测试点的正常直流工作电压有专门的资料，在无此资料时要根据实际情况进行分析。以下测量结果的判断：

1) 整机直流工作电压在空载时比工作时要高出许多，愈高说明电源的内阻愈大。所以，在测量这一直流电压时要在机器进入工作状态下进行。

2) 全机整流电路输出端直流电压最高，电路逐节降低。

3) 电解电容器两端的电压，正极端应高于负极端。

4) 测得电容两端电压为零时，只要电路中有直流工作，说明该电容器已经短路了。电感线圈两端直流电压应十分接近零，否则必是开路故障。

5) 当电路中有直流工作电压时，电阻器工作时两端应有电压降，否则此电阻器所在电路必有故障。

6) 测量电感器两端的直流电压不为0V时，说明该电感器已经开路。

(5) 音频信号电压：音频信号是一个交变量，与交流电相同，但工作频率高，普通万用表的交流挡是针对50Hz交流电设计的，所以无法用来准确测量音频信号电压，必须使用毫伏表或示波器。

用毫伏表在检查故障时常进行以下项目的测量：

1) 测量功率放大器电路的输出信号功率。

2) 测量每一级放大器输入、输出信号电压，以检查放大器电路的工作状态。

3) 测量话筒输出信号电压。以检查话筒工作状态。

3. 特点　电压检查法具有以下一些特点：

(1) 测量电压时万用表是并联连接，无须对元器件、线路作任何调整，所以操作相当方便。

(2) 电路中的电压数据很能说明问题，对故障的判断可靠。
(3) 详细、准确的电压测量需要整机电路图中的有关电压数据。

4. 适用范围　电压检查法适用于各种有源电路故障的检查，主要适用于检查交流电路故障、直流电路故障。

5. 注意事项　电压检查法要注意以下几个问题：
(1) 测量较高交流电压时注意单手操作，安全第一。测量交流电压之前，先要检查电压量程，以免损坏万用表。
(2) 测量前要分清交、直流挡，对直流电压还要分清极性，红、黑表棒接反后表针会反方向偏转，严重时损坏表头。
(3) 在测量很小的音频信号电压时，如测量话筒输出信号电压时，要选择好量程，否则测不到，使用毫伏表时要先预热，使用一段时间后要校零，以保证低电平信号测量的精度。
(4) 在有标准电压数据时，将测得的电压值与标准值对比，在没有标准数据时电压检查法的运用有些困难，要根据经验和具体情况进行分析。

十三、电流检查法

电流检查法通过测量电路中流过某测试点工作电流的大小来判断故障的部位。

1. 基本原理　电器中都是采用晶体管电路，在这种电路中直流工作电压是整个电子电路工作的必要条件，直流电路的工作正常与否直接关系到整个电路的工作状态，例如为了使放大器能够正常放大信号，给放大器施加了静态直流偏置电流，直流工作电流的大小，直接关系到对音频信号的放大质量。所以，电流检查法主要是通过测量电路中流过某一测试点的直流电流来判断交流电路的工作情况，从而能够找出故障原因。

电流检查法不仅可以测量电路中直流电流大小，还可以测量交流电流的大小，但由于一般情况下没有交流电流表，所以通常是测量交流电压。

2. 实施方法
(1) 测量项目：电流检查法主要有下列几种测量项目。
1) 测量集成电路的静态直流工作电流。
2) 测量三极管集电极的静态直流工作电流。
3) 测量整机电路的直流工作电流。
4) 测量电动机的直流工作电流。
5) 测量交流电流。

(2) 集成电路静态直流工作电流测量方法：万用表直流电流挡串联在集成电路的电源引脚回路，需要断开电源引脚的铜箔线路，黑表棒接已断开的集成电路电源引脚，不给集成电路输入信号，此时所测得的电流为集成电路的静态直流工作电流。

测量三极管的集电极静态直流工作电流能够反映三极管当前的工作状态。例如三极管状态是饱和还是截止。具体方法是断开集电极回路，串直流电流表，具体接线如图9-13所示，对于图示电路黑表棒接T_1管的集电极。使电路处于通电状态，在无输入信号情况下所测得的直流电流为三极管的静

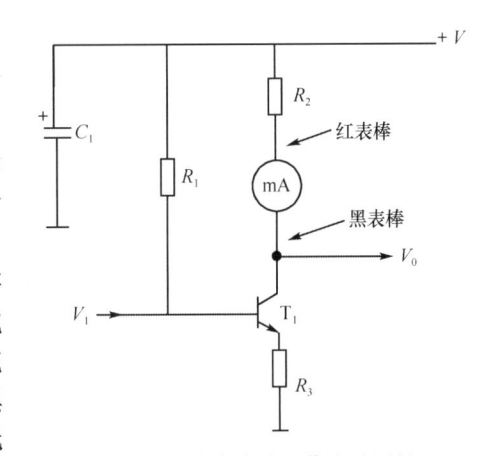

图9-13　静态直流工作电流测量

态直流工作电流。

(3) 测量电流几种结果

1) 当所测得的电流为零时,说明三极管在截止状态,若测得的电流很大那是三极管饱和了,两者都是故障,重点查偏置电路。

2) 在没有具体电流资料时,要了解这样的规律:前级放大器电路中的三极管直流工作电流比较小,以后各级逐级略有增大。

3) 功放推挽管的静态直流工作电流在整机电路各放大管中为最大,为几毫安~几十毫安,两个推挽管的直流电流相同。

(4) 整机直流工作电流测量方法:有时需要通过测量整机直流工作电流的大小来判断故障性质,因为这一电流能够大体上反映出机器的工作状态。当工作电流很大时,说明电路中存在短路现象,而工作电流很小时,说明电路存在开路故障。测量整机工作电流大小应在机器直流工作电压正常的情况下测量。方法是:断开整机电源电路,把电流表串到整机电路中。

(5) 测量交流工作电流:测交流工作电流主要是检查电源变压器空载时的损耗,一般是在重新绕制电源变压器和电源变压器空载发热时才去测量,测量时用交流电流表串在交流市电回路,如图9-14所示,测量交流电流时表棒不分极性。

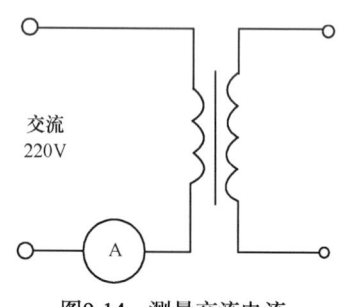

图9-14 测量交流电流

3. 特点 电流检查法具有以下几个特点:

(1) 在电压检查法、干扰检查法失效时,电流检查法能起决定性作用。

(2) 电流表必须是串接在回路中的,所以需要断开测试点线路,操作比较麻烦。

(3) 电流法可以迅速查出三极管和其他元器件发热的原因。

(4) 电流检查法需要了解一些资料,当有准确的电流数据时它能迅速判断故障的具体位置,没有修理资料时这一检查方法确定故障的能力比较差。

4. 适用范围 电流检查法主要适用于电器大电流故障和软故障等。

5. 注意事项 电流检查法在运用中应注意以下几点:

(1) 因为测量中要断开线路,有时是断开铜箔线路,所以记住测量完毕要及时焊好断口。

(2) 在测量大电流时要注意表的量程,以免损坏电表。

(3) 测量直流电流时要注意表棒的极性,在认清电流流向后再串入电表,以免电表反偏转而打弯表针,损坏表头精度。

(4) 对于发热、短路故障,测量电流时要注意通电时间,越短越好,做好各项准备工作后再通电,以免无意烧坏元器件。

(5) 由于电流测量比电压测量麻烦,所以应该是先用电压检查法检查,必要时再用电流检查法。

十四、电阻检查法

电阻检查法是一种通过万用表欧姆挡检测元器件电阻值、线路的通与断,来判断具体故障的原因。在检修电子仪器设备中,经常发现有关电路中的晶体管和场效应晶体管损坏了,或大容量的电解电容器漏电、或插件和开关接触不良,或电阻器变值,连线虚焊等问题,从而导致各种故障的发生。这些故障原因都可以在不通电的情况下,利用万用表的电阻挡进行检查和确定。因此,为了加快检修进度,在进行检修前定性测试后,先采用"测量电阻法",对有疑问的电路单元板上的元器件进行电阻检测,以便发现故障部位。

1. 基本原理　电路在常态时某些线路应呈通路,有些应呈开路,有的则有一个确切的电阻值。电路工作失常时,这些电路的阻值状态要发生变化,如阻值变大或变小,线路由开路变成通路、线路由通路变成开路等。电阻检查法要查出这些变化,根据这些变化判断故障部位。另外,许多电子元器件是可以通过万用表的欧姆挡对其质量进行检测的,这也是属于电阻检查法的范畴。

2. 实施方法

(1) 方法

1) 使用万用表的R×1Ω挡检测通路电阻,必要时应将测试点处理干净后再行检测,以防接触电阻过大,引起测量误差。

2) 使用万用表的R×1kΩ或R×10kΩ挡,检测电容器电容值大小及漏电程度。

3) 使用万用表R×1kΩ挡检测小功率晶体管,使用R×100Ω挡测中功率晶体管,使用R×10Ω挡检测大功率晶体管。

4) 使用R×1kΩ挡检测仪器指示电表的好坏。

(2) 电阻检查法常用以下几个检查项目:

1) 开关件的通路与断路检查。

2) 接插件的通路与断路检查。

3) 铜箔线的通路与断路,线路的通路与断路检查。

4) 元器件质量的检测。

(3) 铜箔线路的通与断检测方法:铜箔线路较细又薄,常有断裂故障,而且发生断裂时肉眼很难发现,此时要借助于电阻检查法。

电阻法还可以确定铜箔线路的走向,由于一些铜箔线路弯弯曲曲而且很长,凭肉眼不易发现线路从这端走向另一端,可用测量电阻法的方法确定,电阻为零的是同一根铜箔线路,否则不是同一段铜箔线路。

(4) 元器件质量检测:这是最常用的检测手段,当检测到线路板上某个元器件损坏后,也就找到了故障部位。

3. 特点　电阻检查法具有以下一些特点:

(1) 检查线路通与断有很好效果,判断结果十分明确,对接插件的检查很方便、可靠。

(2) 电阻检查法可以在线路板上直接检测,使用方便。

(3) 当使用某些通路时能发出响声的数字式万用表时,查通路时很方便,不必查看表头。

4. 适用范围　电阻检查法适用于所有电路类故障检查。但不适合机械类故障的检查,这一检查方法对确定开路、短路故障效果最好。

5. 注意事项　运用电阻检查法时应注意以下一些问题:

(1) 严禁在通电情况下使用电阻检查法。

(2) 测通路时用R×1Ω挡或R×10Ω挡。

(3) 在线路板上测量时,应测两次,因为电路中可能有PN结结构的元件。

(4) 在路检测对元器件质量有怀疑时,可从线路板上拆下该元器件后再测,对多引脚元器件则要另用其他方法先检查。

(5) 表棒搭在铜箔线路上时,要注意铜箔线路是涂上绝缘漆的,应用刀片先刮去绝缘漆,最好找元件的管脚,避开铜箔上的绝缘漆。

(6) 对于万用表电阻挡的挡位选用要适当,否则,不但检测结果不正确,造成错觉,甚至会损坏被测元器件。例如用R×1kΩ挡检测大功率晶体管,会错把好管认为是坏管;反之使用

R×1Ω挡检测小功率管，不但测不出结果，有时还会烧坏晶体管。又如使用R×10Ω挡或R×1Ω挡检测仪器设备指示电表，可能因为通过表头电流太大而损坏表头。

十五、分割检查法

分割测试法也叫断路法或分段查找法。就是把可疑部分从整机电路或单元电路中断开，观察其对故障现象的影响。

1. 基本原理　把故障部分从整机电路或单元电路中断开，如故障现象消失则说明故障部位就在被断开的电路。也可单独测试被分割电路的功能，以期发现问题所在部位，便于进一步检查产生故障原因。尤其现在电子仪器设备越来越复杂，在多插件结构的情况下，断路法得到广泛应用。

2. 实施方法
(1) 取离插入式器件、印制电路板、插件，以观察其对故障现象的反映。
(2) 脱焊有疑问元器件，以观测其对故障现象的反应。
(3) 脱焊有疑问单元电路的前后连接处，单独检测有疑问电路功能好坏。先通过试听检查法将故障范围缩小，再将故障范围内的电路分割，如断开级间耦合电路的一根引脚，在不输入信号的情况下通电试听，若噪声消失，说明噪声产生在这一切割点之前，接好断开的电容后将前面一级电路的耦合电容断开检查。若噪声存在，说明噪声产生在这一切割点之后，则将后一级电路的耦合电容断开检查，这样逐级检查，可以将故障缩小到某一级电路中。

3. 特点　这种检查方法具有以下特点：
(1) 检查中要断开信号的传输线路，有时操作不方便。
(2) 对于噪声故障的检查比短路检查法更为准确。
(3) 有时对线路的分割要切断铜箔线路，对线路板有一些损伤。

4. 适用范围　这一检查法主要用于噪声大故障的检查。
这种检查方法适合电路产生噪声、电流过大等故障。

5. 注意事项　在运用这一检查方法的过程中要注意以下几点：
(1) 在进行分割操作、检测复位之前均应切断电源，以防损伤事故发生。
(2) 对于直接耦合系统，应考虑分割元器件后，对前后各级电路工作点的影响，必要时应采取保护措施。
(3) 对于不能空载运行的电路，不能贸然进行分割操作，以防损坏电路，这样不但不能查出故障，反而人为增加故障。如确需分割，应接好相应的假负载。
(4) 对分割的单元电路有时要进行必要的改接，才能测试其功能的好坏。
(5) 逐次分割测试后，要把无故障部分按原样焊接好，以防查找其他故障时，忘记前面的分割，造成新的故障。

十六、加热检查法

这一检查方法是通过对电路中某元器件进行加热，通过加热后观察故障现象的变化，来确定该元器件是否存在问题。

1. 基本原理　当怀疑某个元器件因为工作温度高而导致某种故障时，可以用电烙铁对其进行加热，以模拟它的故障状态，如加热后出现了相同的故障，说明是该元器件的热稳定性不良，否则也排除了该元器件出故障的可能性。采用这种加热检查法可以缩短检查时间，因为要是通过通电使该元器件工作温度升高，时间较长，通过人为加热大大缩短了检查时间。

2. 实施方法 对某元器件加热的方法有以下两种：
(1) 用电烙铁加热，即将电烙铁头部放在被加热元器件附近使之受热。
(2) 用电吹风加热，即用电吹风对准元器件吹风。
3. 特点 这种检查方法具有以下特点：
(1) 加热过程的操作比较方便，很快能够验证所怀疑的元器件是否有问题。
(2) 可直接处理一些受潮引起的故障，如可以处理线圈受潮使Q值下降，导致电路性能变劣故障。
4. 适用范围
(1) 怀疑某个元器件热稳定性差，主要是三极管和电容器等。
(2) 怀疑某线圈受潮。
(3) 怀疑某部分线路板受潮。
5. 注意事项 在运用加热检查法过程中要注意以下几点：
(1) 用电烙铁加热时，烙铁头部不要碰到元器件，以免烫坏元器件。
(2) 使用电吹风加热时。不要距元器件或线路板太近，并注意加热时间不要太长，为防止烫坏线路中的其他元器件，可以耐高温物品放在线路板上，只在被加热元器件处开个孔。
(3) 加热操作可以在机器通电下进行，也可以断电后进行。

十七、清洗修理法

这是一种利用清洗液通过清洗零部件、元器件来消除故障的方法，对有些故障此法是十分有效的，而且操作方便。

1. 基本原理 通过使用纯酒精来清洗元器件、部件，消除脏物、锈迹和接触不良现象，达到修理故障的目的，在修理中有许多情况需要采用这种方法来处理故障。

2. 实施方法 清洗修理法主要在下列一些场合下使用：
(1) 开关件清洗：开关件的最大问题是接触不良故障，通过清洗处理是可以解决这一问题的。此时设法将清洗液滴入开关件内部，可以打开开关的外壳，或从开关操纵柄处滴入，再不断拨动开关的操纵柄，让开关触点充分摩擦、清洗。
(2) 清洗机械零部件：对于电器中的一些机械零部件也可以用这种清洗法处理故障。

3. 特点 清洗修理法具有下列一些特点：
(1) 操作比较方便，对一些特定故障的处理效果良好。
(2) 用纯酒精清洗无副作用，纯酒精挥发快、不漏电。

4. 适用范围 清洗修理法主要适用于能够进行清洗的开关件、电位器等电子元器件和一些机械零部件，这些元器件和零部件的主要故障是接触不良、灰尘、生锈等，会造成无声、声轻、啸叫、噪声等。

5. 注意事项 运用清洗修理法应注意以下几点：
(1) 必须使用纯酒精，否则会因酒精中水分而出现漏电、元器件生锈等问题，在通电下清洗时，漏电会烧坏线路板及相关元器件。
(2) 清洗要彻底，有时只作简单清洗便能使故障消失，但在使用一段时间后会重新出现故障，彻底清洗能改善这种状况。
(3) 清洗时最好用滴管，这样操作方便。
(4) 对机内线路上的灰尘用刷子清除，这也是清洗修理法范围内的措施。可以提高元器件的散热效果。

十八、熔焊修理法

熔焊修理法是通过用电烙铁重新熔焊一些焊点来排除故障的修理方法。

1. 基本原理　一些虚焊点、假焊点会造成各种故障现象，这些焊点有的看上去焊点表面不光滑，有的则表面光滑内部虚焊。熔焊修理法在有选择、有目的、有重点的重新熔焊一些焊点，排除虚焊后解决问题。

2. 实施方法　对于一些不稳定因素造成的故障，如时有时无故障先用试听功能判别方法将故障范围缩小，然后对所要检查电路内的一些重要焊点、怀疑焊点重新熔焊。

熔焊主要对象是表面不光滑焊点、有毛孔焊点、多引脚元器件的引脚焊点、引脚很粗的元器件引脚焊点、三极管引脚焊点等。对于流过大电流的焊点要特别注意，因为电流大焊点过热后焊锡蒸发快，所以易产生断路。

在熔焊时，不要给电路通电，以防熔焊时短接电路。可以在熔焊一些焊点后试听一次，以检验处理效果。

3. 特点　熔焊修理法具有下列一些特点：

(1) 不能准确查出故障点，但可以解决一些虚焊故障。

(2) 不是一个主要检查法，只能作辅助处理。

4. 适用范围　熔焊修理法主要适用于一些现象不稳定的故障，如时常无声、时常出现噪声大故障等对于处理无声、声音轻、噪声大等故障也有一定效果。

5. 注意事项　运用熔焊修理法应注意以下几点：

(1) 不可毫无目的地大面积熔焊线路板上的焊点。

(2) 熔焊时焊点要光滑、细小，不要给焊点增添许多焊锡，以防止相邻的焊点相碰。另外也不要过多地使用松香，否则线路板上不清洁。

(3) 熔焊时要切断机器的电源。

十九、逻辑分析法

1. 基本原理　逻辑分析法，即借助简便的逻辑分析器，如逻辑探头、逻辑脉冲分析器、电流跟踪器、逻辑探头等，甚至使用专门的逻辑分析仪，如逻辑时间分析仪、逻辑状态分析仪、特征分析仪等进行检测，以确定故障发生的部位和器件损坏变质的原因。

随着电子仪器设备的集成化、数字化和智能化程度的不断提高，检修电子仪器设备时，除需检测"时域信息"，如信号波形和"频域信息"，如频率响应、实时频谱等模拟量外。还需检测"数据域信息"如触发脉冲、控制信号、编码信号等的数字量，而后者的特点往往是非周期性的，或者是一种长周期的窄脉冲，或者是一组具有一定高、低电平变化的脉冲信号。这些数字电路的动态特性，采用传统的模拟式电子仪器和检测方法，是很难观测和确定的。必须采用"逻辑分析法"，才能有效地确定故障发生部位和损坏变质的器件。

2. 实施方法

(1) 使用逻辑探头(又称逻辑笔)检测各种数字电路的输入输出情况，以判断其工作是否正常。

(2) 使用逻辑脉冲发生器，模拟各种数据域信息，以检测各种数字电路的动态功能是否正常。

(3) 使用电流跟踪器，检测各种数字电路和印刷电路的短路故障，以确定"低阻抗"故障的部位。

(4) 使用逻辑夹头，以检测数字集成电路的逻辑状态。

(5) 使用逻辑时间分析仪，以检测各种总线信息的时序关系是否正确，以及发现"毛刺"

干扰，有助于故障原因的分析。

(6) 使用逻辑状态分析仪，以检测各种程序(即软件)的运行状况，以发现漏码、错码、跳码等故障问题。

(7) 使用特征分析仪，检测数字电路中各种"特征码"是否正确，以确定故障的部位或损坏的器件。

3. **适用范围**　逻辑分析法特别适合于检测数字电路和带有微处理器的电子仪器设备的故障性质与原因。

4. **注意事项**

(1) 应熟悉被修仪器设备逻辑系统及其工作原理。

(2) 应熟悉各种逻辑分析器的技术性能和使用方法。

(3) 应熟悉有关数字集成电路和微处理器的功能和引脚接法等。

二十、自 诊 断 法

电子设备故障诊断是一项十分复杂的工作。虽然电子系统的故障诊断问题几乎与电子技术本身同步发展，故障诊断方面的发展速度似乎要缓慢得多。在早期的电子系统故障诊断技术中，电子系统的故障诊断基本上是依靠一些测试仪表，按照跟踪信号逐点寻迹的思路，借助人们的逻辑判断来侦察系统中的故障所在。这种沿用至今的传统诊断技术在很大程度上与维修人员的实践经验和专业水平密切相关，基本上没有一套可循的、科学的、成熟的办法。

随着电子工业的发展，人们逐步认识到。对故障诊断问题有必要重新研究，必须把以往的经验提升到理论的高度，同时在坚实的理论基础上，系统地发展和完善一套严谨的现代化电子设备故障诊断方法，并结合先进的计算机数据处理技术，实现电子电路故障诊断的自动检测、定位、定值以及故障预测。

自诊断法就是运行智能仪器设备自检测、自诊断程序判定故障部位和原因。

医学影像设备一般都有自诊断系统。如CT、MRI等都设置有自检测、自诊断程序，对故障诊断十分方便迅速。

依照说明书要求，运行自检测、自诊断程序，根据屏幕显示的信息确定故障部位及原因。

智能仪器设备中虽大多具有自诊断功能，但它不是万能的。自诊断主要是供检查硬件故障用的，对软件的逻辑错误很难发现。此外，当自诊断功能自身发生故障时，当然就无能为力了。

第十章　常用电子仪器的使用

随着电子技术的发展，在生产、科研、教学等领域中，越来越广泛地用到各种电子仪器仪表，故只有熟练地掌握常用的电子仪器仪表的使用方法，才能安全准确地测量出各种参数数据。本章主要介绍万用表、交流毫伏表、信号发生器、示波器等常用电子仪器的使用方法。

第一节　万　用　表

万用又称多用表，具有使用简单、测试范围广、携带方便等优点，是电工、电子测量领域中最常用的工具，在电气维修和调试工作中被广泛应用。

万用表主要分指针式和数字式两大类，它们的型号繁多，功能和特点各异，现以MF47指针式万用表为例，介绍万用表使用方法。

一、特点及结构特征

MF47型是设计新颖的磁电系整流式便携式多量限万用表。具有量程多、分挡细、灵敏度高、体积轻巧、性能稳定、过载保护可靠、读数清晰、使用方便等特点。适合于电子仪器、无线电通信、电工、工厂、实验室等领域。MF47型万用表可测量直流电流、交直流电压、直流电阻，此外还可测量音频电平、电容、电感、晶体管直流参数等。其结构特征如下：

(1) 测量机构采用高灵敏度内磁式或外磁式表头，性能稳定，并置于单独的表壳之中，保证密封性和延长使用寿命，表头罩采用塑料框架和玻璃相结合的新颖设计，避免静电的产生，而保持测量精度。

(2) 线路采用印刷电路板，性能可靠、耐磨、元件排列整齐、维修方便。

(3) 测量机构采用二极管保护，保证电流过载时不损坏表头。线路上设有保护电路，用户不慎用错量程而不损坏线路，只要更换保险丝即可。

(4) 设计上考虑了温度和频率补偿，使温度影响小，频率范围宽。

(5) 电阻挡选1.5V电池。高阻挡用6V或9V电池，换电池时只需卸下电池盖板，不必打开表盒。

(6) 有晶体管静态直流放大系数检测装置。

(7) 标度盘与开关指示盘印制成红、绿、黑三色。颜色分别按交流红色，晶体管绿色，其余黑色对应制成。使用时读取数值便捷。标度盘共有六条刻度，第一条专供测电阻用；第二条供测交直流电压、直流电流之用；第三条供测晶体管放大倍数用；第四条供测量电容之用；第五条供测电感之用；第六条供测音频电平。标度盘上装有反光镜，能消除视差。

(8) 除直流2500V和直流5A分别有单独插座之外，其余各挡只需转动一个功能开关，使用方便。采用整体软塑测试棒保持长期良好使用。装有提把，不仅可以携带，且可在必要时作倾斜支架，便于读数。

二、使用方法

1. 直流电压的测量 直流电压量程范围分为1V、2.5V、10V、50V、250V、500V和1000V共7挡。测试时，首先转动功能开关至合适的直流电压量程(V)，然后将两只表笔并联接到被测电路两端，红表笔接正极，黑表笔接负极，最后按表头第二条刻度线读数。

2. 交流电压的测量 交流电压量程范围分为10V、50V、250V、500V和1000V共5挡。测试时，首先转动功能开关至合适的交流电压量程(v)，然后将两只表笔并联接到被测电路两端，最后按表头第二条刻度线读数。

3. 直流电流的测量 直流电流量程范围分为0.5mA、5mA、50mA和500mA共4挡。测试时，首先转动功能开关至合适的直流电流量程(mA)，然后将两只表笔串接到被测电路中，最后按表头第二条刻度线读数。

4. 电阻的测量 电阻挡的量程分为×1Ω、×10Ω、×100Ω、×1kΩ和×10kΩ共5挡。测量方法如下：

(1) 装上电池，将功能开关调至合适的欧姆挡量程上(Ω)；

(2) 将红黑两只表笔短接，调节欧姆挡调零电位器，使指针指向第一条刻度线零欧姆的位置上；

(3) 将两只表笔接到被测电阻两端，按第一条刻度线读数，并乘以量程所指示的倍率，即为被测电阻的阻值。

测量电路中的电阻时，应先切断电源；如电路中有电容，应先放电。

5. 电容、电感的测量 转动功能开关至交流电压10V挡，将被测电容或电感串接于任一表笔，然后跨接于10V(50Hz)交流电压电路中进行测量。

6. 晶体管直流参数的测量

(1) 直流放大倍数的测量：先转动功能开关至ADj位置上，将红黑表笔短接，调节欧姆电位器，使指针对准0Ω刻度线上，然后转动开关至hFE位置，将要测的晶体管管脚分别插入晶体管测试插座的ebc管座内，指针偏转所示数值约为晶体管的直流放大倍数β值。N型晶体管应插入N型管孔内，P型晶体管应插入P型管孔内。

(2) 反向穿透电流I_{CEO}、反向饱和电流I_{CBO}的测量：将功能开关调至欧姆挡×1kΩ挡，将红黑两只表笔短接，调节欧姆挡调零电位器，使指针对准零欧姆上(此时满刻度电流值约为90μA)。然后将晶体管e和c分别插入晶体管测试插座的e和c内，此时指针指示的即为反向穿透电流I_{CEO}。如果将晶体管b和c分别插入晶体管测试插座的e和c内，此时指针指示的即为反向饱和电流I_{CBO}。

三、使用注意事项

(1) 万用表在使用时要水平放置，否则会引起倾斜误差。

(2) 在测试前不知被测电压、电流的大小，应将量程开关先调到最大挡，然后再逐渐降低直到合适的量程。

(3) 严禁在测较高电压或较大电流时拨动量程开关，以免产生电弧，烧坏开关的触点。

(4) 每次更换电阻量程时都要重新进行调零。

(5) 严禁在被测电路带电的情况下测量电阻值。

(6) 当被测电压高于100V时必须注意安全，应该养成单手操作的习惯，预先将一只表笔固定在被测电路的公共端，再拿另一只表笔去接触测试点。

(7) 测量完毕，应将量程开关拨至交流最大挡，防止下次使用时不慎烧表。

第二节　交流毫伏表

交流毫伏表是用来测量正弦波电压信号有效值的仪表。一般都具有高灵敏度、高输入阻抗以及高稳定性等特点。

一、交流毫伏表的使用方法

1. 交流电压的测量

(1) 在接通电源之前，先观察指针机械零的位置，如果未在零的位置上，应左右拨动调零孔调到零位。

(2) 将量程开关预置于100V挡。

(3) 接通电源，数秒钟内表针有所摆动，然后稳定。

(4) 将被测信号接入，将量程开关逆时针转动，使表针指在适当的位置，然后按挡级及表针的位置读出被测电压值。

2. dB的测量　当测量dB时，可将量程开关所置的dB值与表针所指的dB值相加读出。

二、交流毫伏表的使用注意事项

(1) 测量前应根据被测电压的大小置于合适的量程(应先高一些，再根据实际测量情况调到合适的量程)，以免过载烧坏输入级，被测电压的最大值应小于300V。

(2) 如果测量信号不是纯正的正弦波信号时，表头读数无意义。

第三节　低频信号发生器

信号发生器是电子测量中使用广泛的仪器之一。

按其输出波形大致可分为：正弦信号发生器、脉冲信号发生器、函数信号发生器和随机信号发生器。

按其输出波形频率可分为：

超低频信号发生器，频率范围为0.0001~1000Hz。

低频信号发生器，频率范围为1Hz~1MHz。

视频信号发生器，频率范围为20Hz~10MHz。

高频信号发生器，频率范围为100kHz~30MHz。

甚高频信号发生器，频率范围为30~300MHz。

超高频信号发生器，频率在300MHz以上。

下面主要介绍低频信号发生器，其频率范围在1Hz~1MHz，可以输出正弦波、三角波和矩形波(含方波)，在电路实验和设备检测中具有十分广泛的用途。

一、各旋钮功能

1. 波形选择键　可以按需要选择三种不同的波形。

2. 幅度调节旋钮　可以在10倍范围内调节输出信号的电压。

3. 频率调节旋钮　可以在10倍范围内调节输出信号的频率。

4. **频率范围选择键** 可以把频率分成若干个范围。

二、使用方法

1. **电源开关(POWER)** 电源开关按键弹出即为"关"位置，按下即为"开"位置。
2. **LED显示窗口** 此窗口指示输出信号的频率，当"外测"开关按入，显示外测信号的频率。如超出测量范围，溢出指示灯亮。
3. **频率调节旋钮(FREQUENCY)** 调节此旋钮改变输出信号频率，微调旋钮可微调频率。
4. **幅度调节旋钮(AMPLITUDE)** 顺时针调节此旋钮增大电压输出幅度，逆时针调节此旋钮减小电压输出幅度。
5. **波形选择开关(WAVE FORM)** 按对应波形的某一键，可以选择需要的波形。
6. **占空比(DUTY)** 将占空比开关按入，占空比指示灯亮，调节占空比旋钮，可改变波形的占空比。
7. **衰减开关(ATTE)** 电压输出衰减开关，两挡开关组合为20dB、40dB、60dB。
8. **频率范围选择开关** 根据所需要的频率，按其中的一键。
9. **外测频开关** 此开关按入，LED显示窗显示外测信号频率。
10. **电压输出端口(VOLTAGE OUT)** 电压输出由此端口输出。
11. **电压输出指示** 3位LED显示输出电压值，输出接50Ω负载时应将读数除以2。
12. **50Hz正弦波输出端口** 50Hz约2U_{P-P}正弦波由此端口输出。

三、使用注意事项

(1) 接通电源前，请将以下开关弹出：电源开关、衰减开关、外测频开关、电平开关、扫频开关、占空比开关。
(2) 各输入、输出端口，不可接触交流供电电源。
(3) 各输入、输出端口，不可接触正负30V以上直流或交流电源。
(4) 输入端口尽量避免长时间短路或电流倒灌。
(5) 不可用连接线拖拉仪器。
(6) 为了确保仪器精度，请勿将强磁物体靠近仪器。

第四节 电子示波器

对电信号的波形进行分析并测量其参数，是电子学的一项重要任务。电子示波器能把人们无法直接看到的电信号的变化规律转换成肉眼可直接观察的波形，显示在示波管的屏幕上。

利用电子示波器能观测各种不同电信号幅度随时间变化的波形曲线，还可以测试多种电量，如电压、电流、频率、周期、相位、失真度、脉冲宽度、上升及下降时间等；若配以传感器，还能对压力、温度、密度、声、光、磁效应等非电量进行测量。

电子示波器是一种以阴极射线管(CRT)作为显示器的显示信号波形的测量仪器，它对电信号的分析是按时域法进行的，即研究信号的瞬时幅度与时间的函数关系，因此，它具有捕获、显示和分析时域波形的功能。

一、电子示波器的特点

电子示波器具有以下一些特点:
(1) 具有良好的直观性,可直接显示信号波形,也可测量信号的瞬时值。
(2) 灵敏度高、工作频带宽、速度快,对观测瞬时变化的信号细节带来了很大的便利。
(3) 输入阻抗高(兆欧级),对被测电路的影响小。
(4) 是一种良好的信号比较器,可显示和分析任意两个量之间的函数关系。

二、双踪示波器的面板

电子示波器种类型号繁多,它们的用途和特点各异,但大致可以分为通用示波器、多束多踪示波器、逻辑示波器、专用示波器等。下面以双踪示波器SR-8为例,介绍其各旋钮作用及其使用方法。双踪示波器的面板布置如图10-1所示。各种开关旋钮按作用不同主要分为:示波管显示控制部分、Y轴系统控制部分、X轴系统控制部分。

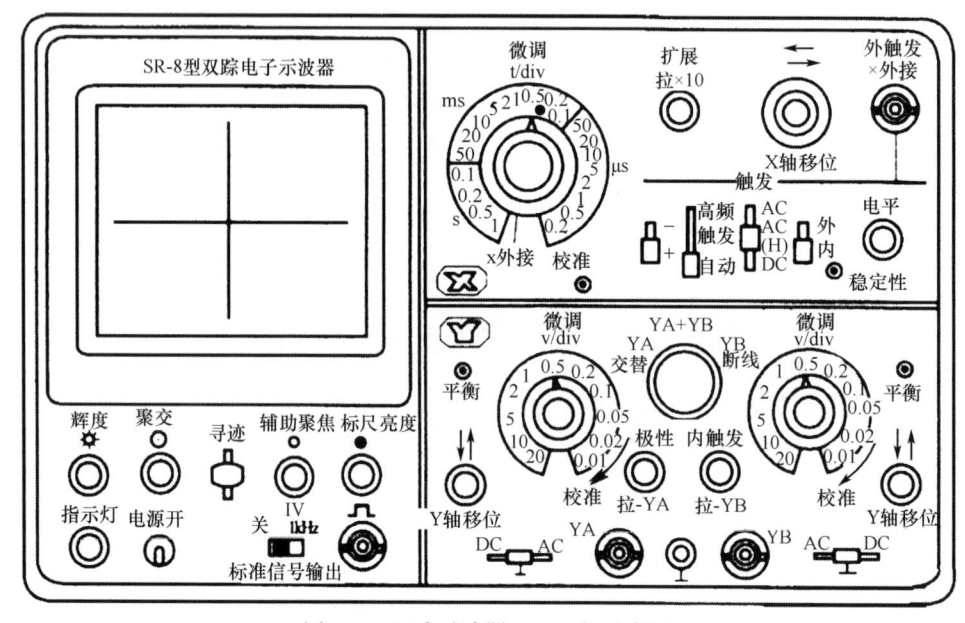

图10-1 双踪示波器SR-8面板示意图

1. 示波管显示控制部分
(1) 电源开关:按钮按下电源接通,弹出电源关闭。
(2) 电源指示灯:电源接通时,指示灯亮。
(3) 辉度:调节光点和扫描线的亮度。
(4) 聚焦:调节光迹的清晰度。
(5) 光迹:当光迹在水平方向倾斜时,调节该旋钮使光迹与水平刻度平行。
(6) 显示屏:仪器的测量显示终端。
(7) 校正信号输出端:提供1kHz、1V的校正方波信号。加到Y轴输入端,用以校准Y轴输入灵敏度和X轴扫描速度。
(8) 标尺亮度:调节屏幕前坐标片上刻度线的照明亮度,以便观测。
(9) 寻迹按键:用于判断光点偏离的方位;按下该键,光点回到显示区域。

2. Y轴系统控制部分

(1) Y轴显示方式开关：用于转换两个信号通道前置放大电路的工作状态，具有五种不同的显示方式。

1) "Y_A"方式：屏幕上仅显示Y_A的信号。
2) "Y_B"方式：屏幕上仅显示Y_B的信号。
3) "Y_A+Y_B"方式：即叠加方式，显示Y_A和Y_B输入信号的代数和。
4) 交替：被测信号轮流接通Y_A或Y_B信号，屏幕上同时显示Y_A和Y_B的信号。
5) 断续：交替接通Y_A或Y_B信号，屏幕上显示Y_A和Y_B的信号是断续的。

(2) 通道A信号输入端：用于Y轴信号的输入，被测信号由此输入。

(3) 通道B信号输入端：用于Y轴信号的输入，被测信号由此输入。

(4) "DC-⊥-AC"Y轴输入耦合方式的选择按钮：用于选择被测信号接入输入端耦合方式。

1) 交流(AC)：被测信号与示波器前置放大电路采用电容进行耦合，只能输入交流分量。
2) 接地(⊥)：Y轴输入端接地，被测信号与示波器断开。
3) 直流(DC)：输入信号与示波器前置放大电路直接耦合，能输入含有直流分量的交流信号。

(5) "v/div"灵敏度选择开关及微调装置：灵敏度选择开关系套轴结构，黑色旋钮是Y轴灵敏度粗调装置，自10mv/div~20v/div分为11挡。红色旋钮是微调装置，顺时针方向增加到满刻度时为校准位置，可按粗调旋钮所指示的数值，读出被测信号的幅度。当此旋钮逆时针旋转到满度时，其变化范围应大于2.5倍，连续调节"微调"电位器，可实现各挡级之间的灵敏度覆盖，在作定量测量时，此旋钮应置于顺时针满刻度"校准"位置。

(6) "↑↓"垂直移位：调节波形在屏幕中的垂直位置。

(7) "极性、拉Y_A"开关：Y_A的极性按拉式开关，拉出时，Y_A的极性反相显示，即显示方式是"Y_A+Y_B"时，显示图像为Y_B-Y_A。

(8) "平衡"开关：当Y轴放大器输入电路出现不平衡时，显示的光点或波形就会随"v/div"开关的微调旋转而出现Y轴方向的位移，调节"平衡"电位器能将位移减至最小。

(9) "内触发、拉Y_B"触发源选择开关：在按的位置上(常态)，扫描触发信号分别取自Y_A及Y_B通道的输入信号，适用于单踪或双踪显示，但不能对双踪波形作时间比较。当把开关拉出时，扫描的触发信号只取自于Y_B通道的输入信号，因而它适合于双踪显示时对比两个波形的时间和相位差。

3. X轴系统控制部分

(1) "t/div"扫描速度选择开关及微调旋钮：决定X轴的光点移动速度。从0.2μs~1s共分21挡。当该开关"微调"电位器顺时针方向旋转到底并接上开关后，即为"校准"位置，此时"t/div"的指示值，即为扫描速度的实际值。

(2) "扩展、拉×10"扫描速度扩展装置：此按钮按入时是正常状态，此按钮拉出时，扫描速度×10倍，"t/div"的指示值应除以10。采用"扩展、拉×10"适于观察波形细节。

(3) "←→"水平移位：调节波形在屏幕中水平方向的位置。

(4) "外触发、X外接"输入端：外触发时作为外触发信号的输入端；也可作为X轴外接信号的输入端。外接使用时，输入信号的峰值应小于12V。

(5) "触发电平"旋钮：调节开始扫描的时间，决定扫描在触发信号波形的哪一点上被触发。

(6) "内、外"触发源选择开关：置于"内"位置时，触发信号取自Y轴通道的被测信号；置于"外"位置时，触发信号取自"外触发、X外接"输入端引入的外触发信号。

(7) "AC""AC(H)""DC"触发耦合方式开关：

1) AC：交流耦合状态，触发性能不受直流分量影响。

2) AC(H): 低频抑制的交流耦合状态，在观察包含低频分量的高频复合波时，触发信号通过高通滤波器进行耦合，抑制了低频噪声和低频触发信号(2MHz以下的低频分量)，避免了因误触发而造成的波形不稳定。

3) DC: 直流耦合方式，适用于变化缓慢或频率较低(如低于100Hz)的触发信号。

(8) "高频、常态、自动"触发方式开关：用于选择不同的触发方式，以适应不同的被测信号与测试目的。

1) 自动：扫描电路自动进行扫描，用于观测频率较低信号，不必调节电平旋钮，也能观察到稳定的波形；

2) 常态：采用来自Y轴或外接触发源的输入信号进行触发扫描，是常用的触发方式。

3) 高频：频率较高(如高于5MHz)，且无足够的幅度使触发稳定时，应选择"高频"挡，此时由于示波器自身产生的高频信号(200kHz信号)对被测信号进行同步，不必经常调节电平旋钮，就能观测到稳定的波形。

(9) "+、-"触发极性开关：在"+"位置时，是用触发信号波形的上升沿进行启动扫描；在"-"位置时，是用触发信号波形的下降沿进行触发启动扫描。

三、示波器的使用方法

示波器能观察各种不同电信号幅度随时间变化的波形曲线，还可以测量电压、时间、频率、相位差等电参数。示波器的使用方法如下：

(1) 接通电源，预热几分钟。

(2) 显示光点或水平扫描线。若出现了光点或水平扫描线，则可调节辉度、聚焦等旋钮，使其清晰、亮度适中。若没有出现，则可按寻迹键，以确定其踪迹，并移至屏幕中心。

(3) 观测信号波形。对各种电量的测量是建立在信号波形正确显示的基础上。显示波形时，应注意以下几点：

1) 根据被测信号的频率，将Y轴输入耦合方式置于AC或DC。

2) 根据被测信号的大约峰-峰值，选择合适Y轴灵敏度。

3) 选择触发信号的来源与极性，通常将触发信号的极性置于"+"或"-"挡。

4) 根据被测信号频率大约值，选择合适的扫描速度。

四、利用示波器测量电信号

1. 电压的测量 电压测量有直流电压测量和交流电压测量两种。无论是进行哪一种测量，都应把示波器的灵敏度开关"v/div"的微调顺时针方向旋转至"校准"位置。

(1) 交流电压的测量

1) 将Y轴输入耦合开关置于"AC"处。当信号频率较低时，应置于"DC"处。

2) 将被测波形移至屏幕的中心位置，按坐标刻度的分度读出整个波形所占Y轴方向的高度H，如图10-2所示。

3) 读取灵敏度开关"v/div"所示值k，按下式即可算出交流电压值

$$U_{P-P} = k \cdot H$$

如果使用10∶1探极进行测量，则应按下式计算

$$U_{P-P} = 10k \cdot H$$

(2) 直流电压的测量

1) 将触发方式开关置于"自动"或"高频"状态，调节有关旋钮使屏幕上显示水平基线。
2) 将Y轴输入耦合开关置于"⊥"处，此时屏幕上基线的位置即为零电平参考基准线的位置。
3) 将Y轴输入耦合开关置于"DC"处，记下此时的基线与零电平参考基准线之间的距离H，如图10-3所示。
4) 读取"v/div"开关所示值k，可算出电压值

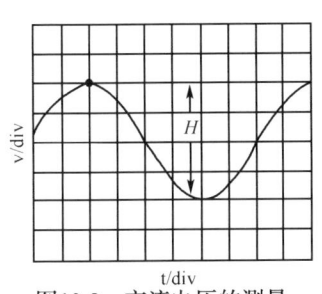

$$U = k \cdot H$$

图10-2 交流电压的测量

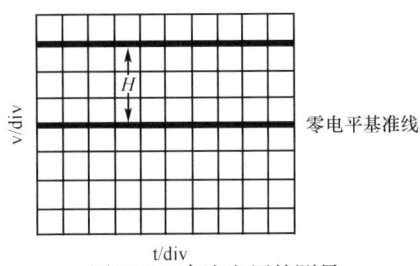

图10-3 直流电压的测量

2. 时间的测量 时间是描述周期性现象的重要参数，时间包括时刻和时段(时间间隔)双重含义。示波器所进行的时间测量是指后者。实际测量时，应把示波器的扫描速度开关"t/div"的微调旋钮顺时针方向转至"校准"处。

读出被测波形上两点之间距离D所占的格数，如图10-4所示。则两点间的时间间隔为

$$T = t/\text{div} \times D(\text{div}) = 0.5\text{ms/div} \times 6\text{div} = 3\text{ms}$$

若使用"扩展×10"，即相当于使扫描速度增加10倍，则时间间隔

$$T = t/\text{div} \times D(\text{div}) \times \frac{1}{10} = 0.5\text{ms/div} \times 6\text{div} \times \frac{1}{10} = 0.5\text{ms}$$

3. 频率的测量 利用示波器测量频率的方法主要有两种：测量时间确定频率和李沙育图形法。

(1) 时间法：利用测量时间的方法，首先测出被测信号的周期，取其倒数即为信号的频率。

(2) 李沙育图形法：当示波器工作在X-Y方式时，在示波器的X、Y轴系统上同时加入两个正弦波信号，此时，屏幕上显示的图形就是李沙育图形。李沙育图形的形状与输入的两个正弦信号的频率和相位有关，因此，我们可以通过对图形的分析来确定信号的频率及两者的相位差，这种方法称之为李沙育图形法。在测量时，应把示波器的触发源选择开关"内、外"置于"外"位置。

测量时，被测信号从Y通道输入，标准信号源接入X通道。调节标准信号源直到屏幕上出现稳定的图形，图形的形状取决于被测信号与标准信号的频率。图10-5是一些典型的李沙育图形。我们用f_Y表示被测信号的频率，f_X表示标准信号的频率，两者有以下关系

$$\frac{f_Y}{f_X} = \frac{m}{n}$$

式中m、n分别表示假设的水平线和垂直线与图形的交点数，且水平线和垂直线不通过图形交点或与图形相切。

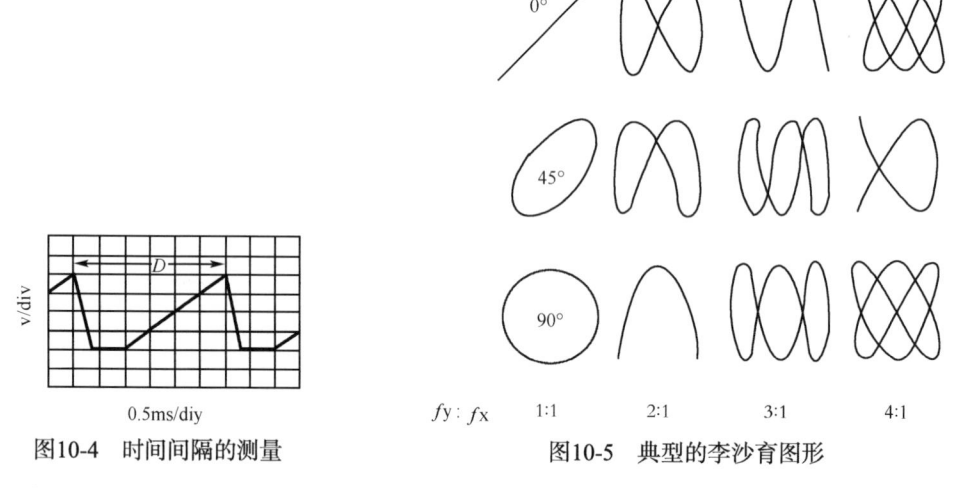

图10-4　时间间隔的测量　　　　　　图10-5　典型的李沙育图形

用李沙育图形法测出的频率值比较准确，但这种方法只能测量低频信号的频率，且操作繁琐。

4．相位的测量　用示波器测量相位有两种方法：双踪法和李沙育图形法。

(1) 双踪法：利用双踪示波器可以显示两个波形的相位差。具体方法是在示波器的屏幕上同时显示两个信号的波形，测出两个波形相应点在X轴方向的距离，然后把测出的距离转化为相位。

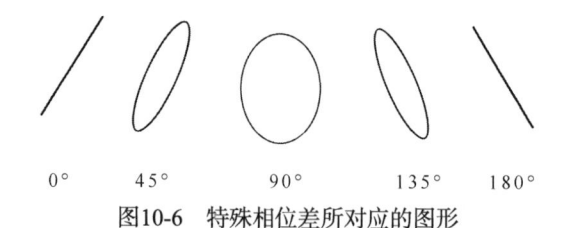

(2) 李沙育图形法：李沙育图形法也可测量两个频率相同信号的相位差。将两个频率相同的信号同时输入Y通道和X通道，通过屏幕上显示的直线、椭圆或圆形的图形，即可确定两信号之间的相位差。图10-6是几个特殊相位差所对应的图形，供测量时参考。

图10-6　特殊相位差所对应的图形

五、示波器的使用注意事项

为了正确、安全地使用示波器，应注意以下几点：
(1) 使用前应检查电网电压是否与仪器的电源电压要求一致。
(2) 显示波形时，亮度不宜开得过亮，以免缩短示波管的寿命；中途暂时不用时，应将亮度调低。
(3) 定量观测应在屏幕的中心区域进行，以减小测量误差。
(4) 被测信号电压不应超过示波器输入端的最大允许电压的峰-峰值。
(5) 示波器与被测电路之间的连线不宜过长，以免引入干扰，一般应使用屏蔽电缆及探极。
(6) 转换各种开关旋钮时，不要过分用力，以免损坏机件。

第五节　数字式频率计

数字式频率计是广泛使用的数字化测量仪器，功能比较齐全，具有测频、时间间隔、周期、频率比、计数等多项功能。本节以E312型电子计数式频率计为例，介绍数字式频率计的技术指标、面板布置以及使用方法。

一、主要技术指标

E312型数字式频率计的技术指标主要有以下几个方面：

1. 频率测量(A通道)
(1) 范围：10Hz~10MHz。
(2) 灵敏度：100mV~30V。
(3) 闸门时间：1ms、10ms、0.1s、1s、10s。

2. 周期测量(B通道)
(1) 范围：1μs~1s。
(2) 时标：0.1μs、1μs、10μs、0.1ms、1ms。
(3) 周期倍乘：×1、×10、×10^2、×10^3、×10^4。

3. 脉冲时间间隔测量(B通道或B、C双通道) 范围：10μs~10^4s；时标与周期测量相同。

4. 频率比测量(A/B通道) 范围：1~10^7；倍乘与周期测量相同。

5. 最大计数容量 1~10^7。

6. 石英晶体振荡器频率稳定度 预热1小时后为2×10^{-7}/日，标称频率1MHz。

二、面板及各控件作用

E312型电子计数式频率计的面板布置如图10-7所示。

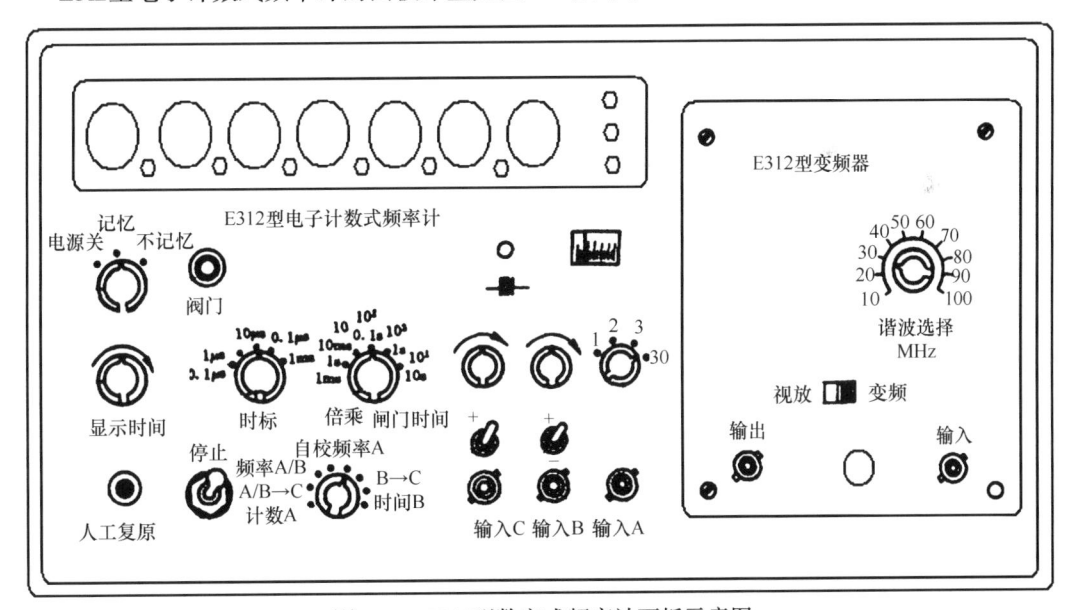

图10-7 E312型数字式频率计面板示意图

(1) 显示方式兼电源开关。
(2) 时标选择开关：共分五挡，0.1μs、1μs、10μs、0.1ms、1ms。
(3) 倍乘及闸门时间选择开关：共分五挡，1ms、10ms、0.1s、1s、10s。此开关也可作为测周期和频率比时的倍乘率选择，共分五挡，10^0、10^1、10^2、10^3、10^4。
(4) 工作方式选择开关：共有8种功能，即计数A、外控时间间隔A/B→C、频率比A/B、自校、频率A、时间间隔B→C、时间B、周期B。

(5) A、B、C通道输入端。

(6) 输入衰减开关及旋钮。

(7) +、－选择开关：可选择脉冲上升沿或下降沿触发。

(8) 显示时间旋钮：调节范围为0.5s~∞。

(9) 人工复零按钮：当显示时间旋钮置于∞处时，仪器将一直显示上一次测量的结果，只有按人工复零按钮后，仪器才能复原，以便下一次测量。

(10) 闸门指示氖灯：氖灯亮，表示主门开启；氖灯不亮，表示主门关闭。

(11) 石英晶体振荡器指示灯：灯亮，表示内部电源接通。

(12) 输入电平(A)指示器：指示输入A通道信号幅度的大小，测量时应调节A通道输入衰减开关，使表针指在表头中间"I"处。

(13) 停止计数选择开关：工作方式选择开关置于计数A挡时，由此开关控制计数的起始和终止时间。

三、使 用 方 法

1. 接通电源　将仪器背面的开关扳至"内接"处，此时，面板晶体振荡器指示灯亮，表示晶体振荡器电源接通，若要精确测量，仪器应预热1小时。再将"显示方式兼电源开关"置于"记忆"或"不记忆"处，此时数码显示器亮，表明整机电源接通。

2. 校正时基电路　门电路及计数器进行自校检查。将"工作方式选择开关"置于"自校"处，再分别调节"时标"和"闸门时间"开关，数码管显示读数(单位为kHz)，如表10-1所示(最后一个数字相差±1可认为是正常的)；如读数不符，应对仪器进行检修。

表10-1　自校检查

读数闸门 时标	100μs	10ms	0.1s	1s	10s
0.1μs	0010000	010000.0	10000.00	0000.000	000.0000
1μs	0001000	001000.0	01000.00	1000.000	000.0000
10μs	0000100	000100.0	00100.00	0100.000	100.0000
0.1ms	0000010	000010.0	00010.00	0010.000	010.0000
1ms	0000001	000001.0	00001.00	0001.00	001.0000

3. 调节显示时间　数码管所显示的频率值，经一定时间后自动复原；当顺时针方向转动"显示时间"旋钮时，显示时间由短变长；当转至端点∞时，显示时间由自动复原转为人工控制(按下复原按钮，电路复原)。复原后门电路开启，闸门指示氖灯亮，重新开始计数；若开启时间太短，则氖灯无法起辉。

4. 记忆与不记忆显示　当开关置于"记忆"处时，被测频率值稳定地显示在数码管上。在闸门指示氖灯发光时，数码管上的数字不跳动，也不复零；氖灯熄灭时才显示新频率值。当开关置于"不记忆"处时，显示数字在闸门开启时计数，显示时间后得零，然后再重新计数。

5. 主要测试功能

(1) 频率的测量：将"工作方式"开关置于"频率A"处，被测信号由"输入A"接入，调节"衰减开关"使电表的指针指在中间"I"处。闸门时间可任选一挡，小数点自动变位。闸门时间较长时，测量值为平均频率，反之为瞬时频率。以上各挡均可能存在±1个字误差，但含义不同，如1ms挡±1个字相当于1kHz，1s挡相当于1Hz。

(2) 计数测量：将"工作方式"开关置于"计数A"，被测信号由"输入A"接入，再由"停止-计数"选择开关控制计数，并由闸门指示氖灯的"亮"与"灭"来指示。

(3) 周期的测量：将"工作方式"开关置于"时间B"挡，被测信号由"输入B"输入；调节倍乘(闸门时间)开关可以提高测量精度，因为倍乘率越高，读数的有效位数越多；时标任选一挡，测量结果可直接读数。

(4) 频率比的测量：将"工作方式"开关置于"频率A/B"挡，较高频率信号由"输入A"输入，较低频率信号由"输入B"输入；为提高测量精度，可采用倍乘(闸门时间)开关；频率比f_A/f_B可直接读数。

(5) 两相邻脉冲之间时间间隔的测量(单线输入)：将"工作方式"开关置于"时间B"挡，被测信号由"输入B"输入；再将"输入B"上的"+、-"极性开关置于所需的极性，且"+"或"-"极性对方波来说是表示脉冲的上升沿触发或下降沿触发，对窄脉冲则表示极性选择；时标开关可置于0.1μs挡(精度高)。测量结果可直接读数。

测试时，当被测信号中夹有寄生脉冲时会出现误触发，可调节衰减器抑制寄生脉冲。

(6) B、C信号之间时间间隔的测量(双线输入)：将"工作方式"开关置于"时间B→C"挡，启动信号由"输入B"输入，停止信号由"输入C"输入；其余测量步骤与单线输入方法相同。

(7) 外控时间间隔的测量：将"工作方式"开关置于"A/B→C"挡，起始脉冲信号由"输入B"输入，终止脉冲信号由"输入C"接入；此时，小数点、单位均无显示，读数与闸门时间、时标开关无关。该功能主要应用于非电量的测量。

第六节 扫 频 仪

扫频仪全称叫频率特性测试仪，它是一种把扫频信号发生器，频标信号发生器，示波器结合起来的仪器。使用它可以直观地看到被测电路的频率特性曲线，便于在电路工作的情况下，调整电路元件，使频率特性符合规定的技术要求。扫频仪除了用来调整测试高频头、图像中放等电路的频率特性外，还可以测试各部分电路增益、高放AGC的延迟增益、本振频率、高谐电路的谐振频率以及信号在传输线中的损耗等。下面以BT-3型扫频仪为例。

BT-3型频率特性测试仪中的扫频信号发生器通常采用磁调制扫频，即利用磁芯线圈作为振荡器的回路电感，通过加在磁芯线圈上的调制电压改变磁芯线圈电感量以达到扫频的目的。调制电压可由电源变压器次级，经可变移相电路获得。BT-3型扫频仪有两组扫频振荡器，其中一组为第Ⅰ波段，即由定频振荡器产生可在290~215MHz范围内连续可调的等幅振荡，调(扫)频振荡器产生固定在290±7.5MHz的扫频振荡，经混频后产生中心频率为0~75MHz的扫频信号；另一组为第Ⅱ、Ⅲ波段共用，第Ⅱ波段中心频率为75~150MHz的扫频信号由调(扫)频振荡器直接产生，第Ⅲ波段中心频率为150~300MHz的扫频信号可通过倍频器由第Ⅱ波段获得。

一、主要技术指标

BT-3型扫频仪主要技术指标主要有：

(1) 中心频率：在1~300MHz范围内任意调节，分1~75MHz、75~150MHz、150~300MHz三个波段。

(2) 扫频频偏：最小频偏小于±0.5MHz，最大频偏大于±7.5MHz。扫频频偏可连续调节。

(3) 输出扫频信号电压：大于0.1V(有效值)。

(4) 输出阻抗：75Ω±20%。

(5) 频标信号：1MHz、10MHz、外接。

(6) 扫频信号衰减：粗衰减分0、10、20、39、40、50、60dB共7挡；细衰减分0、2、3、4、6、8、10dB共7挡。

(7) 寄生调幅系数：小于7.5%(扫频频偏在±7.5MHz内)。

(8) 调频非线性系数：小于20%(扫频频偏在±7.5MHz内)。

(9) 检波探测器性能：输入电容不大于5pF，最大允许直流电压300V。

(10) 示波部分的垂直输入灵敏度：大于250mV/div。

二、面板及各控件作用

BT-3型扫频仪的面板如图10-8所示。

(1) "电源、辉度"旋钮：扫频仪电源开关及波形亮度调节旋钮。

(2) "聚焦"旋钮：调节波形的清晰度。

(3) "标尺亮度"旋钮：调节坐标刻度的亮度。

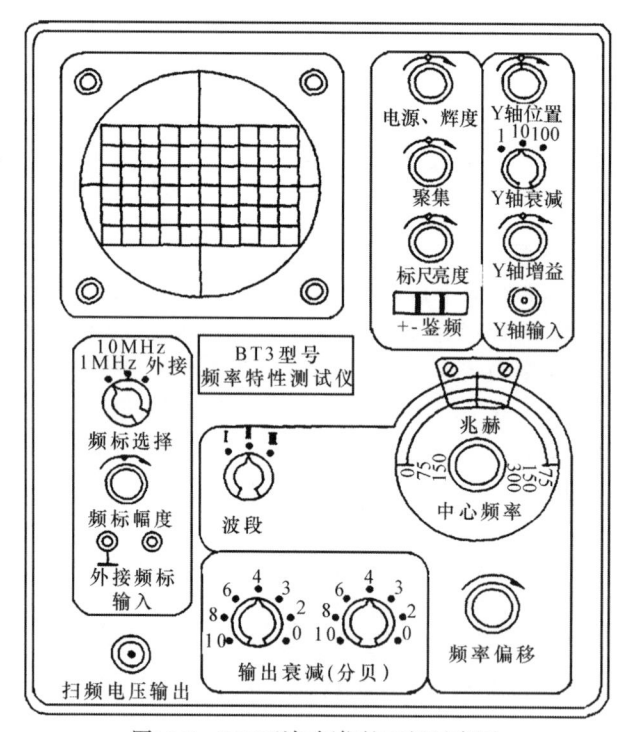

图10-8 BT-3型扫频仪的面板示意图

(4) "极向"开关：开关置于"+"时，在荧光屏上显示正方向的幅频特性；置于"−"时，荧光屏上显示负方向的幅频特性。

(5) "Y轴位置"旋钮：使波形作上下移动，以调整波形的位置。

(6) "Y轴衰减"旋钮：有1、10、100三挡。与"Y轴增益"旋钮配合使用，对波形幅度进行调节。

(7) "Y轴增益"旋钮：调节波形幅度的大小。

(8) "Y轴输入"端口：输入被测信号。
(9) "波段"旋钮：与"中心频率"旋钮配合使用，找寻被测波形。
(10) "输出衰减"旋钮：调节输出扫频信号的电压幅度。
(11) "频率偏移"旋钮：调节波形宽度。
(12) "频标选择"旋钮：有1MHz、10MHz、外接三挡。观测低频信号时，用1MHz频标；观测高频信号时，用10MHz频标。如果不适用，则可以采用外接频标。
(13) "频标幅度"旋钮：调节频标信号的幅度。
(14) "外接频标输入"端口：外部频标信号的输入端。此时"频标选择"旋钮放在外接挡。
(15) "扫频电压输出"端口：扫频信号的输出端，可接输出探头。

三、使 用 方 法

1. 使用前的性能检查及准备工作

(1) 显示系统的检查：顺时针方向转动"电源、辉度"开关，接通电源(指示灯亮)，使仪器预热10分钟左右；接着调节"聚焦"旋钮，直至荧光屏上出现一条清晰且亮度适当的扫描基线；再左右转动"Y轴移位"旋钮，使扫描基线能上、下移动出现在荧光屏上。

(2) 频标的检查：频标的检查分三个波段进行。

波段Ⅰ：把"波段"开关放在"Ⅰ"位置，"频标选择"放在"10MHz"处，"中心频率"度盘转至起始位置，找到零频标(比其他频标宽)，再缓缓旋动"中心频率"度盘；此时，屏幕上所显示的通过中心线的大频标数应多于7.5个。通过中心线的大频标所代表的频率分别为10MHz、20MHz、30MHz、……

波段Ⅱ：把"波段"开关置于"Ⅱ"位置，"频标选择"放在"10MHz"处，重复波段Ⅰ的过程。此时，通过中心线的大频标所代表的频率分别为70MHz、80MHz、90MHz、……

波段Ⅲ：把"波段"开关放在"Ⅲ"位置，"频标选择"置于"10MHz"处，重复波段Ⅰ的过程，此时，通过中心线的大频标所代表的频率分别为140MHz、150MHz、……

(3) 各波段起始频标的识别：准确和快速地识别各波段的起始频标，是合理使用频率特性测试仪的前提。具体方法如下：

1) 零频标的识别：将"波段开关"置于"Ⅰ"处，"中心频率"度盘转至起始位置；此时在屏幕中心位置处就会出现零频标。零频标比较特殊，把"频标幅度"旋钮关死后仍出现。

2) "1MHz"和"10MHz"频标的识别：找到零频标后，先把"频标选择"置于"1MHz"处，此时屏幕上出现的每一个菱形频标均表示"1MHz"，且从左至右依次为0、1、2…MHz。然后再把"频标选择"置于"10MHk"处，此时屏幕上出现的是两种幅度不同的频标，其中幅度较小的频标表示"5MHz"，幅度较大的频标表示"10MHz"。

(4) 扫频信号的检查：将"扫频电压输出"端与"Y轴输入"端用输出匹配探极和检波探极短接(即将两探头的触针和外皮分别连在一起)，即可显示出如图10-9所示的矩形图案。再转动"中心频率"度盘，图上的扫频线与频标都相应地跟着移动，且扫频线不产生较大的起伏。各个波段都可通过以上方法进行检查。

图10-9　矩形扫频图形

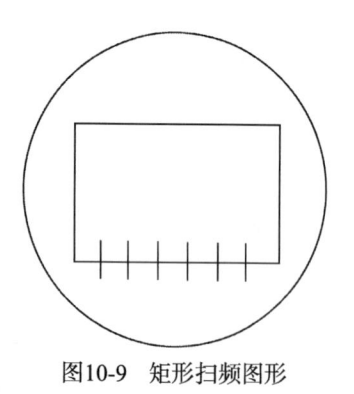

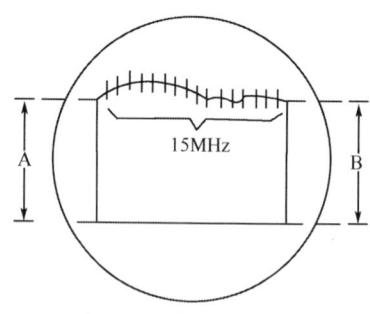

图10-10　寄生调幅系数

(5) 寄生调幅系数的检查：将"扫频电压输出"端与"Y轴输入"端用输出探极和检波探极连好，再把"输出衰减"开关置于9dB，然后调节"频标幅度"和"频率偏移"使之产生±7.5MHz的频率偏移，记下此时的A、B值，如图10-10所示。则寄生调幅系数为

$$m = \frac{A-B}{A+B} \times 100\%$$

在整个频段内，m值应小于7.5%。

(6) 调频非线性系数的检查：将"频标选择"开关放在"1MHz"处，频偏调到最大，然后分别在各个波段规定的频率上(如第Ⅰ波段的10、20、40、75MHz，第Ⅱ波段的75、120、150MHk，第Ⅲ波段的75、120、150MHz)测出如图10-11所示的最低和最高频率与中心频率的距离A、B，则调频非线性系数为

$$\gamma = \frac{A-B}{A+B} \times 100\%$$

γ值应小于20%。

(7) 零分贝校正：用BT-3型扫频仪对被测电路幅频特性进行定量测试时，必须对BT-3型扫频仪进行零分贝校正。先将"输出衰减"旋钮均置于0dB处，"Y轴衰减"置于"1"，再把输出匹配探极和输入检波探极连接在一起，然后调节"Y轴增益"旋钮，使屏幕上的扫描基线和扫频信号线之间的距离为整刻度(一般为5格)如图10-12所示。并记下此时"Y轴增益"旋钮位置。

(8) 探极及电缆的选用：BT-3型扫频仪有四种探极或电缆：输出匹配电缆(匹配头)、外频标探极(开路头)、输入探极(检波头)、输入电缆。探极的符号如图10-13所示。探极或电缆的选用方法见表10-2。

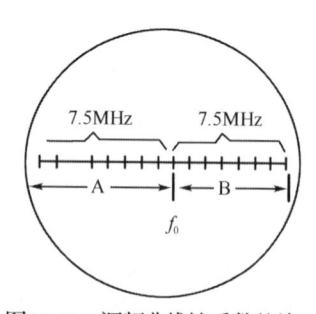

图10-11　调频非线性系数的检查

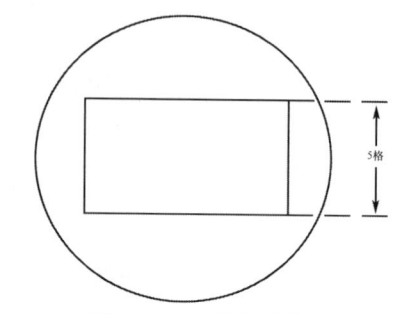

图10-12　零分贝的校正

由表10-2可知，BT-3型扫频仪与被测电路之间必须阻抗匹配，特别是当被测电路输入阻抗既不是75Ω，也不为高阻抗时，为减小测量误差，应在扫频仪的输出端与被测电路的输入端之间设置一个阻抗匹配器，如图10-14所示。此时扫频仪输出电缆应选用开路头。

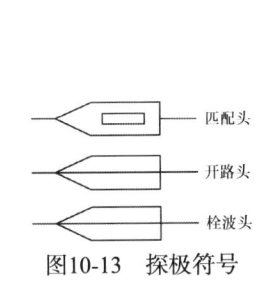

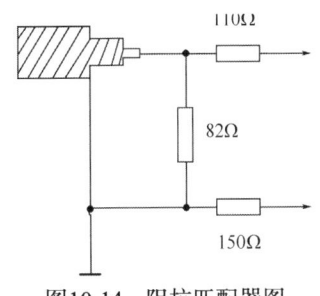

图10-13 探极符号　　　　图10-14 阻抗匹配器图

表10-2 探极或电缆的选用方法

连接端 \ 选用方法	探极及电缆	
扫描电压输出端	被测电路输入阻抗75Ω 开路头	被测电路输入为高阻抗 匹配头
Y轴输入端	被测电路不带检波器 检波头	被测电路带检波器 输入电缆

2. 扫频仪与被测电路的连接方法

(1) 在输出探头内，对地有一只75Ω的匹配电阻，若被测电路输入端是高阻抗(如混频极输入电路)时，常用此探头连接。在输入探头内，装有隔直流电容、检波二极管和隔离电阻，扫频信号经过检波后再送入显波器。在开路线探头没有任何附加元件，一般备有两根。

(2) 扫频仪与电视机连接时，若电视机上有75Ω的端子，可直接连接，或在芯线上串接一只1000P隔直流电容。但实际修理工作不常用，而是打开后盖，将扫频信号从高频头的75Ω电缆送入。扫频仪与被测电路连接时匹配十分重要。否则会使测出频率特性曲线和数据是不准确的。

(3) 扫频仪的输入信号取自被测电路的输出端。当被测电路输出的信号未经过检波电路时，应采用带检波头的输入探头与扫频仪连接。当输出信号已经过检波时，则应采用开路线探头与扫频仪连接。芯线可串入一只1~5kΩ的隔离电阻，以减少对扫频仪的影响。

(4) 扫频仪和被测电路和连接时，连线应尽量短些，特别是地线。探头芯线上不应加接较长的导线，以防止对高频信号衰减或感染杂波信号。对于某些底板带电的电视机，应加接隔离变压器或隔离电容，防止损坏扫频仪。

3. 测量方法

(1) 增益的测量：测增益前，应对扫频仪进行零分贝校正，然后再把被测电路接在输出和输入探头之间，经过零分贝校正的BT-3型扫频仪与被测电路连接图如图10-15所示。之后再调节"输出衰减"旋钮，使屏幕上显示的幅频特性曲线的幅度恰好为5格(零分贝校正时所确定，也可定为其他格数)。此时，"输出衰减"旋钮所指的分贝数(dB)就是被测电路的增益。例如一台经过零分贝校正的BT-3型扫频仪。调节"输出衰减"旋钮，使屏幕上显示的曲线高度恰为5格，此时"输出衰减"旋钮所示值分别为：粗调50dB，细调4dB；则被测电路的增益为

$$50dB+4dB=54dB$$

如果衰减量不够，还可使用"Y轴衰减"，这个衰减器放在"1"时没有衰减，放在"10"时衰减量为20分贝，放在"100"时衰减量为40分贝。这时还应加上Y轴的衰减分贝数，算出电路增益。

(2) 带宽的测量：利用BT-3型扫频仪的频标，能方便地测量出屏幕上所显示的幅频特性曲线的频带宽度。具体地说就是数曲线上的频标个数，然后再算出带宽。

(3) 输入和输出阻抗的测量：运用BT-3型扫频仪来测量阻抗的方法与电阻替代法类似。实际上，扫频仪的输入部分和显示部分起了电压表的作用，而输出的扫频信号起信号源的作用，

这种信号源能产生频率可连续变化的扫频信号，因此，这种方法可以在整个工作频率范围内测量输入、输出阻抗。图10-16是测量线路连接图。测试方法如下：

1) 断开K_1、K_2，调节BT-3型扫频仪的"Y轴增益"、"输出衰减"等旋钮，使屏幕上显示如图10-17所示的垂直偏移量，称为参考刻度。

2) 闭合K1，调节电阻R1，使屏幕上的垂直偏移量为参考刻度的1/2，如图10-17所示。

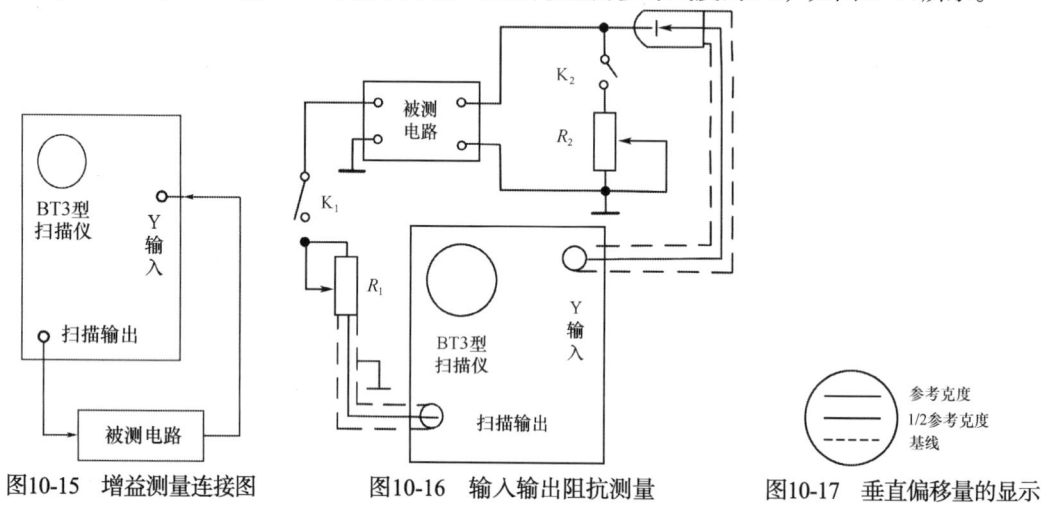

图10-15　增益测量连接图　　图10-16　输入输出阻抗测量　　图10-17　垂直偏移量的显示

3) 把R_1从电路上取下，测出其直流电阻值，此值就是被测电路的输入阻抗。

4) 重复a过程。

5) 闭合K_1、K_2，调节电阻R_2，调节扫频仪使之显示合适的参考刻度。

6) 把R_2从电路上取下，测出其直流电阻值，此值就是被测电路的输出阻抗。然而，在实际测量中，输入、输出阻抗中常包含有电抗成分。因此，显示出的波形往往就不是一条直线了，调整1/2参考刻度也就比较困难。这时，可在波形上选取一个参考点，然后调节这个点的位置为原来的一半，起等效1/2参考刻度的作用。

(4) 传输线特性阻抗的测量：传输线的特性阻抗对实现阻抗匹配是很重要的。如负载阻抗与传输线的特性阻抗不相等，则一部分电能就会从负载处沿传输线反射回信号源，这种反射就意味着功率损耗；如两者阻抗相等，也就不存在这种反射，即传输线上电压为均匀值。因此，必须知道传输线特性阻抗值。

测量传输线特性阻抗的方法如图10-18所示。调节R的阻值，使屏幕上显示的波形为直线，然后再断开R的连线，测出其直流阻值，此阻值即为传输线的特性阻抗。

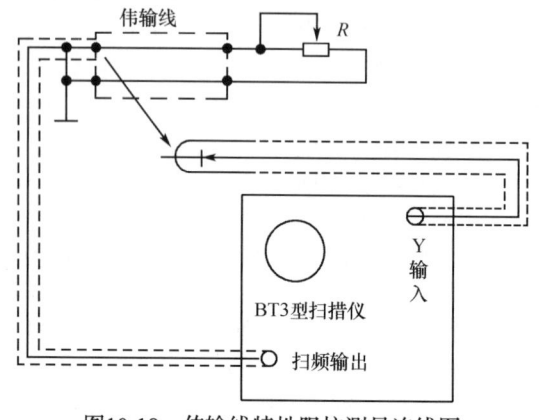

图10-18　传输线特性阻抗测量连线图